高等职业学校电类专业教材

电子技术基础

（第二版）

李仁芝 主编

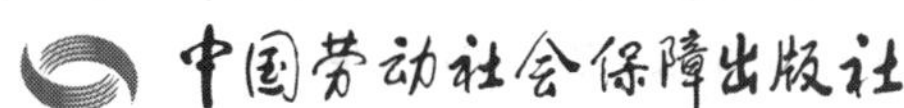

中国劳动社会保障出版社

简介

本书主要内容包括直流稳压电源的装配与调试、功率放大器的装配与调试、集成运算应用电路的装配与调试、晶闸管应用电路的装配与调试、逻辑门及其应用电路的装配与调试、触发器及其应用电路的装配与调试、计数器及其应用电路的装配与调试、555 定时器及其应用电路的装配与调试。

本书由李仁芝任主编，顾静、张扬帆任副主编，王晓勇、丁淋淋、王栋平、秦文芳、蒙代领、胡捷、向书参与编写，由李长军任主审。

图书在版编目(CIP)数据

电子技术基础 / 李仁芝主编. --2 版. --北京：中国劳动社会保障出版社，2024. --(高等职业学校电类专业教材). --ISBN 978-7-5167-6652-1

Ⅰ. TN

中国国家版本馆 CIP 数据核字第 2024WL5711 号

中国劳动社会保障出版社出版发行

（北京市惠新东街 1 号　邮政编码：100029）

*

北京市科星印刷有限责任公司印刷装订　　新华书店经销

787 毫米×1092 毫米　16 开本　13. 5 印张　293 千字

2024 年 11 月第 2 版　　2025 年 9 月第 2 次印刷

定价：26. 00 元

营销中心电话：400-606-6496

出版社网址：https://www.class.com.cn

https://jg.class.com.cn

前言

为了更好地适应高等职业学校电类专业教学要求，全面提升教学质量，人力资源社会保障部教材办公室组织有关学校的一线教师和行业、企业专家，充分调研企业生产和学校教学情况，广泛听取各职业技术院校对教材使用情况的反馈意见，对高等职业学校电类专业基础课教材和电气自动化技术专业教材进行了修订，并做了适当的补充开发。

本次教材修订（新编）工作的重点主要体现在以下几个方面。

更新教材内容

以《电工（2018 年版）》等国家职业技能标准为依据，根据电类专业毕业生所从事职业的实际需要和教学实际情况的变化，合理确定学生应具备的能力与知识结构，适当调整部分教材的内容及其深度、难度；根据相关工种及专业领域的最新发展，在教材中充实“四新”内容，更新设备型号和软件版本；根据最新的国家标准、行业标准编写教材，保证教材的科学性和规范性。

创新教材形式

在专业课教材中融入工学一体化课改理念，以代表性工作任务为载体，按照工作过程设计和安排教学活动，实现理论与实践的统一，使学生在贴近生产实际的具体情境中学习，从而提高在工作过程中分析问题和解决问题的综合职业能力。

在部分专业课中，配套开发学生用书，按照“资讯、计划、决策、实施、检查、评价”六个步骤进行教学设计，通过引导问题和课堂活动设计体现，贯彻以学生为中心、以能力为本位的教学理念，引导学生自主学习。

增强表现效果

尽可能使用图片、实物照片和表格等形式将知识点生动地展示出来，达到提高学生学习兴趣、提升教学效果的目的，并在《机电工程制图（第三版）》等教材中采用双色印刷方式，在《机械基础（非机械类）（第二版）》教材中采用彩色印刷方式，使内容更加清晰明了，进一步增强表现效果。

提升教学服务

为方便教师教学和学生学习，在传统纸质资源基础上，充分利用信息技术，构建“1+3”的教学资源体系，即 1 个学生用书或习题册，加上二维码资源、电子课件、习题册参考答案 3 种互联网资源。其中，二维码资源主要为针对重点、难点内容制作的微视频或电子阅读材料，使用移动设备扫描即可在线观看、阅读；电子课件依据教材内容制作，为教师教学提供帮助；习题册参考答案则针对教材配套习题册编写，为教师指导学生练习提供方便。

电子课件和习题册参考答案均可通过技工教育网（https://jg.class.com.cn）下载使用。

编者

2022 年 9 月

目录

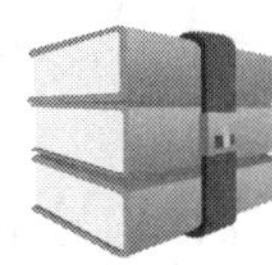

课题一　直流稳压电源的装配与调试

任务1　半导体二极管的识别、检测与选用

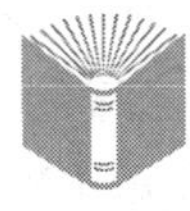

学习目标

1. 了解半导体二极管的结构、图形符号、外形和类型。
2. 了解半导体二极管的型号命名方法。
3. 掌握半导体二极管的伏安特性和主要参数。
4. 掌握判别半导体二极管极性和质量的方法，能熟练识别和检测半导体二极管。

任务引入

用半导体材料制成的半导体元器件是20世纪中叶发展起来的新型电子元器件。其中半导体二极管（简称二极管）是电子技术中最常用的元器件，它具有体积小、质量轻、工作可靠、使用寿命长、耗电量小等优点。图1-1-1所示是几种常用的二极管。

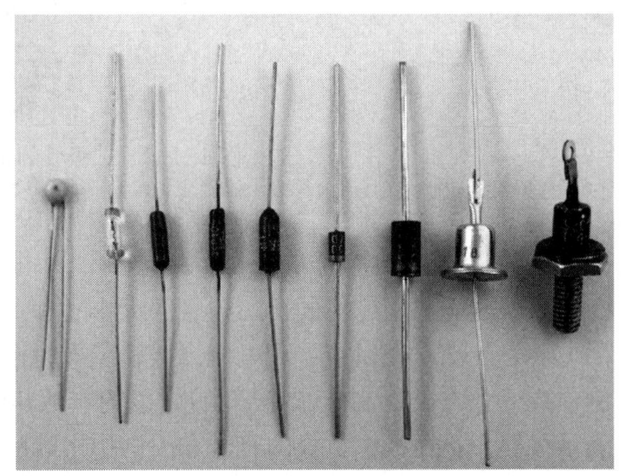

图1-1-1　几种常用的二极管

半导体二极管是最简单的半导体元器件，因为它具有单向导电性，所以常用于电子电路中的整流、限幅、检波、开关等，是许多电子电路不可缺少的基本半导体元器件。因此，要掌握装配与调试各种电子电路的技能，首先就要掌握二极管的相关特性和用途，并能熟练识别与检测二极管。

相关知识

一、半导体二极管的结构、图形符号及外形

1. 半导体二极管的结构与图形符号

物质按导电能力强弱的不同分为导体、半导体和绝缘体三大类，其中半导体的导电能力介于导体和绝缘体之间。纯净的半导体导电能力较差，但当半导体所处环境温度上升、所受光照增强或掺入杂质时，其导电能力会大大增强，即半导体具有热敏特性、光敏特性和掺杂特性。掺入了杂质的半导体称为杂质半导体，分为 N 型半导体和 P 型半导体。其中 N 型半导体的多数载流子是带负电的自由电子，P 型半导体的多数载流子是带正电的空穴。

通过特殊工艺将 N 型半导体和 P 型半导体紧密结合在一起，就会在交界处形成一个特殊薄层，该薄层称为 PN 结。二极管实质上就是一个 PN 结，从 P 区和 N 区各引出一条电极，然后用一个外壳封装起来，就制成了一个二极管、二极管的结构如图 1-1-2a 所示，由 P 区引出的电极称为正极（或阳极），由 N 区引出的电极称为负极（或阴极）。二极管在电路图中常用字母 V 或 VD 表示，其图形符号如图 1-1-2b 所示，箭头的方向表示 PN 结正向导通时电流的方向，即通过二极管的正向电流的方向。

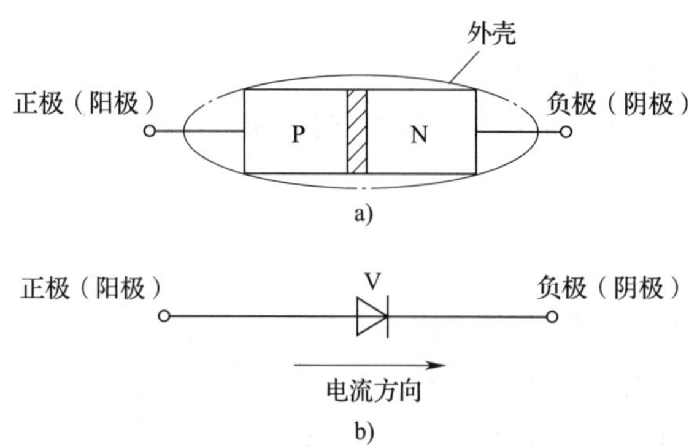

图 1-1-2　二极管的结构及图形符号

a）结构　b）图形符号

2. 半导体二极管的外形

由于功能和用途不同，二极管的大小、外形和封装外壳各异。例如，小电流二极管常用玻璃壳或塑料壳封装；大电流二极管工作时温度较高，因此常用金属外壳封装且将外壳制作成一个电极（制成螺栓形状），以便与散热器连成一体。二极管外壳上一般印有符号表示极性，且正极、负极的符号和引脚引出端的极性一致。除了在外壳一端印有色环表示负极，还有一些其他的表示方法，使用时要注意辨别极性。图 1-1-3 所示是几种常见的二极管外形。

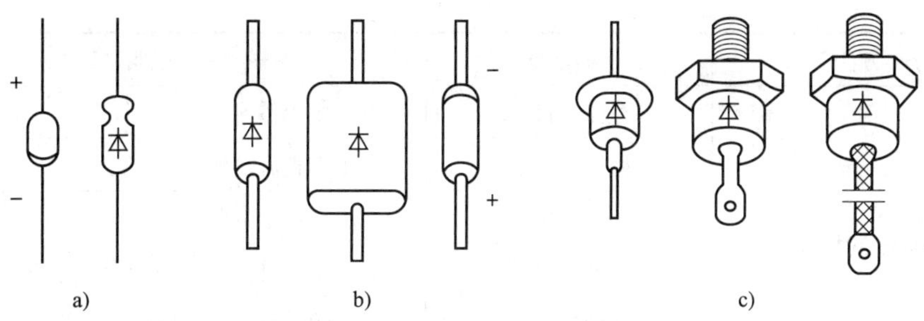

图 1-1-3　几种常见的二极管外形

a）玻璃封装二极管　b）塑料封装小功率二极管　c）金属封装中、大功率二极管

二、半导体二极管的类型

根据制造工艺的不同，二极管可分为点接触型、面接触型和平面型三种，如图 1-1-4 所示。

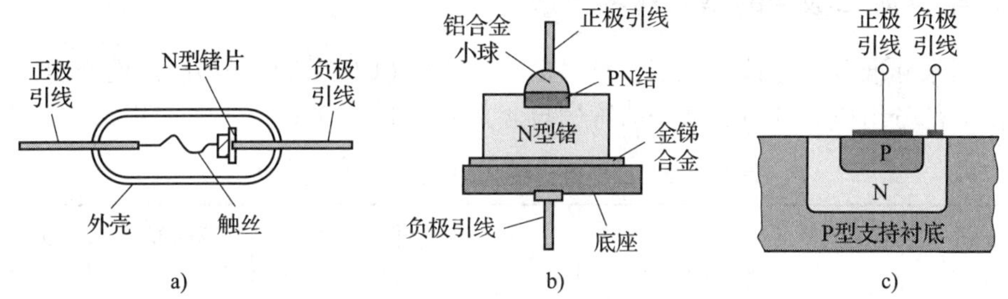

图 1-1-4　二极管的结构类型

a）点接触型　b）面接触型　c）平面型

点接触型二极管的特点是：PN 结面积小，因而结电容较小，允许通过的电流小，常用于检波等。

面接触型二极管的特点是：PN 结面积大，因而结电容较大，只能在低频下工作，允许通过的电流较大，常用于整流等。

平面型二极管的特点是：当 PN 结面积较小时，结电容较小，可用在脉冲数字电路中；当 PN 结面积较大时，允许通过的电流较大，可用于大功率整流。

除此之外，根据导体材料、用途和外壳封装材料的不同，二极管又可分为多种类型，具体见表 1-1-1。

表 1-1-1　半导体二极管的分类及说明

分类方法	种类	说明
按导体材料不同划分	硅二极管	硅材料二极管，常用二极管
	锗二极管	锗材料二极管

续表

分类方法	种类	说明
按用途不同划分	整流二极管	主要用于整流
	稳压二极管	常用于直流电源
	开关二极管	常用于数字电路
	发光二极管	能发出可见光，常用于指示电路
	光敏二极管	对光的变化比较敏感的二极管
	变容二极管	常用于高频电路
按外壳封装材料不同划分	玻璃封装二极管	一般为检波二极管
	塑料封装二极管	多数二极管的封装方式
	金属封装二极管	一般为大功率整流二极管

三、半导体二极管的型号命名方法

根据国家标准《半导体分立器件型号命名方法》（GB/T 249—2017）的规定，二极管的型号由五部分组成。各组成部分的符号与含义见表 1-1-2。

表 1-1-2　二极管型号组成部分的符号及含义

第一部分（数字）		第二部分（拼音）		第三部分（拼音）		第四部分（数字）	第五部分（拼音）
电极数		材料和极性		类型		登记顺序号	规格号
符号	含义	符号	含义	符号	含义		
2	二极管	A	N 型，锗材料	P	小信号管		
		B	P 型，锗材料	Z	整流管		
		C	N 型，硅材料	W	电压调整管或电压基准管		
		D	P 型，硅材料	K	开关管		
		E	化合物或合金材料	C	变容管		
				L	整流堆		
				S	隧道管		

半导体二极管型号 2CZ54D 的含义如下：

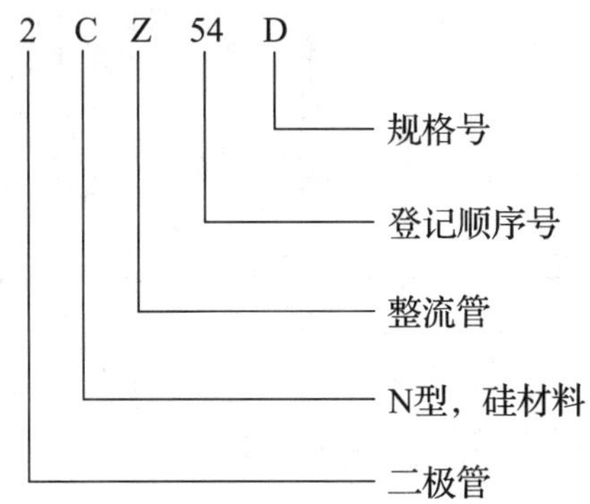

四、半导体二极管的伏安特性

演示实验：如图 1-1-5 所示，当二极管正极接低电位，负极接高电位时，指示灯不能发光，说明电路中没有电流通过或电流极小。此时二极管两端施加的电压是反向电压，二极管处于反向偏置状态（也称为反向截止状态），简称反偏。当二极管反偏时，内部呈现很大的电阻，几乎没有电流通过。

如图 1-1-6 所示，当二极管的正极接高电位，而负极接低电位时，指示灯正常发光。此时二极管两端施加的是正向电压，二极管处于正向偏置状态，简称正偏。二极管正偏状态下，当正向电压达到某一数值时二极管会导通，电流随电压的增加迅速增大，二极管内部的电阻变得很小，进入正向导通状态。

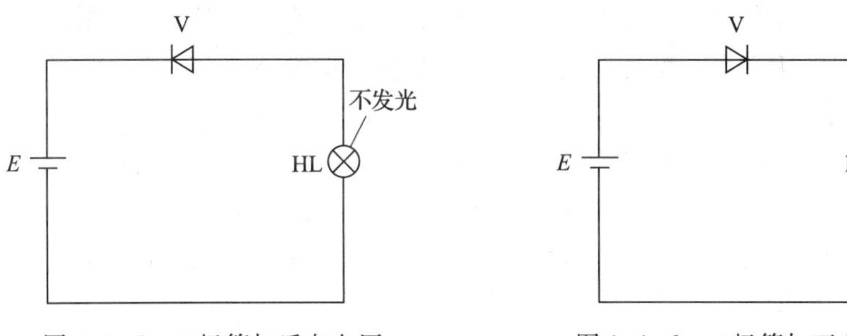

图 1-1-5 二极管加反向电压　　图 1-1-6 二极管加正向电压

结论：二极管外加正向电压（电压达到某一数值）时处于导通状态，外加反向电压时处于截止状态，即二极管具有单向导电性。

描述流过二极管的电流随其两端电压变化的特性就是二极管的伏安特性，通常用伏安特性曲线来表示，如图 1-1-7 所示。由图 1-1-7 所示的二极管的伏安特性曲线可知，不同材料二极管的伏安特性曲线虽然有些区别，但形状基本相似，都不是一条直线，所以说二极管是非线性元件。

1. 正向特性

图 1-1-7 中第一象限的图形就是二极管正偏时的伏安特性曲线，简称正向特性。由图

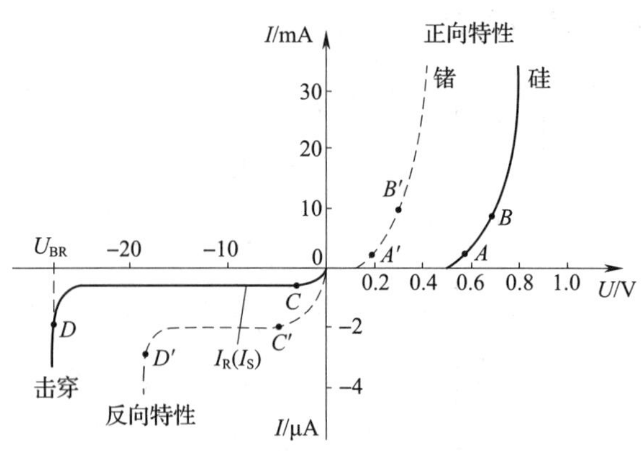

图 1-1-7　二极管的伏安特性曲线

可知，当外加电压小于某一数值时，通过二极管的电流很小，几乎为零，这一范围称为死区，相应的电压称为死区电压。通常硅二极管的死区电压为 0.5 V，锗二极管的死区电压为 0.1 V。

当正向电压大于死区电压时，电流随电压的升高而明显增大，二极管正向导通。导通后，正向电压的微小增加都会引起正向电流的急剧增大，*AB* 段曲线陡直。二极管导通后的正向电压称为正向压降（或管压降），用 U_F 表示。U_F 的变化不大，硅管约为 0.7 V，锗管约为 0.3 V。

2. 反向特性

当反向电压小于某一值（图中的 *D* 点）时，反向电流很小，并且几乎不随反向电压而变化，该反向电流称为反向饱和电流，简称反向电流。通常硅管的反向电流为几微安到几十微安，锗管则可达到几百微安，大功率二极管的反向电流会稍大些。

3. 反向击穿特性

当反向电压增大到超过某一值（图中的 *D* 点）时，反向电流会急剧增大，这种现象称为反向击穿。与 *D* 点对应的电压称为反向击穿电压 U_{BR}。此时若有适当的限流措施，把电流限制在二极管的承受范围内，二极管就不会损坏。如果没有适当的限流措施，二极管很可能因电流过大而损坏。

图 1-1-8 所示的电路中，电源电压为 30 V，二极管的反向击穿电压 $U_{BR}=20$ V。若电源电压直接反向加在二极管上，会导致二极管被击穿。为了保护二极管，将其余 10 V 电压降在限流电阻 R 上。若 $R=10$ kΩ，则反向电流 $I=1$ mA；若 $R=100$ Ω，则 $I=100$ mA。由此可见，如果选择适当的限流电阻 R，二极管就不会损坏。

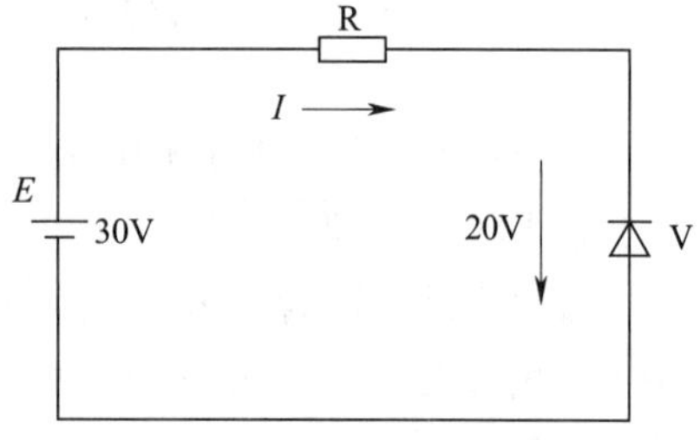

图 1-1-8　防止二极管反向击穿的电路

五、半导体二极管的主要参数

二极管的主要参数是选择和使用二极管的依据，为了保证二极管安全可靠地工作，选用二极管时应主要考虑以下参数：

1. 最大整流电流 I_{FM}

长期运行时允许通过二极管的最大正向平均电流称为最大整流电流，通常也称为额定工作电流。它由 PN 结面积和散热条件决定。应用时二极管的实际工作电流要低于规定的最大整流电流。

2. 最高反向工作电压 U_{RM}

最高反向工作电压是保证二极管不被反向击穿而规定的最高反向电压。一般手册上给出的最高反向工作电压约为反向击穿电压的一半，以确保二极管安全工作。

3. 最大反向电流 I_{RM}

最大反向电流是二极管工作在最高反向工作电压时的反向电流，此值越小，二极管的单向导电性越好。

4. 最高工作频率 f_M

二极管的 PN 结具有结电容，随着工作频率的升高，结电容充放电的影响将加剧，它会影响 PN 结的单向导电性。f_M 是保证二极管正常工作的最高频率，一般小电流二极管的 f_M 高达几百兆赫，而大电流整流管的 f_M 仅几千赫。

六、半导体二极管的极性判别和质量检测

1. 用观察法识别二极管的极性

可以用观察法，通过二极管的外形、引脚的长短、色环等特征进行极性判别，如图 1-1-9 所示。图中标有色环的一端是负极，铜辫子的电极是金属封装二极管的负极，对于发光二极管而言，引脚较短的电极是负极。

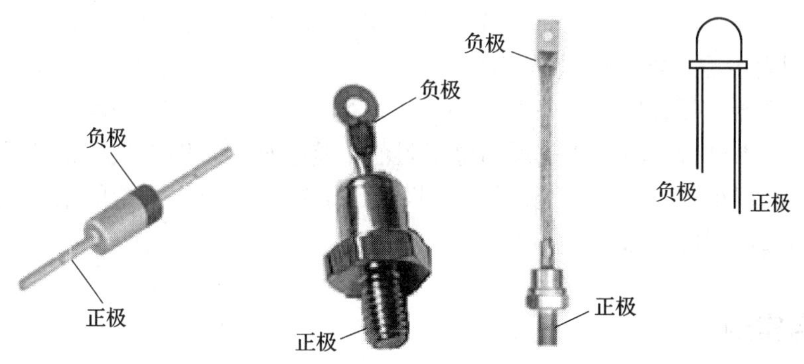

图 1-1-9　常见二极管正、负极的识别

2. 用万用表判别二极管的极性

用万用表判别二极管极性的方法及步骤如下：

（1）万用表调零

将万用表的红表笔接表内电池的负极，黑表笔接表内电池的正极。测试前，先将万用表的量程选择为电阻挡 R×100 或 R×1 k，并将两表笔短接调零，如图 1-1-10 所示。注意，每次更换电阻挡的量程后，都必须重新进行欧姆调零，以保证测量结果的准确性。

a)

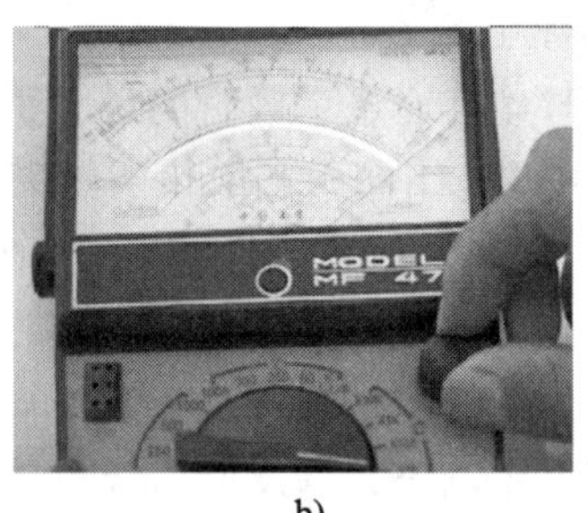
b)

图 1-1-10　万用表的欧姆调零
a）对接表笔　b）电位器调零

（2）测量正、反向阻值

将万用表的红表笔和黑表笔分别与二极管的两个引脚相接，记录万用表的读数。对调万用表的红表笔与黑表笔，再次测量并读数。

（3）比较大小

比较两次测量的阻值大小，以测得的阻值较小的一次为准，与黑表笔相接的引脚是二极管的正极，与红表笔相接的引脚是二极管的负极，该阻值是二极管的正向阻值。

操作提示

根据二极管正向特性曲线起始端的非线性可知，PN 结的正向电阻是随着外加电压的变化而变化的，所以同一个二极管用 R×100 和 R×1 k 挡测得的正向电阻读数是不同的。

3. 用万用表检测二极管质量的好坏

用万用表检测二极管质量的好坏与用万用表判别二极管极性的方法相同。不同的是：将两次测量的结果进行比较，正、反向电阻阻值相差越大，说明二极管的质量越好。若两次测量的结果都很小，趋近于 0，则说明二极管已击穿；若两次测量的结果均很大，趋近于∞，则说明二极管已断路。

任务实施

一、任务准备

实施本任务所使用的实训设备及工具、材料见表 1-1-3。

表 1-1-3　实训设备及工具、材料

序号	名称	型号、规格	数量	单位	备注
1	万用表	MF47 型	1	台	
2	二极管	2AP1	1	个	
3		2AP7	1	个	
4		1N4001	1	个	
5		1N4003	1	个	
6		1N4004	1	个	
7		2CZ52B	1	个	
8		型号不限	若干	个	已损坏（击穿或断路）

二、二极管的识别与检测

根据学生用书中的要求，对指定的二极管进行识别与检测，并记录识别、检测结果。

知识拓展

扫描右侧二维码，可了解常用整流二极管和常用发光二极管的参数。

任务 2　单相整流电路的装配与调试

学习目标

1. 熟悉单相半波整流电路和单相桥式整流电路。
2. 掌握焊接的基本操作工艺。
3. 掌握电路装配工艺。
4. 能正确完成单相桥式整流电路的装配与调试，并能独立排除调试过程中出现的故障。

任务引入

整流电路是直流稳压电源的一部分，其作用是将交流电转换成脉动的直流电。小功率直流稳压电源常用的是单相整流电路，其形式有单相半波整流电路和单相桥式整流电路两种。图 1-2-1 所示为单相桥式整流电路原理图，其焊接装配实物图如图 1-2-2 所示。

本任务的主要内容为：根据给定的技术指标，按照单相桥式整流电路原理图装配并调试出满足工艺要求和技术要求的合格电路，并能独立解决调试过程中出现的故障。

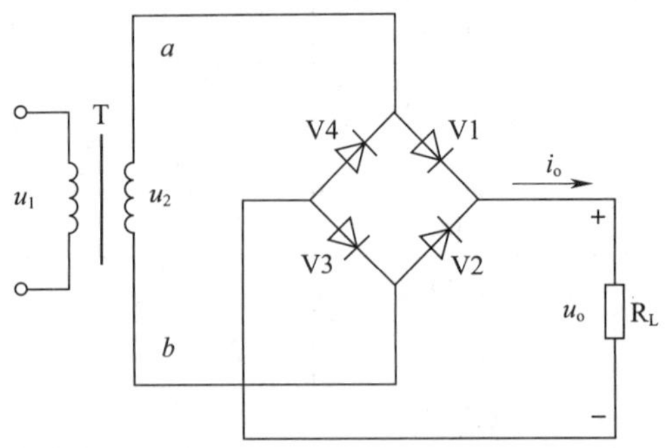

图 1-2-1　单相桥式整流电路原理图

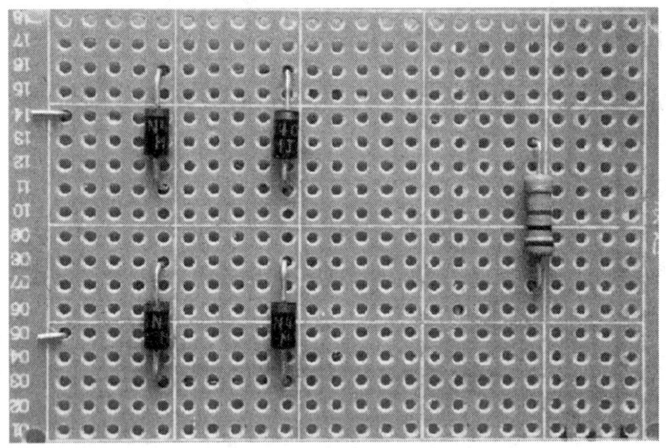

图 1-2-2　单相桥式整流电路焊接装配实物图

相关知识

一、单相半波整流电路

1. 电路组成

单相半波整流电路如图 1-2-3 所示。从图中可以看出，该电路主要由电源变压器 T、整流二极管 V 和负载电阻 R_L 组成。其中，电源变压器 T 将电网 220 V 交流电压变换为整流电路需要的交流低电压，同时保证直流电源与电网有良好的隔离。二极管 V 是整流元器件，利用其单向导电的特性将交流电变换为脉动的直流电。

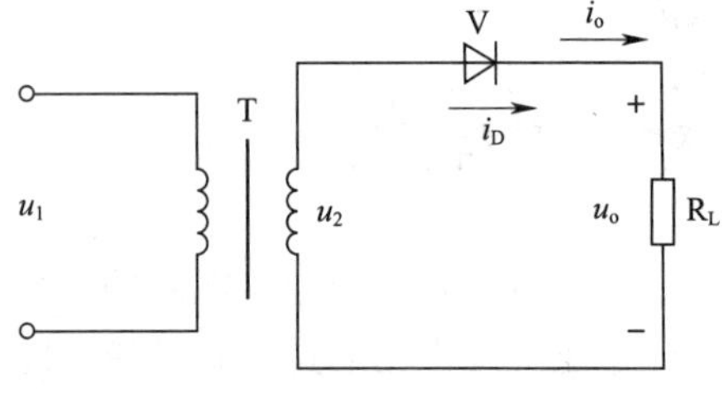

图 1-2-3　单相半波整流电路

2. 工作原理分析

图 1-2-3 所示的电路中，若二极管的正向管压降为零，电源变压器 T 的二次电压 $u_2=\sqrt{2}U_2\sin\omega t$。在 u_2 的正半周期（$0\leqslant\omega t\leqslant\pi$），二极管导通，流过二极管的电流 i_D 同时流过负载电阻 R_L，即 $i_D=i_o$，负载电阻上的电压 $u_o=u_2$。在 u_2 的负半周期（$\pi<\omega t\leqslant 2\pi$），二极管反偏截止，$i_o=0$，$u_o=0$，此时 u_2 全部加在二极管两端，即二极管承受反向电压 $u_D=u_2$。

单相半波整流电路电压、电流的波形如图 1-2-4 所示，负载上的电压是单方向脉动的电压。由于输入电压变化一周而负载上仅有半周输出，所以称为半波整流电路。

单相半波整流电路输出脉动直流电压的平均值 U_o 为：

$$U_o=0.45U_2$$

负载电流平均值 I_o 为：

$$I_o=\frac{U_o}{R_L}=0.45\frac{U_2}{R_L}$$

二极管的平均电流 I_D 为：

$$I_D=I_o$$

二极管承受的反向峰值电压 U_{Rm} 为：

$$U_{Rm}=\sqrt{2}U_2$$

3. 整流二极管的选择

实践应用中选择整流二极管时应满足的条件为：$I_{FM}\geqslant I_D$，$U_{RM}\geqslant U_{Rm}$。其中 I_{FM} 为最大整流电流，U_{RM} 为最高反向工作电压。

半波整流电路结构简单，使用元器件少，但整流效率低，输出电压脉动较大，因此，它只适用于要求不高的场合。

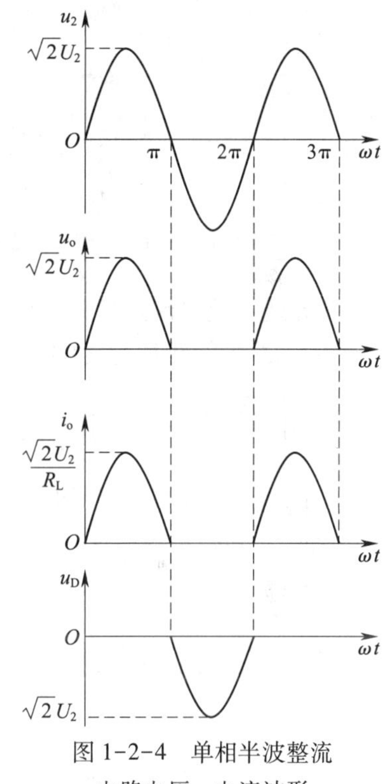

图 1-2-4　单相半波整流电路电压、电流波形

二、单相桥式整流电路

1. 电路组成

单相桥式整流电路如图 1-2-1 所示。从图中可以看出，除了电源变压器 T 和负载电阻 R_L，电路主要由四个二极管接成四臂电桥的形式以完成整流，故称为桥式整流电路。

2. 工作原理分析

图 1-2-1 所示的电路中，假设电源变压器 T 的二次电压 $u_2=\sqrt{2}U_2\sin\omega t$，其输入、输出波形如图 1-2-5 所示。在 u_2 的正半周期，即当 a 点为正，b 点为负时，整流二极管 V1、V3 正偏导通，V2、V4 反偏截止，此时流过负载的电流方向如图 1-2-6a 所示，电流通过的路径为 $a\rightarrow$V1$\rightarrow R_L\rightarrow$V3$\rightarrow b$，在负载 R_L 上得到一个半波电压。若忽略二极管的正向电压降，则 $u_o=u_2$。

在 u_2 的负半周期，即当 a 点为负，b 点为正时，整流二极管 V1、V3 反偏截止，V2、

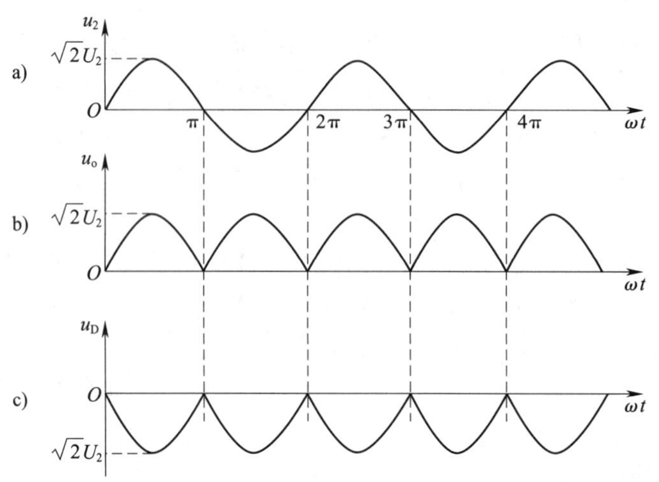

图 1-2-5　单相桥式整流电路输入、输出波形

a）电源变压器 T 的二次电压 u_2　b）R_L 上的电压 u_o　c）反偏二极管承受的电压 u_D

V4 正偏导通，此时流过负载的电流方向如图 1-2-6b 所示，电流通过的路径为 b→V2→R_L→V4→a，在负载 R_L 上也得到一个半波电压。若忽略二极管的正向电压降，则 $u_o=-u_2$。

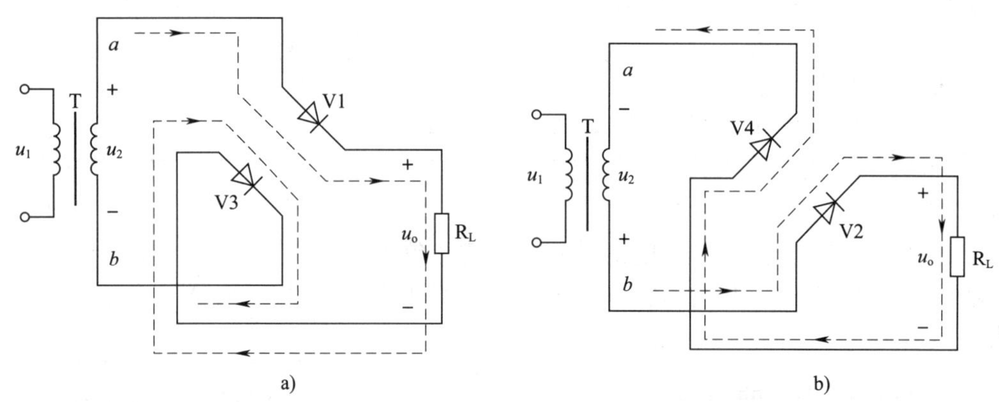

图 1-2-6　单相桥式整流电路电流方向

a）u_2 为正半周期的工作情况　b）u_2 为负半周期的工作情况

综上所述，在交流电压 u_2 的整个周期始终有同方向的电流流过负载电阻 R_L，故 R_L 上得到单方向全波脉动的直流电压。因此，单相桥式整流电路输出电压为单相半波整流电路输出电压的两倍，所以单相桥式整流电路输出电压的平均值为：

$$U_o = 2 \times 0.45U_2 = 0.9U_2$$

单相桥式整流电路中，由于每个二极管只导通半个周期，而负载电阻 R_L 始终有电流流过，所以流过每个二极管的平均电流仅为负载电流的 1/2，即：

$$I_D = \frac{1}{2}I_o = \frac{U_o}{2R_L} = 0.45\frac{U_2}{R_L}$$

在 u_2 的正半周期，整流二极管 V1、V3 导通，可将它们视为短路，这样二极管 V2、V4 承受的反向峰值电压与半波整流电路中相同，仍为 $U_{Rm}=\sqrt{2}U_2$。同理，当 V2、V4 导通时，V1、V3 截止，其承受的反向峰值电压也为 $U_{Rm}=\sqrt{2}U_2$。反偏二极管承受的电压波形如图 1-2-5c 所示。

3. 整流二极管的选择

实践应用中选择整流二极管时应满足：$I_{FM}\geqslant I_D$，$U_{RM}\geqslant U_{Rm}$。

通过以上分析可知，单相桥式整流电路与单相半波整流电路相比较，其输出电压 U_o 较高、脉动较小。在工程实际应用中，单相桥式整流电路常用习惯画法和简化画法来表示，如图 1-2-7 所示。

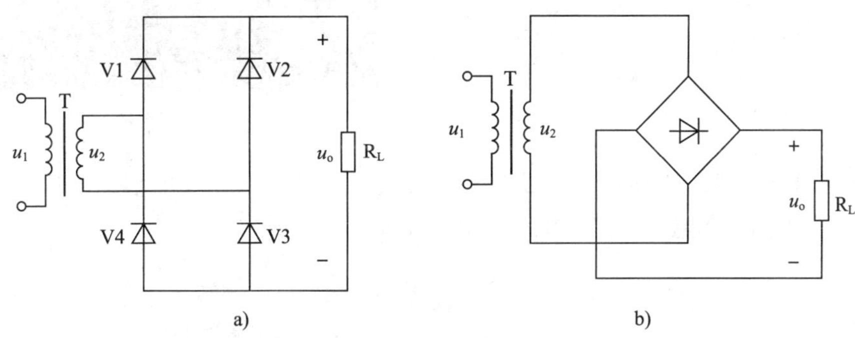

图 1-2-7　单相桥式整流电路的习惯画法和简化画法

a）习惯画法　b）简化画法

三、焊接的基本操作工艺

1. 焊接工具

（1）电烙铁的结构和种类

常用的电烙铁分为外热式、内热式和恒温式三大类。电烙铁的规格用功率表示，常用的规格有 15 W、20 W、25 W、30 W、45 W、75 W 和 100 W。

1）外热式电烙铁。外热式电烙铁如图 1-2-8 所示，它由烙铁头、烙铁芯、木柄、电源线、插头等部分组成。因烙铁芯装在烙铁头外面，故称为外热式电烙铁。烙铁芯是电烙铁的关键部件，它将电热丝平行地绕在一根空心磁管上，中间用云母片绝缘，并引出两根导线与 220 V 交流电源连接。

常用的外热式电烙铁的规格有 25 W、45 W、75 W、100 W 等。其功率不同，烙铁芯也不同。25 W 的电烙铁阻值约为 2 kΩ，45 W 的阻值约为 1 kΩ，75 W 的阻值约为 0. 6 kΩ，100 W 的阻值约为 0. 5 kΩ。因此，可以用万用表欧姆挡初步判断电烙铁的好坏及功率的大小。

烙铁头的作用是储存热量和传导热量，烙铁的温度与烙铁头的体积、形状、长短等都有一定的关系。当烙铁头的体积比较大时，保持温度的时间就长些。另外，为了适应不同焊接物的要求，烙铁头的形状有所不同，常见的有锥形、凿形、圆斜面形等，常见烙铁头的形状如图 1-2-9 所示。

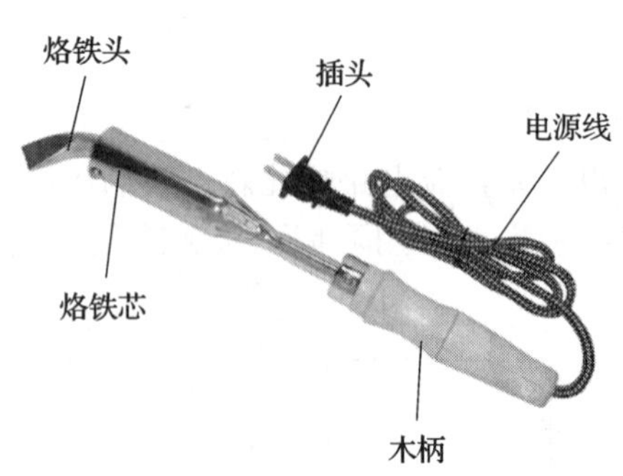

图 1-2-8　外热式电烙铁

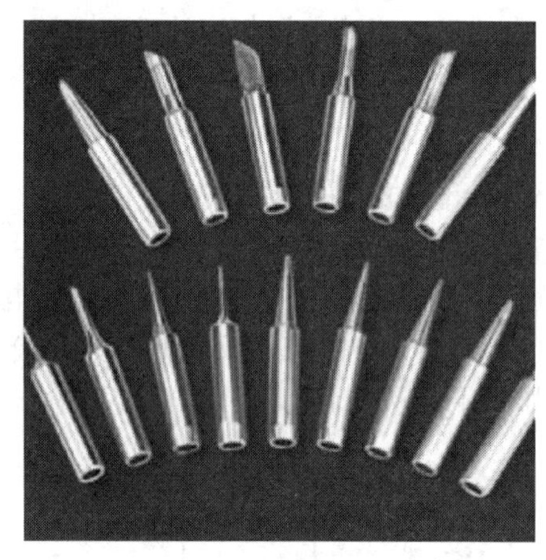

图 1-2-9　常见烙铁头的形状

2）内热式电烙铁。内热式电烙铁具有升温快、质量轻、耗电量小、体积小、热效率高的特点，应用非常普遍。内热式电烙铁如图 1-2-10 所示。

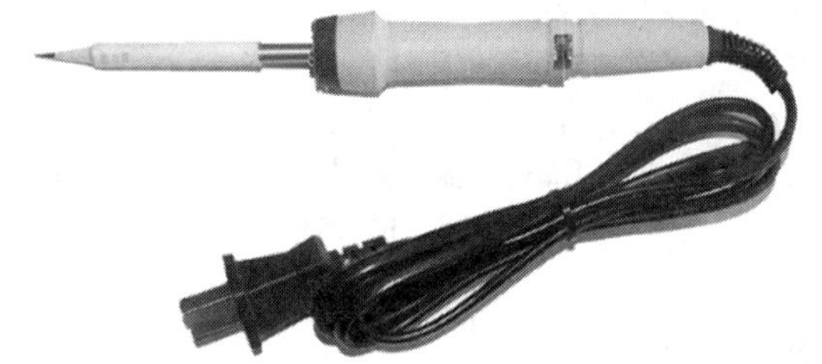

图 1-2-10　内热式电烙铁

内热式电烙铁主要由手柄、连接杆、弹簧夹、烙铁芯和烙铁头组成。由于烙铁芯安装在烙铁头内，故称为内热式电烙铁。

内热式电烙铁的后端是空心的，用于套接在连接杆上，并且用弹簧夹固定。当需要更换烙铁头时，必须先将弹簧夹退出，同时用钳子夹住烙铁头的前端，将其慢慢地拔出，切记不能用力过猛，以免损坏连接杆。另外，内热式电烙铁的烙铁芯是用比较细的镍铬电阻丝绕在瓷管上制成的，其电阻约为 2.5 kΩ（20 W），烙铁的温度一般可达 350 ℃左右。

内热式电烙铁的常用规格有 20 W、25 W、50 W 等。由于它的热效率高，20 W 内热式电烙铁就相当于 40 W 左右的外热式电烙铁的功用。

3）恒温式电烙铁。恒温式电烙铁的烙铁头内装有带磁铁头的温度控制器，通过控制通电时间实现温度控制。其工作原理是：当电烙铁通电时，温度上升，当达到设定温度时，强磁体传感器温度达到了居里点，磁性消失，磁芯触点断开，停止向电烙铁供电；当温度低于强磁体传感器的居里点时，强磁体便恢复磁性，并吸引磁芯开关中的永久磁铁，使控制开关的触点接通，继续向电烙铁供电。如此循环往复，便能达到恒温的效果。恒温式电烙铁如图 1-2-11 所示。

图 1-2-11　恒温式电烙铁

焊接集成电路、晶体管元器件时，常用到恒温式电烙铁，这是因为半导体元器件的焊接温度不能太高，焊接时间不能过长，否则会因过热而损坏元器件。

（2）电烙铁的选用

根据手工焊接工艺要求，选用电烙铁的主要依据如下：

1）必须满足焊接所需的热量，并能在操作过程中保持一定的温度。

2）温升快，热效率高。

3）质量小，操作方便，使用寿命长。

4）烙铁头的形状适应焊接物体形状和焊接空间要求。

（3）电烙铁的使用方法与注意事项

1）电烙铁的握法。电烙铁的握法有反握法、正握法、握笔法三种，如图 1-2-12 所示。反握法适用于大功率的电烙铁，焊接散热量较大的被焊件。使用正握法的电烙铁的功率也比较大，且多为弯形烙铁头。握笔法适用于小功率的电烙铁，焊接散热量小的被焊件，如收音机、电视机电路的焊接和维修等。

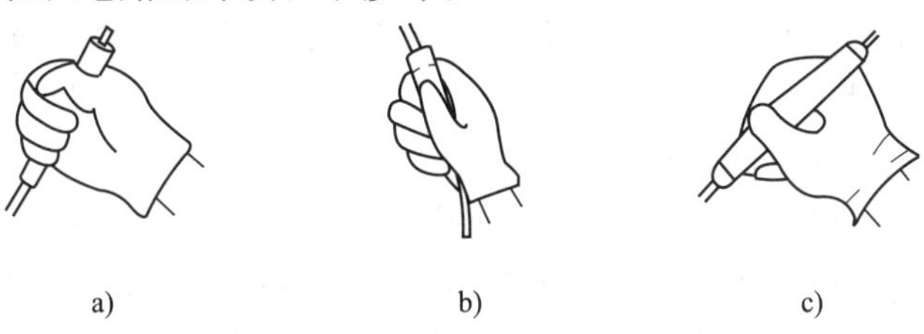

图 1-2-12　电烙铁的握法

a）反握法　b）正握法　c）握笔法

2）新电烙铁使用前的处理。新电烙铁使用前必须先给烙铁头挂上一层焊锡。具体方法是：首先把烙铁头锉成需要的形状，然后接上电源，将打磨好的烙铁头紧压在松香上，松香熔化后，烙铁头完全浸在松香中，待松香出烟大时，取出烙铁头再涂上一层焊锡，直至烙铁头的刃面挂上一层锡，便可使用。

3）电烙铁不使用时不宜长时间通电。这样容易使电热丝因加速氧化而烧断，同时也将使烙铁头因长时间加热而氧化，甚至被“烧死”不再“吃锡”。

4）电烙铁应放在烙铁架上，轻拿轻放，不要将烙铁头上的焊锡乱甩。

5）更换烙铁芯时要注意引脚不要接错，因为电烙铁有三个接线柱，其中一个应接地，它直接与外壳相连。若接错引脚，可能使电烙铁外壳带电，被焊件也会带电，进而发生触电事故。

6）为了延长烙铁头的使用寿命，首先应经常用湿布、浸水海绵擦拭烙铁头，以保持烙铁头良好的挂锡状态，并可防止残留助焊剂对烙铁头的腐蚀。其次，在进行焊接时，应常用松香或弱酸性助焊剂。最后，焊接完毕后，烙铁头上的残留焊锡应该继续保留，防止再次加热时生成氧化层。

2. 手工焊接工艺

手工焊接的基本条件如下：

（1）保持清洁的焊接表面

如果元器件的引脚、各种导线、焊接片、接线柱等表面被氧化或有杂物，一般可用锯条片、小刀或镊子刮净被焊面的氧化层；印制电路板的氧化层则可用细砂纸轻轻磨去；较少的氧化层可用工业酒精反复涂擦，将其擦去。

（2）选择合适的焊锡、助焊剂及电烙铁

通常根据被焊接金属的氧化程度、焊点大小等选择不同种类的助焊剂。如果被焊接金属氧化较为严重或焊点较大则选用松香、酒精助焊剂，若氧化程度较轻或焊点较小则选用中性助焊剂。

另外，应根据焊点形状、焊接对象等因素选用不同功率的电烙铁或烙铁头。对于各种导线、焊接片、接线柱间的焊接及较大的焊点，一般选用功率较大的电烙铁；而对于一般焊点则选用功率较小的电烙铁。

（3）保持适当的焊接温度

热量是焊接不可缺少的条件，适当的焊接温度对形成一个质量良好的焊点是非常关键的。焊接时温度过高会导致焊点发白、无金属光泽、表面粗糙；温度过低会导致焊锡未流满焊盘，容易造成虚焊。

（4）选择合适的焊接时间

焊接时间的长短对焊接质量也有非常重要的影响。加热时间过长可能造成元器件损坏、焊接缺陷、印制电路板箔脱离等；加热时间过短容易导致冷焊、焊点表面出现裂缝、元器件松动等。应根据被焊件的形状、大小和性质确定焊接时间。

3. 手工焊接的基本步骤

一个合格焊的形成需经过以下几个过程：

（1）浸润

当焊接部位达到焊接的工作温度时，助焊剂首先熔化，然后焊锡熔化并与被焊件和焊盘接触。

（2）流淌

液态的焊锡在毛细现象的作用下充满整个焊盘和焊缝，将助焊剂排出。

（3）产生合金

流淌的焊锡与被焊件和焊盘的表面接触产生合金（只发生在表面）。

（4）凝结

电烙铁移开后，温度下降，液态焊锡冷却凝固变成固态，从而将被焊件固定在焊盘上。

为了保证焊接质量，手工焊接的步骤一般要根据被焊件的热容决定，通常采用五步焊接法，如图 1-2-13 所示。

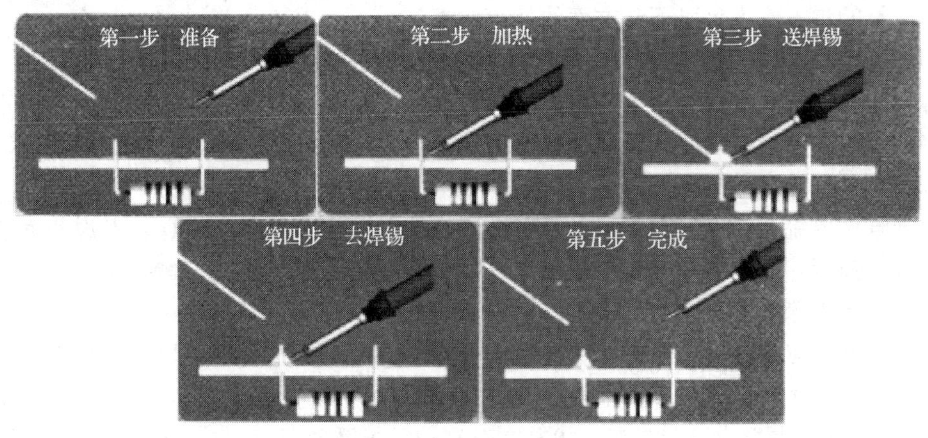

图 1-2-13　五步焊接法

4. 手工焊接的注意事项

（1）采用正确的加热方法

根据焊件形状选用不同的烙铁头，尽量使烙铁头与焊件形成面接触而不是点接触或线接触，这样能大大提高效率。不要用烙铁头对焊件施力，这样会加速烙铁头的损耗和造成元器件损坏。

（2）采用焊锡桥加热的方法

焊锡桥就是在烙铁上保留少量焊锡作为加热时烙铁头与焊件之间传热的桥梁，但作为焊锡桥的锡保留量不可过多。

（3）采用正确的撤离烙铁方式

烙铁的撤离要及时，而且撤离时的角度和方向对焊点的成型有一定的影响。

（4）选择合适的锡量

焊锡量过多容易造成焊点上焊锡堆积、容易造成短路且浪费材料。焊锡量过少可能导致焊接不牢、焊件脱落。锡量过多、锡量过少和合格的焊点如图 1-2-14 所示。

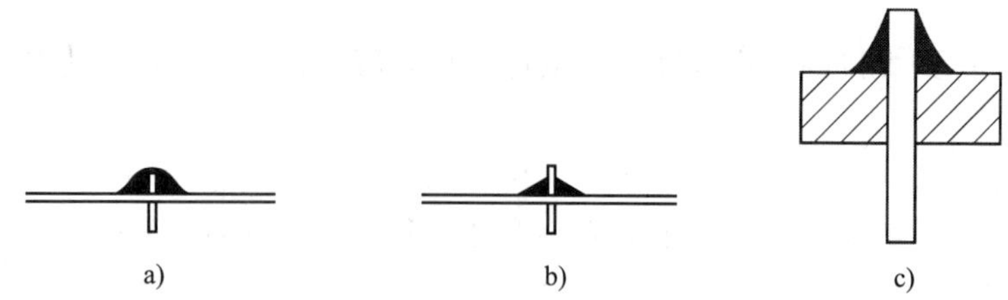

图 1-2-14 锡量过多、锡量过少和合格的焊点

a）锡量过多 b）锡量过少 c）合格的焊点

（5）其他注意事项

在焊锡凝固之前不要使焊件移动或受到振动，不要使用过量的助焊剂，不要使用已热的烙铁头作为焊料的运载工具。

5. 焊点要求

高质量的焊点应满足以下几方面的技术要求：

（1）具有一定的机械强度

为了保证被焊件在受到振动或冲击时不松动，要求焊点有足够的机械强度。但不能使用过多焊锡来提高机械强度，否则很容易出现焊点之间的短路或桥焊现象。

（2）具有良好、可靠的电气性能

由于电流要流经焊点，因此焊点要有良好的导电性，必须防止虚焊。虚焊一方面会使焊点的机械强度降低，另一方面会使该焊点时通时断，增加了调试、维修的难度。

（3）具有光滑和清洁美观的表面

焊点的外观应美观、光滑、圆润、整齐、均匀，焊锡应充满整个焊盘且与焊盘大小比例适中。具体应达到以下几个要求：

1）以焊点的中心为界，焊点形状左右对称，呈半弓形凹面。

2）焊料量适当，焊点表面光亮平滑，无毛刺和针孔。

3）润湿角小于 30°。

四、电路装配工艺

1. 电路板的布置要求

布置元器件时，必须根据电路原理图和元器件的外形尺寸、封装形式在万能电路板上均匀布置元器件，避免安装时相互影响。应做到元器件排布疏密均匀；电路走向与电路原理图基本一致，一般由输入端开始向输出端一字形排列，逐步确定元器件的位置，互相连接的元器件应就近放置；每个安装孔只能插入一个元器件引脚，元器件应水平或垂直放置，不能斜放。大多数情况下元器件都安装在电路板的同一个面上，通常把安装元器件的一面称为电路板元器件面。

2. 元器件的成型要求

（1）电阻成型

立式插装电阻在成型时，先用镊子将电阻两引脚拉直，然后用镊子在某引脚离元器件封装点大于 1.5 mm 处将该引脚弯成半圆形，注意阻值色环应向上，如图 1-2-15a 所示。

卧式插装电阻在成型时，同样先用镊子将电阻两引脚拉直，然后根据插装的孔距利用镊子将电阻本体两侧引脚同样弯成一定的弧度，注意折弯处与电阻本体距离不得小于 1.5 mm，如图 1-2-15b 所示。

（2）二极管成型

立式插装二极管在成型时，先用镊子将二极管两引脚拉直，然后用镊子将二极管的负极（标记向上）引脚弯成半圆形，注意折弯处与二极管本体距离不得小于 1.5 mm，如图 1-2-16a 所示。

卧式插装二极管在成型时，先用镊子将二极管两引脚拉直，然后根据插装的孔距利用镊子将二极管本体两侧引脚弯成同样的弧度，注意折弯处与二极管本体距离不得小于 1.5 mm，如图 1-2-16b 所示。

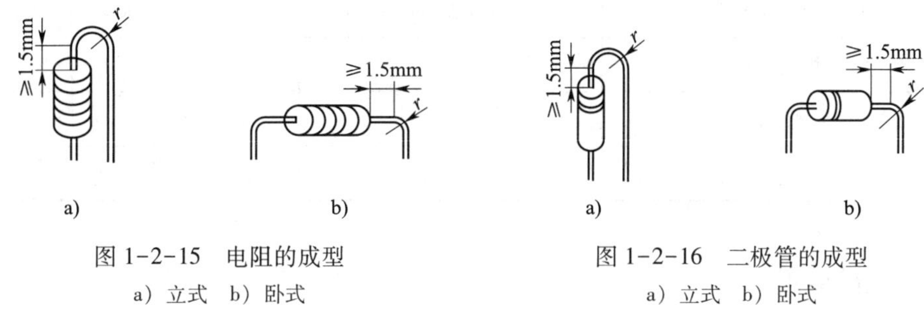

图 1-2-15　电阻的成型
a）立式　b）卧式

图 1-2-16　二极管的成型
a）立式　b）卧式

3. 元器件的插装焊接要求

（1）电阻的插装焊接

电阻卧式插装焊接时应紧贴电路板，并使电阻的阻值色环方向一致，直标法的标志应向外、向上，使之易被看到。

电阻立式插装焊接时，应使电阻本体距多孔电路板 1~2 mm。注意使电阻的阻值色环方向一致，直标法的标志应向外、向上。

（2）二极管的插装焊接

二极管卧式插装焊接时，应使二极管本体距电路板 3~5 mm。注意二极管正、负极不能接反，同规格的二极管标记方向应一致。

二极管立式插装焊接时，应使二极管本体距电路板 2~4 mm。注意二极管正、负极不能接反，标记一般应向上。

任务实施

一、任务准备

实施本任务所使用的实训设备及工具、材料见表 1-2-1。

表 1-2-1　实训设备及工具、材料

序号	名称	型号、规格	数量	单位	备注
1	万用表	MF47 型	1	台	
2	常用电子组装工具		1	套	
3	双踪示波器		1	台	
4	整流二极管	1N4001	4	个	
5	碳膜电阻器	1 kΩ	1	个	
6	电源变压器	AC 220 V/12 V/20 W	1	个	
7	万能电路板		1	块	
8	镀锡裸铜丝	ϕ0. 5 mm	若干	米	
9	焊料、助焊剂		若干		
10	带插头的电源线		1	条	
11	绝缘胶布		若干	个	

二、电路装配

1. 电路元器件布置图的确定

本任务的元器件布置示意图如图 1-2-17 所示。

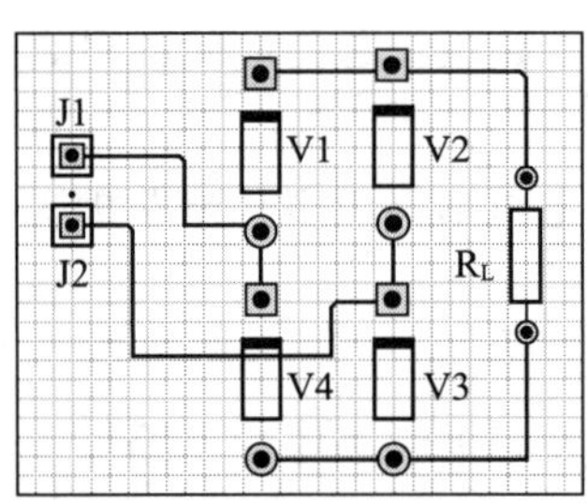

图 1-2-17　元器件布置示意图

2. 元器件的检测

（1）整流二极管的检测

运用课题一任务一中的检测方法，用万用表相应挡位测量选用的整流二极管，确认二极管的极性和质量，分类固定存放，以方便使用。

（2）负载电阻的测量

用万用表相应挡位测量选用电阻的阻值，要注意电阻的材质、类型和功率。

应正确检测电路中使用的元器件，确认参数并做好标记、分类存放，即使是新的元器件，也要进行检测后才可使用。若安装完毕后才发现元器件损坏，将会带来很多麻烦。在元器件检测过程中，各种仪器、工具、材料和元器件的摆放应有序，场地要整洁干净。在进行电子产品装接和检测工作时，保持良好的操作习惯是非常重要的。

3. 元器件的成型

在插装前将所用元器件按插装工艺要求进行成型。

4. 元器件的插装焊接

依据图 1-2-17 所示的元器件布置示意图，按照装配工艺要求进行元器件的插装焊接。

（1）焊接二极管引脚时，电烙铁在焊点处停留的时间应控制在 2~3 s，防止时间过长导致温度过高而损坏二极管。也可用尖嘴钳或镊子夹持元器件或导线以帮助散热。

（2）焊接操作过程中要注意电烙铁上的焊锡不能乱甩，以免烫伤他人。

5. 镀锡裸铜丝的焊接

根据电路原理图和元器件布置示意图进行镀锡裸铜丝的焊接。镀锡裸铜丝应紧贴电路板插装焊接，不得拱前、弯曲，对于较长的镀锡裸铜丝，应在多孔电路板上每隔 10 mm 加焊一个焊点。

6. 焊接检查

焊接结束后，应检查电路有无漏焊、错焊、虚焊等问题。检查时可用尖嘴钳或镊子将每个元器件拉动一下，查看有无松动，如有松动应重新焊接。

三、通电前的检查

电路安装完毕后，必须在不通电的情况下，对电路板进行认真细致的检查，以便纠正安装错误。检查中应注意以下几个问题：

1. 元器件引脚之间有无短路。
2. 输入交流电源有无短路。
3. 二极管极性是否接反。

检查过程中，可借助指针式万用表 R×1 k 挡或数字式万用表 →|)) 挡进行测量。测量时应直接测量元器件引脚，这样可以同时发现接触不良的位置。

四、电路测试

根据学生用书中的要求，对单相桥式整流电路进行测试，并记录测试结果。

知识拓展

扫描右侧二维码，可了解整流桥和示波器的相关知识。

任务 3　滤波电路的装配与调试

学习目标

1. 掌握电容滤波电路的组成和工作原理。
2. 熟悉电感滤波电路和复式滤波电路。
3. 掌握电容器的检测方法和焊装工艺。
4. 能正确完成单相桥式整流电容滤波电路的装配与调试，并能独立排除调试过程中出现的故障。

任务引入

滤波电路是直流稳压电源的一部分，其作用是将整流输出的脉动直流电转换成较平滑的直流电。整流电路输出的脉动直流电中含有大量的交流成分。为了获得较平滑的直流电，应在整流电路后加接滤波电路，滤除交流成分。小功率直流稳压电源常用的滤波电路有电容滤波电路、电感滤波电路、复式滤波电路等。其中，单相桥式整流电容滤波电路的原理图如图 1-3-1 所示，其焊接装配实物图如图 1-3-2 所示。

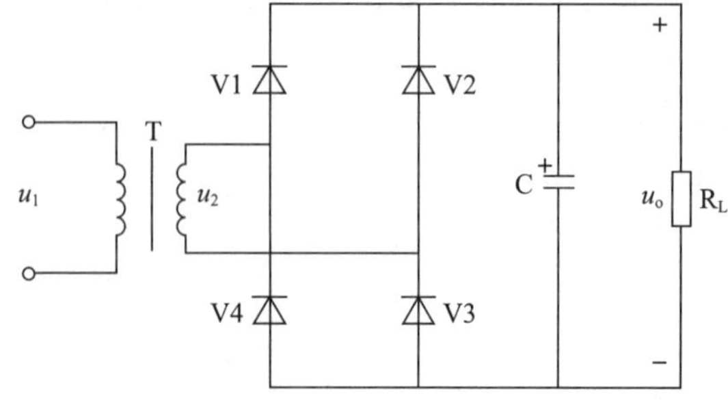

图 1-3-1　单相桥式整流电容滤波电路原理图

本任务的主要内容为：根据给定的技术指标，按照单相桥式整流电容滤波电路原理图装

图 1-3-2　单相桥式整流电容滤波电路焊接装配实物图

配并调试出满足工艺要求和技术要求的合格电路，并能独立解决调试过程中出现的故障。

相关知识

一、电容滤波电路

1. 单相半波整流电容滤波电路

（1）电路组成

在单相半波整流电路输出端为负载电阻 R_L 并联一个容量较大的电容器 C，则构成单相半波整流电容滤波电路，其电路图和波形如图 1-3-3 所示。

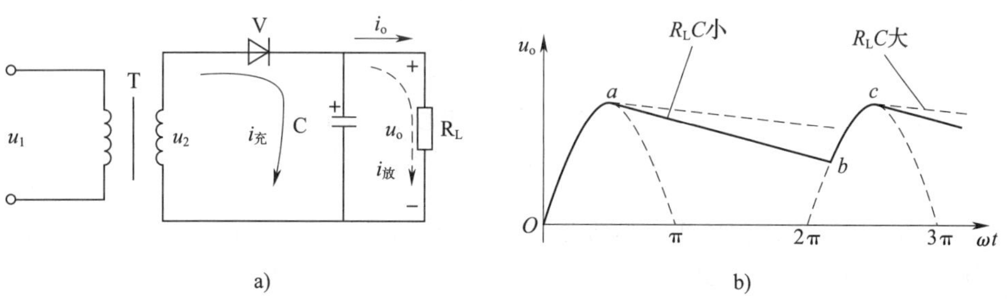

图 1-3-3　单相半波整流电容滤波电路

a）电路图　b）波形

（2）工作原理分析

假设图 1-3-3 中电容两端初始电压为零，并在 $t=0$ 时接通电路，当 u_2 由 0 开始上升时，二极管 V 导通，电容 C 被充电，同时电流经二极管 V 向负载电阻供电。如果忽略二极管正向电压降和变压器内阻电压降，则有 $u_o=u_C=u_2$，当 u_2 达到最大值时，u_C 也达到最大值，如图 1-3-3b 中 a 点所示；然后 u_2 按正弦规律下降，此时 $u_C>u_2$（电容两端电压不能突变），二极管 V 截止，电容 C 向负载电阻 R_L 放电，由于放电电路电阻较大，电容放电较慢，u_C 以近似直线规律缓慢下降，波形如图 1-3-3b 中的 ab 段所示；当 u_C 下降到 b 点对应电压后，$u_2>u_C$，二极管 V 再次导通，电容 C 再次被充电，输出电压 u_o 随输入电压 u_2 的增加而增加，到 c 点后，电容 C 再次经负载电阻 R_L 放电，通过这种周期性的充、放电，可以达到滤波的效果，波形如图 1-3-3b 所示。

由以上分析可知，电容的不断充、放电使输出电压的脉动程度减小，且输出电压的平均值有所提高。输出电压的平均值与 R_LC 的值有关，R_LC 值越大，电容 C 放电越慢，输出电压越大，滤波效果越好。当 $R_L=\infty$，即负载开路时，电容 C 无放电电路，$u_o=u_C=\sqrt{2}U_2$。R_LC 的值对输出电压的影响如图 1-3-3b 中虚线所示。由此可见，电容滤波电路适用于负载电流较小的场合。

为了获得良好的滤波效果，一般取

$$R_LC=(3\sim5)T$$

式中，T 为整流电路输入交流电压的周期。此时，输出电压的近似值为：

$$U_o\approx U_2$$

2. 单相桥式整流电容滤波电路

单相桥式整流电容滤波电路如图 1-3-4a 所示，其工作波形如图 1-3-4b 所示。

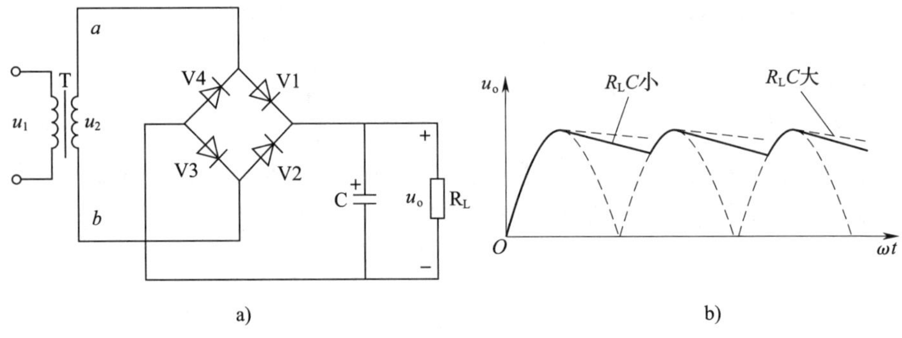

图 1-3-4　单相桥式整流电容滤波电路

a）电路图　b）工作波形

由图可知，单相桥式整流电容滤波电路中的电容在 u_2 的一个周期内充、放电各两次，输出电压的波形更加平滑，输出电压的平均值进一步提高，滤波效果更加理想。

当 $R_LC=(3\sim5)T/2$ 时，单相桥式整流电容滤波电路输出电压的近似值为：

$$U_o\approx1.2U_2$$

二、电感滤波及复式滤波电路

1. 电感滤波电路

由于通过电感的电流不能突变，可以将电感与负载串联，使流过负载的电流波形较为平滑，同时使输出电压的波形平缓，从而实现滤波。电感滤波的实质是电感对交流成分呈现很大的阻抗，交流电流频率越高，感抗越大（对于某一固定电感而言），则交流成分电压绝大部分降到电感上，电感对直流没有电压降，若忽略导线电阻，相当于直流成分电压均落在负载上，从而达到滤波的目的。桥式整流电感滤波电路如图 1-3-5 所示。

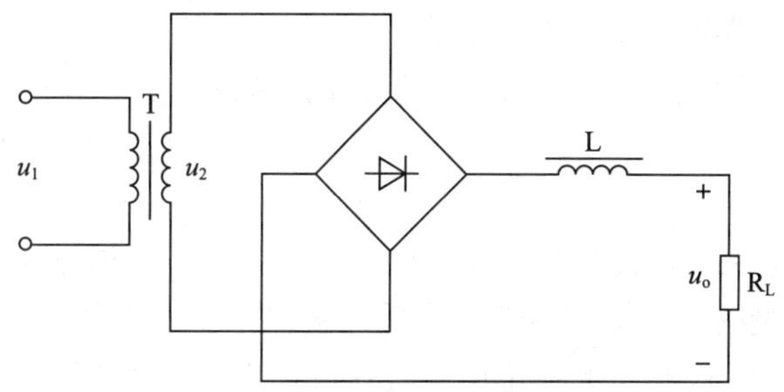

图 1-3-5　桥式整流电感滤波电路

一般来说，电感 L 越大，R_L 越小，滤波效果越好。所以电感滤波电路适用于负载电流较大的场合。为了增大 L 的值，滤波电感一般采用带铁芯的线圈。

2. 复式滤波电路

为了进一步减小输出电压的脉动程度，可以用电容和电感组成各种形式的复式滤波电路。电感型 LC 滤波电路如图 1-3-6 所示。整流输出电压中的交流成分绝大部分落在电感上，电容 C 又对交流成分进行二次滤波，故输出电压中交流成分很少，几乎是平滑的直流电压。

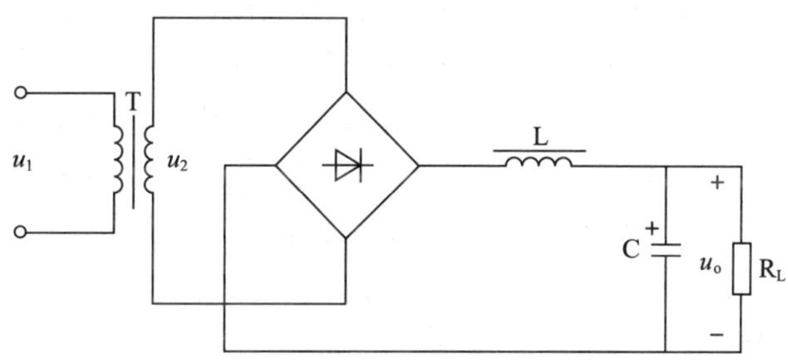

图 1-3-6　电感型 LC 滤波电路

由于整流后先经电感 L 滤波，总特性与电感滤波电路相近，所以称为电感型 LC 滤波电路，该电路输出电压较高，但通过二极管的电流有冲击现象。

三、电容器的检测方法

电容器的常见故障有：击穿短路、断路、漏电或电容量变化等。通常情况下可以用万用表检测电容器的好坏，并对其质量进行定性分析。

1. 检测电容为 0.01 μF 以下的固定电容器

检测时，可选用万用表的 R×10 k 挡，用万用表两表笔分别任意接触电容器的两引脚。正常情况下，阻值应为无穷大；若测出阻值很小或为零，则说明电容器漏电或短路。

2. 检测电容为 0.01 μF 以上的固定电容器

可用万用表的 R×10 k 挡检测电容器的性能，具体方法如下：

（1）用两表笔分别任意接触电容器的两个引脚。

（2）调换表笔再接触电容器的两个引脚。

（3）如果电容器的性能良好，万用表指针会向右摆动一下，随即迅速向左回转，指向无穷大的位置。

3. 检测电解电容器

电解电容器的性能一般可以根据其漏电阻大小来判断。具体方法如下：

（1）针对不同容量的电解电容器选用合适的量程。一般情况下，1~47 μF 的电解电容器可选用 R×1 k 挡；47~1 000 μF 的电解电容器可选用 R×100 挡。

（2）将万用表红表笔接电容器负极，黑表笔接正极。在刚接触的瞬间，万用表指针即向右偏转较大幅度，然后逐渐向左回转，直到停在某一位置。此时的阻值便是电解电容器的正向漏电阻，此值越大，说明漏电电流越小，电容器性能越好。

（3）先将电解电容器的两引脚短接放电，再将红、黑表笔对调，重复刚才的测量过程，此时所测阻值为电解电容器的反向漏电阻，反向漏电阻应略大于正向电阻。

四、电容器的焊装工艺

1. 电容器的成型

瓷片电容器大多采用立式插装，成型时先用镊子将电容器的引脚拉直，然后使引脚倾斜，引脚与水平方向的夹角约为 60°，如图 1-3-7a 所示；电解电容器立式插装成型时，用镊子将电容器的两根引脚拉直即可，如图 1-3-7b 所示；体积小的电容器成型时，同样先用镊子将电容器的两根引脚拉直，然后根据插装的孔距，利用镊子将电容器本体两侧引脚均弯成近似直角并使折弯处保留一定弧度，注意折弯处与电容器本体距离不得小于 1.5 mm，如图 1-3-7c 所示。体积较大的电解电容器卧式插装成型时，同样先用镊子将电容器两引脚拉直，然后利用镊子或成型钳在离电容器本体约 5 mm 处分别将两引脚弯成近似直角并使折弯处保留一定弧度，如图 1-3-7d 所示。

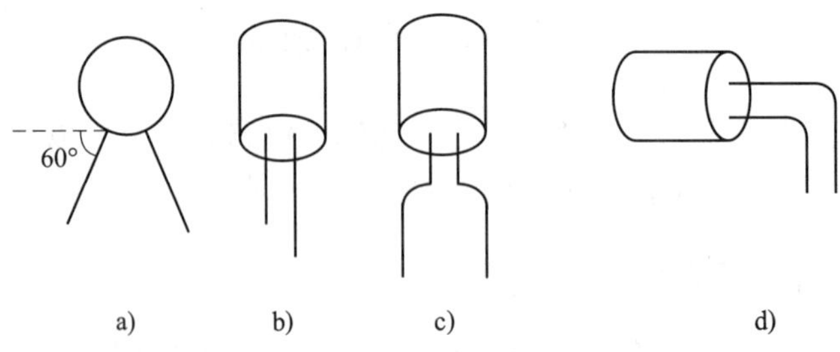

图 1-3-7　电容器的成型

a）瓷片电容器立式插装　b）电解电容器立式插装　c）小体积电容器立式插装　d）大体积电容器卧式插装

2. 电容器的插装焊接

（1）插装焊接瓷片电容器时，应使电容器本体距多孔印制电路板 4~6 mm，并且标记面向外，同规格电容器要排列整齐、高低一致。

（2）插装焊接电解电容器时，应使电容器本体距电路板 1~2 mm。应注意电解电容器的极性，同规格电容器要排列整齐、高低一致。

任务实施

一、任务准备

实施本任务所使用的实训设备及工具、材料可参考表 1-3-1。

表 1-3-1 实训设备及工具、材料

序号	名称	型号、规格	数量	单位	备注
1	万用表	MF47 型	1	台	
2	常用电子组装工具		1	套	
3	双踪示波器		1	台	
4	整流二极管	1N4001	4	个	
5	碳膜电阻器	1 kΩ	1	个	
6	电解电容器	47 μF/50 V	1	个	
7	电源变压器	AC 220 V/7.5 V×2	1	个	
8	万能电路板		1	块	
9	镀锡裸铜丝	ϕ0.5 mm	若干	米	
10	焊料、助焊剂		若干		
11	带插头的电源线		1	条	
12	绝缘胶布		若干	个	

二、电路装配

1. 电路元器件布置图的确定

本任务的元器件布置示意图如图 1-3-8 所示。

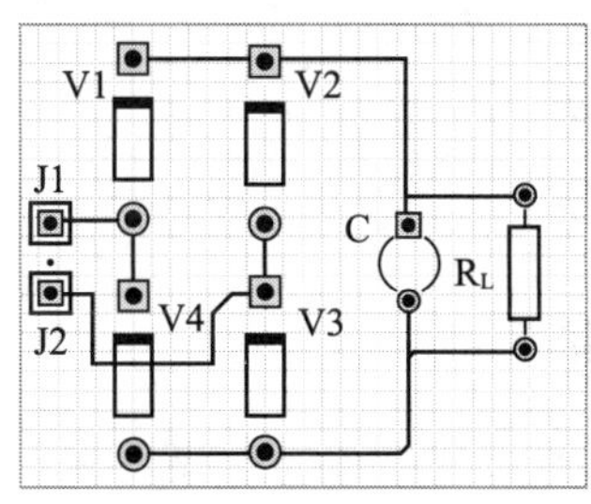

图 1-3-8 元器件布置示意图

2. 元器件的检测

对电路中使用的元器件进行检测与筛选。

在实际应用中，电解电容器的漏电阻一般应在几百千欧以上，且反向漏电阻略小于正向漏电阻。

3. 元器件的成型

将所用元器件按插装工艺要求进行成型。

4. 元器件的插装焊接

依据图 1-3-8 所示的元器件布置示意图，按照装配工艺要求进行元器件的插装焊接。

电解电容器应垂直安装，电容器底部应贴紧电路板，注意极性的安装应正确。

5. 镀锡裸铜丝的焊接

根据电路原理图和元器件布置示意图进行镀锡裸铜丝的焊接。

6. 焊接检查

焊接结束后，应检查电路有无漏焊、错焊、虚焊等问题。检查时可用尖嘴钳或镊子将每个元器件拉动一下，查看有无松动，如有松动应重新焊接。

焊接时注意检查二极管与电解电容器的极性，不能接反。

三、通电前的检查

电路安装完毕后，必须在不通电的情况下，对电路板进行认真细致的检查，以便纠正安装错误。检查中应注意以下几个问题：

1. 元器件引脚之间有无短路。
2. 输入交流电源有无短路。
3. 二极管的极性是否接反。
4. 电解电容器的极性是否接反。

四、电路测试

根据学生用书中的要求，对单相桥式整流电容滤波电路进行测试，并记录测试结果。

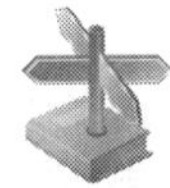

知识拓展

扫描右侧二维码，可了解电容滤波电路中二极管和电容器参数的选择方法。

任务 4　半导体三极管的识别、检测与选用

学习目标

1. 掌握半导体三极管的结构、符号和分类。
2. 掌握半导体三极管的工作电压和电流放大作用。
3. 熟悉半导体三极管的特性曲线和主要参数。
4. 掌握半导体三极管的识别和检测方法，能熟练识别和检测半导体三极管。

任务引入

半导体三极管也称为双极型晶体管、晶体三极管，简称三极管，常见的三极管如图 1-4-1 所示。三极管最主要的功能是起电流放大和开关作用，是电子电路中最重要的组成器件之一。因此，要掌握装配与调试各种电子电路的技能，就要掌握三极管的相关特性和用途，并能熟练识别与检测三极管。

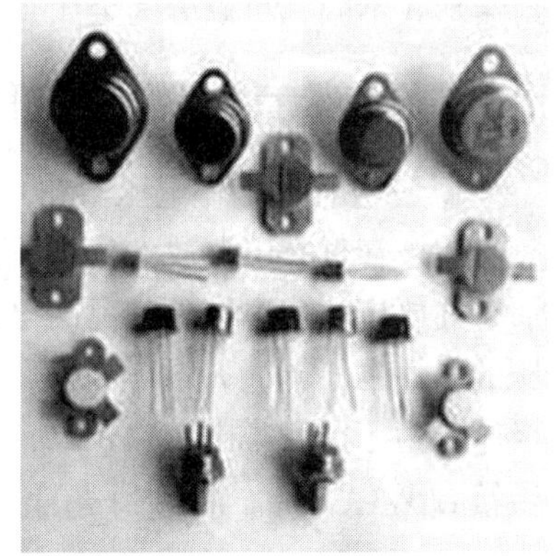

图 1-4-1　常见的三极管

相关知识

一、三极管的结构、符号和分类

1. 三极管的结构与符号

三极管是一个三层两结的半导体元器件，外部有三个电极，内部由三块杂质半导体形成两个 PN 结。对应的三块半导体分别为发射区、基区和集电区，从三块半导体引出的三个电极分别为发射极、基极和集电极，分别用符号 E、B、C 表示。发射区与基区之间的 PN 结称为发射结，集电区与基区之间的 PN 结称为集电结。因杂质半导体有 P 型和 N 型两种，所以三极管按排列方式有 NPN 型和 PNP 型两种，其结构和图形符号如图 1-4-2 所示。

三极管的文字符号用 V 表示，发射极的箭头方向表示发射结正向偏置时发射极电流的方向，箭头朝内的是 PNP 型三极管，箭头朝外的是 NPN 型三极管。虽然发射区和集电区半导体类型相同，但是它们的掺杂浓度不同，几何结构不对称，所以三极管的发射极与集

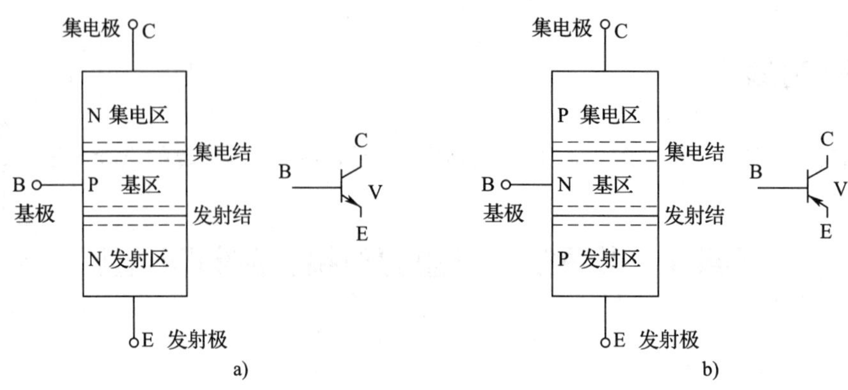

图 1-4-2　三极管的结构和图形符号

a）NPN 型三极管　b）PNP 型三极管

电极不能互换使用。

2. 三极管的分类

按照结构不同，三极管可以分为 NPN 型和 PNP 型；按照半导体材料不同，可以分为硅管（多为 NPN 型）和锗管（多为 PNP 型）；按照工作频率不同，可以分为高频管（工作频率不低于 3 MHz）和低频管（工作频率低于 3 MHz）；按照功率不同，可以分为小功率管、中功率管和大功率管；按照用途不同，可以分为普通三极管、开关三极管等；按照封装形式不同，可以分为金属封装管、塑料封装管等。

二、三极管的工作电压和电流放大作用

1. 三极管的工作电压

三极管具有电流放大作用。要实现电流放大就必须满足一定的外部条件，即发射结外加正向电压，集电结外加反向电压。由于 NPN 型和 PNP 型三极管极性不同，所以外加电压的极性也不同，如图 1-4-3 所示。图中的基极电源为三极管发射结提供正向电压，集电极电源为三极管集电结提供反向电压。对于 NPN 型三极管，E、B、C 三个电极的电位必须符合 $V_C>V_B>V_E$；而对于 PNP 型三极管，三个电极的电位必须符合 $V_C<V_B<V_E$。

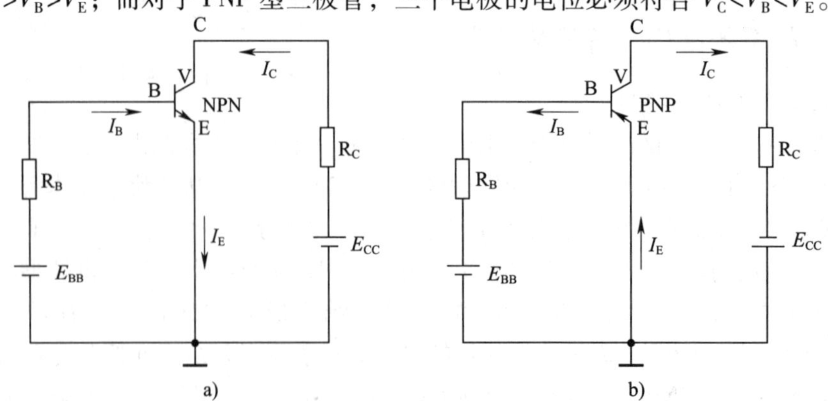

图 1-4-3　三极管的工作电压

a）NPN 型三极管　b）PNP 型三极管

2. 三极管的电流放大作用

三极管的基极电流对集电极电流的控制作用称为电流放大作用。以 NPN 型三极管为例，可以通过图 1-4-4 所示的实验电路，定量地了解三极管的电流分配关系和放大原理。

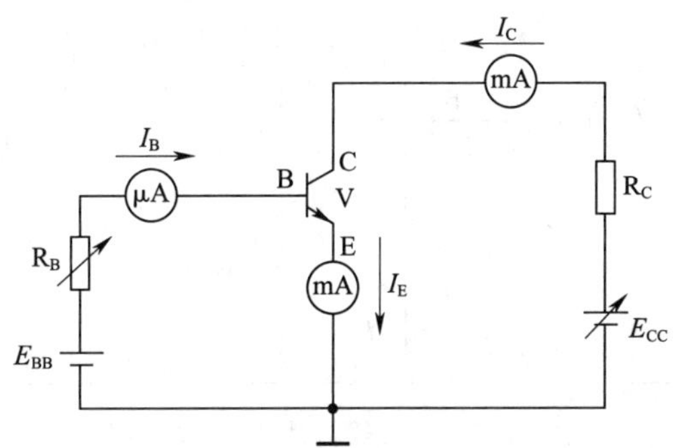

图 1-4-4　三极管电流分配实验电路

通过调节电位器 R_B 的阻值，可调节基极的偏置电压，从而调节基极电流 I_B 的大小。每取一个 I_B 值，都可通过毫安表读取集电极电流 I_C 和发射极电流 I_E 的相应值，实验数据见表 1-4-1。

表 1-4-1　三极管电流分配实验数据

项目	序号					
	1	2	3	4	5	6
I_B/mA	0	0. 01	0. 02	0. 03	0. 04	0. 05
I_C/mA	0. 01	0. 56	1. 14	1. 74	2. 33	2. 91
I_E/mA	0. 01	0. 57	1. 16	1. 77	2. 37	2. 96

将表中数据进行比较分析，可得出以下结论：

（1）三极管三个电极电流之间的关系符合基尔霍夫第一定律，即：

$$I_E = I_C + I_B$$

（2）I_B 很小，$I_C \approx I_E$。I_B 虽很小，但对 I_C 有很强的控制作用，I_C 随 I_B 的变化而变化。例如，当 I_B 由 0. 03 mA 增加到 0. 04 mA 时，I_C 从 1. 74 mA 增加到 2. 33 mA，则：

$$\beta = \frac{\Delta I_C}{\Delta I_B} = \frac{2.33 - 1.74}{0.04 - 0.03} = 59$$

式中，β 称为共射极交流电流放大系数。

三、三极管的特性曲线

三极管的特性曲线可以全面反映三极管各电极电压与电流之间的关系，可通过实验进行测试，实验电路如图 1-4-5 所示。

1. 输入特性曲线

输入特性曲线是指在 U_{CE} 一定的条件下，基极电流 I_B 与加在三极管基极与发射极之间的电压 U_{BE} 之间的关系曲线，如图 1-4-6 所示。

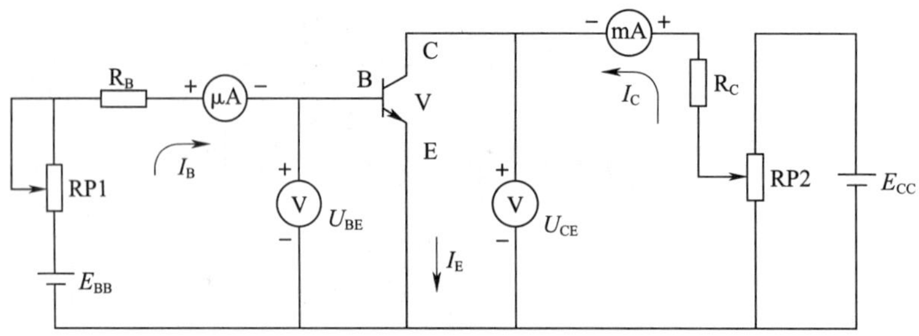

图 1-4-5　三极管特性曲线实验电路

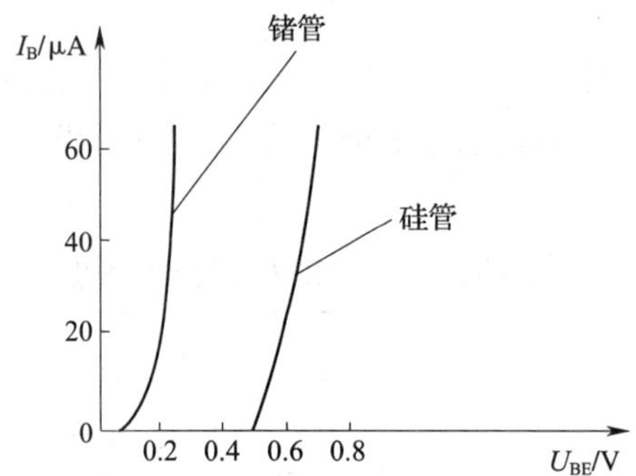

图 1-4-6　三极管的输入特性曲线

测量输入特性时，先固定 $U_{CE} \geqslant 0$，调节电位器 RP1，测量相应的 I_B 和 U_{BE} 值，便可得到一条输入特性曲线。由图 1-4-6 可以看出，三极管的输入特性曲线与二极管的正向特性曲线相似，只有当发射结的正向电压 U_{BE} 大于死区电压（硅管 0.5 V，锗管 0.1 V）时，才产生基极电流 I_B，三极管才会导通。这时三极管工作在放大状态，硅管的 U_{BE} 约为 0.7 V，锗管的 U_{BE} 约为 0.3 V。

2. 输出特性曲线

输出特性曲线是指在 I_B 一定的条件下，三极管集电极电流 I_C 与集电极、发射极间电压 U_{CE} 之间的关系曲线，如图 1-4-7 所示。

测量输出特性时，先调节 RP1 为一定值，例如 $I_B = 40$ μA，然后调节 RP2 使 U_{CE} 由零开始逐渐增大，即可绘制 $I_B = 40$ μA 时的输出特性曲线。同样将 I_B 调到 0 μA、20 μA、60 μA 等，即可得到图 1-4-7 所示的一簇输出特性曲线。

由图 1-4-7 可知，三极管的输出特性曲线可分为三个区域，即截止区、放大区和饱和区，不同的区域对应着三极管不同的工作状态，具体见表 1-4-2。

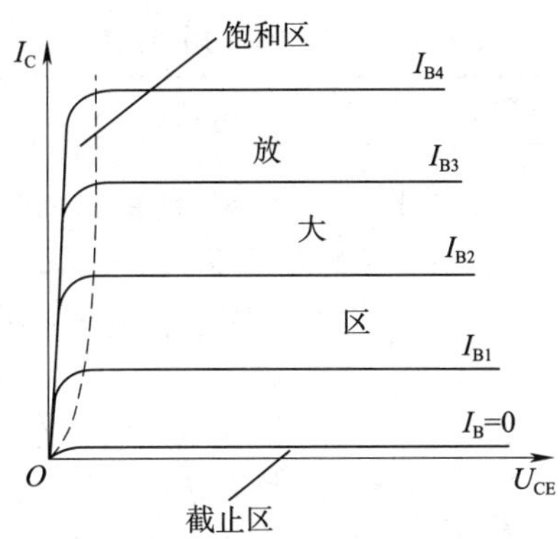

图 1-4-7　三极管的输出特性曲线

表 1-4-2　三极管输出特性曲线的三个区域

项目	截止区	放大区	饱和区
范围	$I_B=0$ 曲线以下区域，几乎与横轴重合	平坦部分线性区域，几乎与横轴平行	曲线上升和弯曲部分
条件	发射结反偏（或零偏），集电结反偏	发射结正偏，集电结反偏。即对于 NPN 型三极管 $V_C>V_B>V_E$，PNP 型三极管则与之相反	发射结正偏，集电结正偏（或零偏）。即对于 NPN 型三极管 $V_C \leqslant V_B$，PNP 型三极管则与之相反
特征	$I_B=0$， $I_C=I_{CEO}\approx 0$	1. 当 I_B 一定时，I_C 的大小与 U_{CE} 基本无关，具有恒流特性 2. I_B 对 I_C 有很强的控制作用，即 $\Delta I_C=\beta\Delta I_B$，具有电流放大作用	1. I_C 不受 I_B 控制，三极管失去放大作用 2. $U_{CE}=U_{CEO}$（饱和压降），为一常数，小功率硅管约为 0.3 V，小功率锗管约为 0.1 V
工作状态	截止状态，C、E 间相当于开路	放大状态，C、E 间等效电阻线性可变，相当于一个可变电阻，电阻大小受基极电流大小控制	饱和状态，C、E 间相当于短路，无放大作用

综上所述，三极管工作在放大区时，具有电流放大作用，常用来构成各种放大电路；三极管工作在截止区和饱和区时，相当于开关的断开和闭合，常用于开关控制和数字电路。

四、三极管的主要参数

三极管的参数反映了三极管的性能和安全应用范围，是正确选择和使用三极管的依据。三极管的主要参数见表 1-4-3。

表 1-4-3 三极管的主要参数

类型	参数	符号	说明	选用
电流放大系数	共射极直流电流放大系数	h_{FE}	三极管集电极电流与基极电流的比值，即 $h_{FE}=I_C/I_B$，反映三极管的直流电流放大能力	对于同一个三极管，在相同的工作条件下 $h_{FE}\approx\beta$，应用中不再区分，均用 β 表示
	共射极交流电流放大系数	β	三极管集电极电流的变化量与基极电流的变化量之比，即 $\beta=\Delta I_C/\Delta I_B$，反映三极管的交流电流放大能力	选管时，β 值应恰当，β 值太小，放大作用差；β 值太大，性能不稳定。通常选用 β 值为 30～100 的三极管
极间反向电流	集电极—基极间的反向饱和电流	I_{CBO}	发射极开路时，C—B 极间的反向饱和电流	I_{CBO} 越小，三极管的温度稳定性越好
	集电极—发射极间的反向饱和电流	I_{CEO}	基极开路（$I_B=0$）时，C—E 极间的反向饱和电流。该电流好像是从集电极直接穿透三极管到达发射极，故又称为穿透电流	$I_{CEO}=(1+\beta)I_{CBO}$，反映了三极管的温度稳定性。I_{CEO} 越小，三极管受温度影响越小，工作越稳定
极限参数	集电极最大允许电流	I_{CM}	集电极电流过大时，三极管的 β 值要降低，一般规定 β 值下降到正常值的 2/3 时的集电极电流为集电极最大允许电流	使用时，一般 $I_C\leqslant I_{CM}$，否则三极管放大能力会显著下降，甚至烧毁
	集电极—发射极间的反向击穿电压	$U_{(BR)CEO}$	基极开路时，加在 C 与 E 极间的最大允许电压	使用时，一般 $U_{CE}\leqslant U_{(BR)CEO}$，否则易造成三极管击穿
	集电极最大允许耗散功率	P_{CM}	集电极消耗功率的最大限额。P_{CM} 的大小与环境温度有密切关系，温度升高，P_{CM} 减小。对于大功率三极管，使用时应加装规定大小的散热器或散热片，以降低三极管的温度	工作时，$I_CU_{CE}\leqslant P_{CM}$，否则三极管会因过热而损坏

为了保证三极管的使用安全，不出现过电流、过电压、过热等现象，必须正确、合理地选择三极管。其中，电流放大系数选用 30~100，集电极—发射极间的反向击穿电压应大于电源电压的 2 倍，集电极最大允许耗散功率等参数应根据不同电路进行合理的选择。

代换时一般应选用同型号的三极管，没有同型号三极管时，可查阅手册选用类型相同、特性相近的三极管代换（新三极管的极限参数应大于或等于原三极管的极限参数）。

五、三极管的识别与检测

1. 用观察法识别三极管的极性

三极管的引脚排列是有规律的，根据规律可以方便地识别引脚极性，具体见表 1-4-4。

表 1-4-4 常见三极管的引脚分布规律

外形示意图	封装形式	说明
B C　E	S-1A S-1B	它们都有半圆形的底面。识别时将引脚朝上，切口朝向自己，从左向右依次为 C、B 和 E 极
B E　C 定位销	C 型 D 型	它们有三个引脚（C 型有一个定位销，D 型无定位销），三个引脚呈等腰三角形分布，E、C 极为底边
E B C	S-6A S-6B S-7 S-8	它们都有散热片。识别时，将印有型号的一面朝向自己，并将引脚朝下，从左向右依次为 B、C 和 E 极
安装孔 E B C 安装孔	F 型	只有两个引脚，识别时将引脚朝上，且引脚靠近上安装孔，左边的引脚是 B 极，右边的引脚是 E 极，外壳为 C 极

2. 用万用表判别三极管的管型和极性

（1）确定基极与管型

检测方法如图 1-4-8a 所示，将万用表转换开关置于 R×1 k 挡，具体步骤如下：

1）用万用表的第一支表笔接三极管的一个引脚，而第二支表笔先后接另两个引脚。

2）当第一支表笔接某电极，而第二支表笔先后接触另外两个电极均测得较小阻值时，

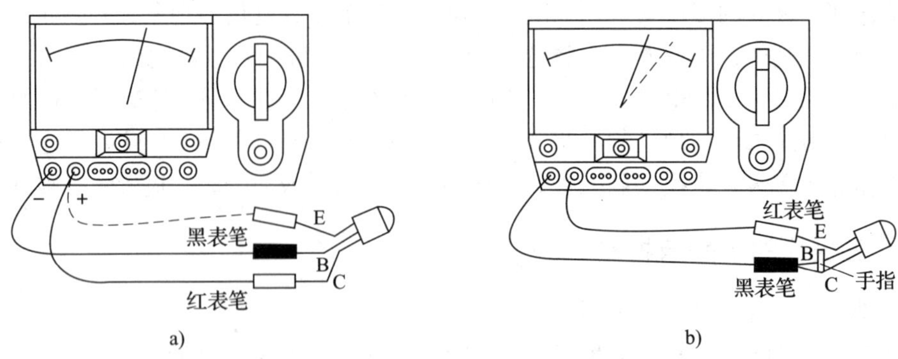

图 1-4-8　用指针式万用表判别三极管的管型和极性

a）基极 B 与管型的判别　b）集电极 C 与发射极 E 的判别

第一支表笔所接的电极为基极 B。这时如果红表笔接基极，则可判定三极管为 PNP 型；如果黑表笔接基极，则可判定三极管为 NPN 型。

实际上，小功率管的基极一般排列在三个引脚的中间，可用上述方法，分别将黑表笔、红表笔接基极，即可判定三极管的两个 PN 结是否完好（与二极管 PN 结的检测方法相同），又可确认管型。

（2）确定集电极与发射极

图 1-4-8b 所示是 NPN 型三极管集电极 C、发射极 E 的检测方法，将万用表转换开关置于 R×1 k 挡。

确定基极 B 和管型后，可接着判别发射极 E 和集电极 C。具体步骤如下：

1）假设待测的两根引脚其中之一为集电极，用手把 B 极与假设的集电极一起捏住（注意两引脚不能接触，即把人体电阻并接在 B 极和 C 极之间）。

2）若为 NPN 型管，把黑表笔接假设的 C 极，红表笔接假设的 E 极，若测得阻值较小，说明假设是正确的，反之是错误的。

3）若为 PNP 型管，把红表笔接假设的 C 极，黑表笔接假设的 E 极，若测得阻值较小，说明假设正确，反之是错误的。

3. 用万用表检测三极管质量的好坏

可通过测量三极管极间电阻的方法检测三极管的质量。首先测量三极管基极与发射极、基极与集电极之间的正、反向电阻，当测得正向电阻近似无穷大时，表明三极管内部开路；当测得反向电阻很小时，说明三极管已击穿或短路。一般情况下，正向电阻较小，反向电阻很大，正、反向电阻相差越大越好。然后测量三极管集电极与发射极间的电阻，具体方法如下：

（1）对于 NPN 型三极管，当黑表笔接集电极，红表笔接发射极时，所测得的电阻越大，说明穿透电流越小，三极管质量越好。

(2) 对于 PNP 型三极管，当红表笔接集电极，黑表笔接发射极时，所测得的电阻越大，说明穿透电流越小，三极管质量越好。

任务实施

一、任务准备

实施本任务所使用的实训设备及工具、材料可参考表 1-4-5。

表 1-4-5　实训设备及工具、材料

序号	名称	型号、规格	数量	单位	备注
1	万用表	MF47 型	1	台	
2	三极管	3DG6	2	个	1 好 1 坏
3		3DG12	2	个	1 好 1 坏
4		3AX31A	2	个	1 好 1 坏
5		3DD3A	2	个	1 好 1 坏
6		3AA7	2	个	1 好 1 坏
7		9012	2	个	1 好 1 坏
8		9013	2	个	1 好 1 坏

二、三极管的识别和判别

根据学生用书中的要求，对指定的三极管进行识别和判别，并记录结果。

1. 测量三极管极间电阻时，要注意万用表的量程选择，否则将导致误判或损坏三极管。当测量小功率三极管时，应选 R×1 k 或 R×100 挡；当测量大功率三极管时，应选 R×1 或 R×10 k 挡。

2. 确定集电极与发射极的测量过程中，基极与集电极不能直接相连，以免引起误判。

知识拓展

扫描右侧二维码，可了解片状晶体管的识读方法和用数字式万用表判断三极管极性的方法。

任务5　串联型直流稳压电源的装配与调试

学习目标

1. 掌握稳压二极管的伏安特性和主要参数。
2. 了解并联型稳压电路的组成和稳压原理。
3. 掌握串联型稳压电路的组成、稳压原理和输出电压调节范围。
4. 掌握稳压二极管的检测方法和三极管的焊装工艺。
5. 能正确完成串联型直流稳压电源的装配与调试，并独立排除调试过程中出现的故障。

任务引入

电子设备一般需要直流电源供电。少数直流电可以直接利用干电池和直流发电机产生，大多数则通过将交流电（市电）转变为直流电的直流稳压电源获得。图 1-5-1 所示是一种串联型直流稳压电源的电路图，其焊接装配实物图如图 1-5-2 所示。

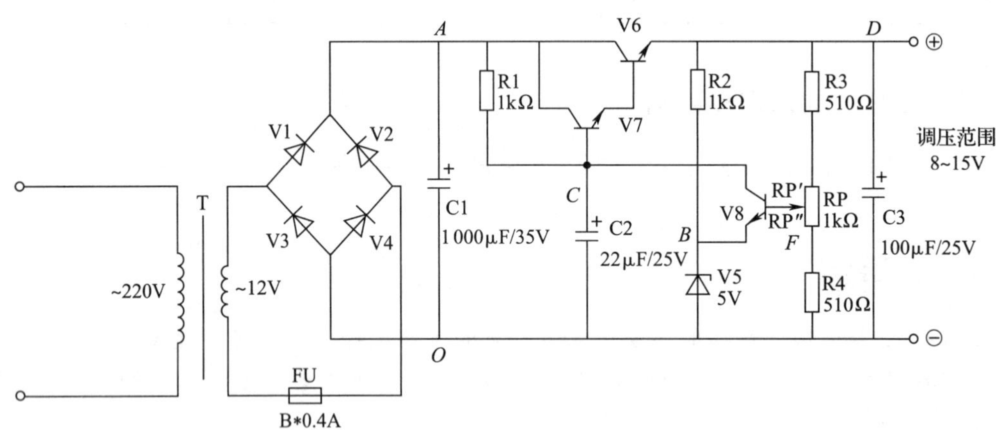

图 1-5-1　串联型直流稳压电源的电路图

本任务的主要内容为：根据给定的技术指标，按照原理图装配并调试出一个输出电压稳定、在一定范围内连续可调、满足工艺要求的串联型直流稳压电路，同时能独立解决调试过程中出现的故障。

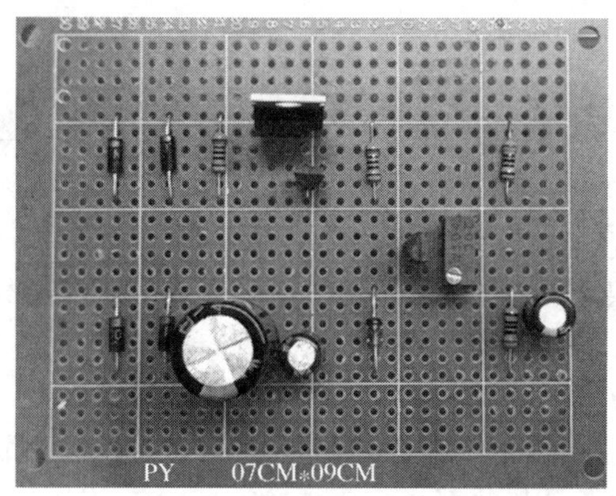

图 1-5-2　串联型直流稳压电源的焊接装配实物图

相关知识

一、稳压二极管

1. 稳压二极管的伏安特性

稳压二极管是采用硅半导体材料通过特殊工艺制造的、专门工作在反向击穿区的二极管。由于能稳压，所以称其为稳压二极管。稳压二极管的伏安特性曲线和图形符号如图 1-5-3 所示。

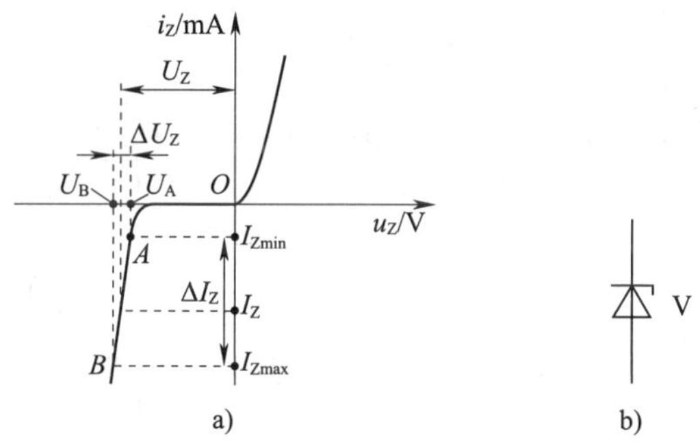

图 1-5-3　稳压二极管的伏安特性曲线和图形符号

a）伏安特性曲线　b）图形符号

由稳压二极管的伏安特性曲线可知，当稳压二极管工作在反向击穿区时，反向特性曲线很陡，即使反向电流在很大范围内变化，其两端电压却基本保持不变，能起到稳压作用。但是外电路必须有很好的限流措施，保证稳压二极管击穿后通过的电流不超过最大稳定电流，否则稳压二极管会因过热而损坏。

2. 稳压二极管的主要参数

（1）稳定电压 U_Z

稳压二极管的反向击穿电压称为稳定电压，它是稳压二极管正常工作时两端所呈现的电压。

（2）稳定电流 I_Z

稳定电流是指稳压二极管正常工作时反向电流的参考数值，一般情况下，稳定电流在最大稳定电流和最小稳定电流之间。

（3）最大耗散功率 P_{ZM} 和最大稳定电流 I_{Zmax}

P_{ZM} 和 I_{Zmax} 是为了保证稳压二极管不被热击穿而规定的极限参数，由稳压二极管允许的最高结温决定，即 $P_{ZM}=U_ZI_{Zmax}$。

（4）最小稳定电流 I_{Zmin}

最小稳定电流 I_{Zmin} 是指稳压二极管进入正常工作状态所需的最小电流，通过稳压管的电流不能小于此值，否则稳压管将截止。

（5）动态电阻 r_Z

动态电阻是指稳压范围内电压变化量与相应的电流变化量之比，即 $r_Z=\Delta U_Z/\Delta I_Z$，该值越小越好。

二、并联型稳压电路

1. 电路组成

并联型稳压电路（又称为稳压二极管稳压电路）如图 1-5-4 所示。它由稳压二极管 V 和限流电阻 R1 组成。U_i 是稳压电路的输入电压，稳压电路的输出电压就是稳压二极管的稳定电压，即 $U_o=U_Z$。

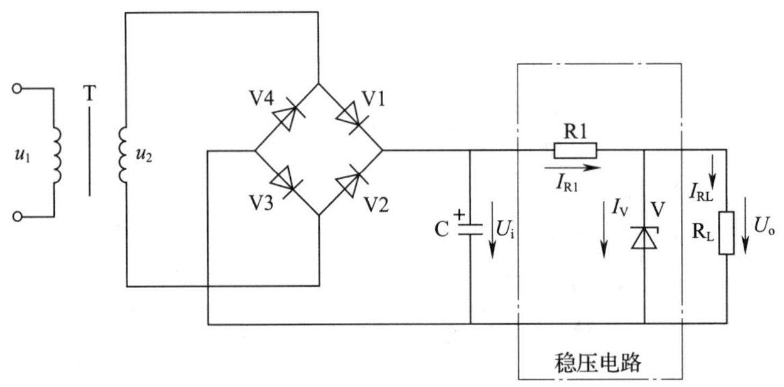

图 1-5-4　并联型稳压电路图

2. 稳压原理

（1）当负载电阻不变，电网电压升高时，稳压过程如下：

$U_i\uparrow\rightarrow U_o\uparrow\rightarrow I_V\uparrow\rightarrow I_{R1}\uparrow\rightarrow U_{R1}\uparrow\rightarrow U_o\downarrow$

结果使输出电压基本稳定。

（2）当电网电压不变，负载电阻减小时，稳压过程如下：

$R_L\downarrow\rightarrow U_o\downarrow\rightarrow I_V\downarrow\rightarrow I_{R1}\downarrow\rightarrow U_{R1}\downarrow\rightarrow U_o\uparrow$

结果也使输出电压基本稳定。

上述过程说明稳压二极管起到了稳压作用，同时可以看到，电阻 R1 在稳压过程中既起到了限流作用，又起到了电压调整作用，只有稳压二极管的稳压作用与电阻 R1 的调压作用相配合，才能使稳压电路具有良好的稳压效果。

并联型稳压电路可以使输出电压稳定，因此适用于输出电压固定、输出电流不大且负载变化不大的场合。但稳压值不能随意调节，而且输出电流很小，一般只有 20 mA～40 mA。为了增大输出电流并使输出电压可调，常使用串联型稳压电路。

三、串联型稳压电路

串联型稳压电路如图 1-5-1 所示。

1. 电路组成

（1）整流滤波电路

整流滤波电路的作用是将 220 V 交流电经降压、整流、滤波后，获得约 16 V 且比较平滑的直流电供电路工作。

（2）基准电路

基准电路一般由稳压二极管串联限流电阻构成，为电路提供一个稳定的比较电压。

（3）取样电路

取样电路主要由电阻串联构成，其作用是将输出电压的变化量的一部分取出，加到比较放大电路与基准电压进行比较。

（4）比较放大电路

比较放大电路主要由三极管构成，其作用是将取样电压与基准电压进行比较并放大，然后输出误差电压。

（5）调整电路

调整电路是串联型稳压电路的核心，一般采用工作在放大状态的三极管完成输出电压的调整，其基极电流受比较放大电路输出的误差信号的控制。

2. 稳压原理

由图 1-5-1 所示的电路原理图可知，串联型稳压电路的稳压原理如下：

$U_i\uparrow\rightarrow U_D\uparrow\rightarrow U_F\uparrow\rightarrow U_{BE8}\uparrow\rightarrow U_C\downarrow\rightarrow U_{CE6}\uparrow\rightarrow U_D\downarrow$

同理，当 U_i 下降时，U_D 应随之下降，采样电压 U_F 也随之减小，它与基准电压进行比较、放大后，使调整管基极电位升高，调整管的集电极电流增大，U_{CE} 减小，从而使输出电压 U_D 基本保持不变。

同理，当负载变化使 U_D 发生波动时，U_F 也随之变化，从而使输出电压 U_D 基本保持不变，达到稳压的目的。

3. 输出电压调节范围

改变采样电路中电位器滑片的位置，可以调节输出电压的大小。

从采样电路可知：

$$U_F=\frac{R_4+R''_P}{R_3+R_P+R_4}\times U_D$$

又因为，$U_F=U_Z+U_{BE8}$

故：$U_Z+U_{BE8}=\frac{R_4+R''_P}{R_3+R_P+R_4}\times U_D$

所以，$U_D=\frac{R_3+R_P+R_4}{R_4+R''_P}\times(U_Z+U_{BE8})$

当电位器滑片调至最上端时，输出电压最小。即有：

$$U_{Dmin}=\frac{R_3+R_P+R_4}{R_4+R_P}\times(U_Z+U_{BE8})$$

当电位器滑片调至最下端时，输出电压最大。即有：

$$U_{Dmax}=\frac{R_3+R_P+R_4}{R_4}\times(U_Z+U_{BE8})$$

四、稳压二极管的检测方法

稳压二极管的常见故障有：击穿短路、断路、稳压值不稳定等。通常情况下，可以用万用表来判别稳压二极管的好坏，并对其质量进行定性分析。

1. 用万用表判别稳压二极管的极性

判别稳压二极管正、负电极的方法与判别普通二极管电极的方法基本相同，需要将万用表转换开关置于 R×1 k 挡，具体步骤如下：

（1）先将红、黑两表笔任意接稳压二极管的两端，测出一个阻值。

（2）交换表笔再测出一个阻值。

（3）两次测得的阻值应该是一大一小，所测阻值较小的一次即为正向接法，此时黑表笔所接为稳压二极管的正极，红表笔所接则为负极。质量良好的稳压管，一般正向电阻为 10 kΩ 左右，反向电阻为无穷大。

2. 用万用表判别稳压二极管的质量

用万用表检测稳压二极管质量与用万用表检测普通二极管质量的方法与步骤相同。若两次测量的结果很小，都趋近于零，则说明二极管已击穿；若两次测量的结果都很大，趋近于∞，则说明二极管已断路。

3. 用万用表判别稳压二极管与普通二极管

首先利用万用表 R×1 k 挡判断出被测管的正、负电极，然后将万用表的转换开关拨至 R×10 k 挡，黑表笔接被测管的负极，红表笔接被测管的正极，若测得的反向电阻比用 R×1 k 挡测量的反向电阻小很多，说明被测管为稳压二极管；反之，如果测得的反向电阻仍很大，说明该管为其他二极管。

当被测稳压二极管的稳定电压高于万用表 R×10 k 挡的电压（9 V）时，上述方法无法区分稳压二极管与普通二极管。

五、三极管的焊装工艺

1. 三极管的成型

三极管直排式插装成型时，先用镊子将三极管的 3 根引脚拉直，然后分别将两边引脚向外弯成 60°倾斜即可，如图 1-5-5a 所示。

三极管跨排式插装成型时，先用镊子将三极管的 3 根引脚拉直，然后将中间引脚向前或向后弯成 60°倾斜即可，如图 1-5-5b 所示。

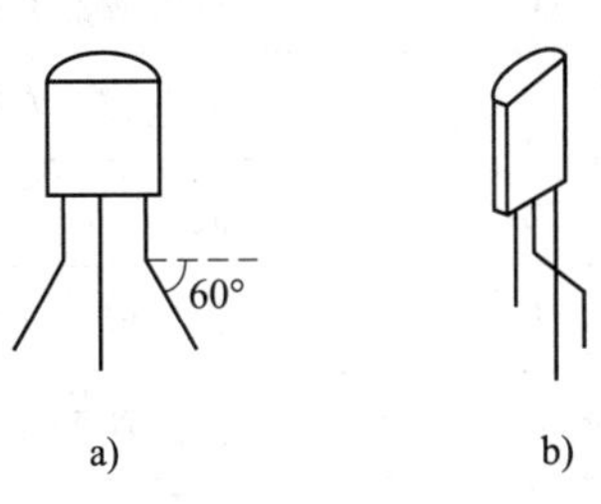

图 1-5-5　三极管成型

a）直排式　b）跨排式

2. 三极管的插装焊接

三极管的插装分为直排式和跨排式，如图 1-5-6 所示。

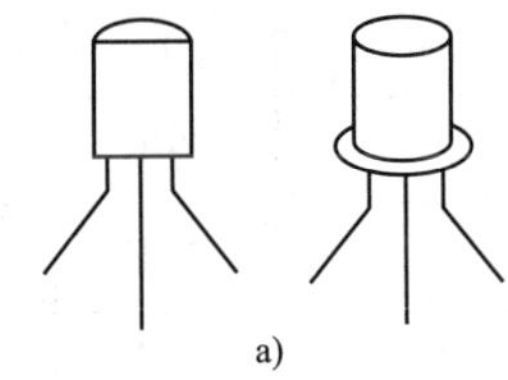

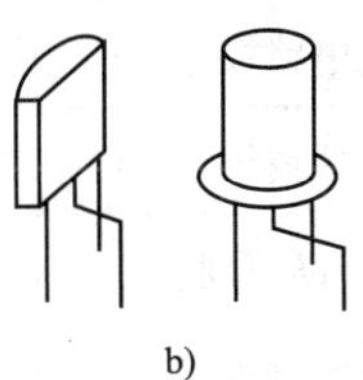

图 1-5-6　三极管的插装

a）直排式　b）跨排式

三极管一般有两种封装形式，一种是塑料封装，另一种是金属封装。直排式插装将 3 个引脚并排插入 3 个孔中，采用这种插装方式的大多为塑封管。跨排式插装将 3 个引脚按一定角度插入印制板中，采用这种插装方式的大多为金属封装管，但也有塑封管。

任务实施

一、任务准备

实施本任务所使用的实训设备及工具、材料可参考表 1-5-1。

表 1-5-1　实训设备及工具、材料

序号	名称	型号、规格	数量	单位	备注
1	万用表	MF47 型	1	台	
2	碳膜电阻器 R1、R2	1 kΩ	2	个	
3	碳膜电阻器 R3、R4	510 Ω	2	个	
4	电位器 RP	1 kΩ	1	个	
5	电解电容器 C1	1 000 μF/35 V	1	个	

续表

序号	名称	型号、规格	数量	单位	备注
6	电解电容器 C2	22 μF/25 V	1	个	
7	电解电容器 C3	100 μF/25 V	1	个	
8	二极管 V1～V4	1N4007	4	个	
9	稳压二极管 V5	5 V	1	个	
10	三极管 V6	TIP41C	1	个	
11	三极管 V7、V8	9014	2	个	
12	电源变压器	AC 220 V/12 V	1	个	
13	万能电路板		1	块	
14	镀锡裸铜丝	ϕ0.5 mm	若干	米	
15	焊料、助焊剂		若干		
16	带插头的电源线		1	条	
17	绝缘胶布		若干	个	

二、电路装配

1. 电路元器件布置图的确定

本任务的元器件布置示意图如图 1-5-7 所示。

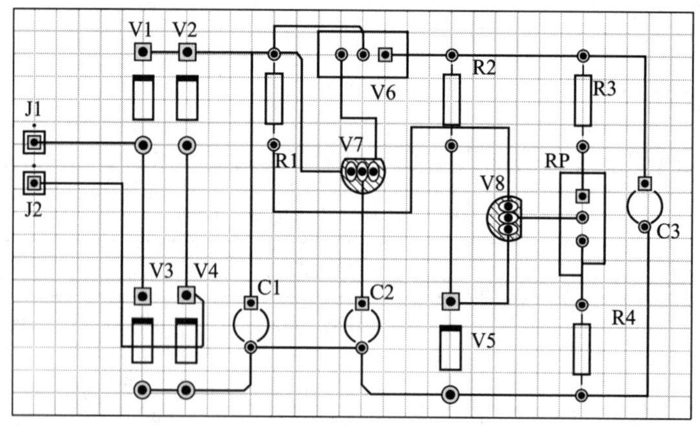

图 1-5-7　元器件布置示意图

2. 元器件的检测

对电路中使用的元器件进行检测与筛选。

3. 元器件的成型

将所用元器件按插装工艺要求进行成型。

（1）三极管垂直安装，三极管底部距电路板约 5 mm，注意引脚应正确。

（2）电位器应贴紧电路板安装，不能歪斜。

4. 镀锡裸铜丝的焊接

根据电路图和元器件布置图进行镀锡裸铜丝的焊接。

5. 焊接检查

焊接结束后，应检查电路有无漏焊、错焊、虚焊等问题。检查时可用尖嘴钳或镊子将每个元器件拉动一下，查看有无松动，如有松动应重新焊接。

三、通电前的检查

电路安装完毕后，必须在不通电的情况下，对电路板进行认真细致的检查，以便纠正安装错误。检查中应注意以下几个问题：

1. 元器件引脚之间有无短路。
2. 输入交流电源有无短路。
3. 二极管的极性是否接反。
4. 电解电容器的极性是否接反。
5. 三极管引脚接错。

四、电路测试

根据学生用书中的要求，对串联型直流稳压电源电路进行测试，并记录测试结果。

1. 测量时应注意万用表量程的选择，否则可能损坏万用表。

2. 在调试过程中，如果 U_D 不能随电位器 RP 阻值的变化而线性变化，说明稳压电路工作不正常。故障排除思路是：分别检查基准电压 U_Z、输出电压 U_D 以及比较放大器和调整管各极的电位，分析它们的工作状态是否都处于线性区，确定故障原因。

知识拓展

扫描右侧二维码，可了解常用稳压二极管的主要参数、稳压电源的分类和开关稳压电源。

任务 6　集成稳压电路的装配与调试

学习目标

1. 了解三端固定输出集成稳压器及其应用。
2. 了解三端可调输出集成稳压器。
3. 掌握 CW7800 系列三端固定输出集成稳压器的检测方法。
4. 能正确完成集成稳压电路的装配与调试，并独立排除调试过程中出现的故障。

任务引入

随着半导体工艺的发展，稳压电路也制成了集成元器件。集成稳压器具有体积小、外接线路简单、使用方便、工作可靠、通用性好等优点，因此在各种电子设备中应用十分普遍，基本取代了由分立元器件构成的稳压电路。图 1-6-1 所示是由集成稳压器 CW7812 组成的输出电流为 100 mA 的串联型稳压电源电路原理图，其焊接装配实物图如图 1-6-2 所示。

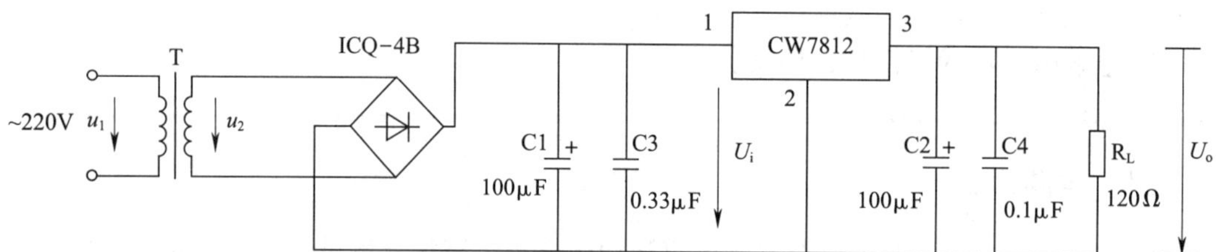

图 1-6-1　由集成稳压器 CW7812 构成的串联型稳压电源电路图

图 1-6-2　由集成稳压器 CW7812 构成的串联型稳压电源焊接装配实物图

本任务的主要内容为：根据给定的技术指标，按照电路原理图装配并调试出满足工艺要求和技术要求的集成稳压电路，并能独立解决调试过程中出现的故障。

相关知识

一、三端固定输出集成稳压器

集成稳压器的种类很多，应根据电子设备对直流电源的要求进行选择。对于大多数电子仪器和设备，通常选用串联线性集成稳压器，其中三端固定输出集成稳压器的应用最为广泛。

CW7800、CW7900 系列三端固定输出集成稳压器的输出电压是固定的，在使用中不能进行调整。CW7800 系列三端固定输出集成稳压器输出正极性电压，CW7900 系列三端固定输出集成稳压器输出负极性电压。图 1-6-3 所示为 CW7800 系列三端固定输出集成稳压器的外形和图形符号。它有三个引出端：输入端（不稳定电压输入端）标以 1，输出端（稳定电压输出端）标以 3，公共端标以 2。CW7800、CW7900 系列三端固定输出集成稳压器的型号及含义如图 1-6-4 所示。型号中的“××”表示该电路输出电压值，分别为±5 V、±6 V、±9 V、±12 V、±15 V、±18 V、±24 V，共七种。

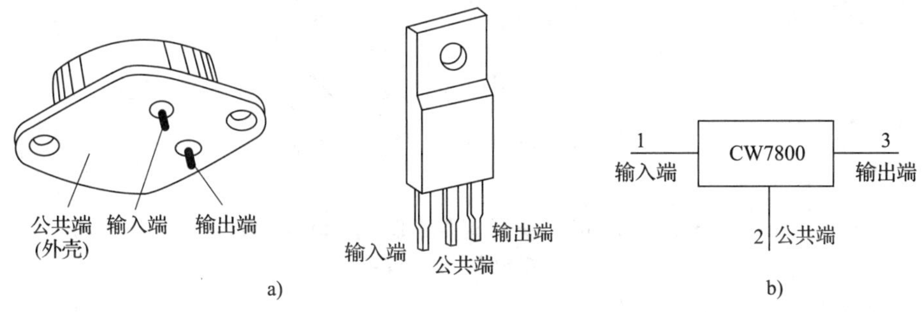

图 1-6-3　CW7800 系列三端固定输出集成稳压器的外形及图形符号

a）外形　b）图形符号

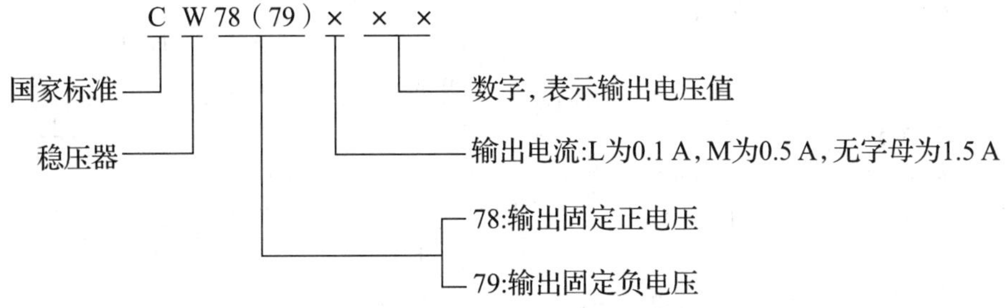

图 1-6-4　CW7800、CW7900 系列三端固定输出集成稳压器的型号及含义

二、三端固定输出集成稳压器的应用

1. 单电源电压输出稳压电路

图 1-6-5 所示是用 CW7800 系列三端固定输出集成稳压器构成的单电源电压输出稳压电路。

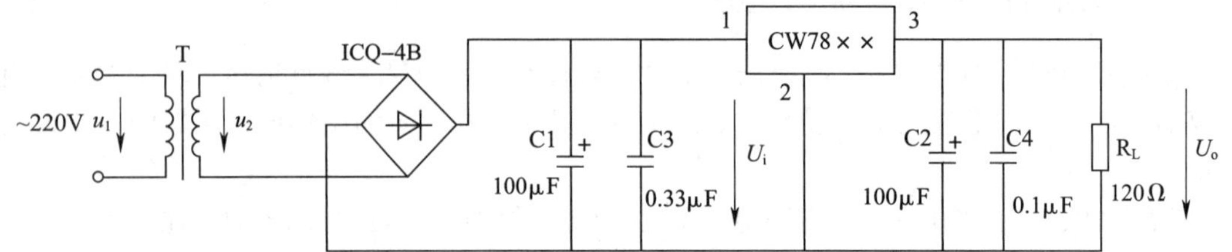

图 1-6-5　由 CW7800 系列三端固定输出集成稳压器构成的单电源电压输出稳压电路

其中，整流部分采用了由 4 个二极管组成的桥式整流器，型号为 ICQ-4B，外部引脚和内部接线如图 1-6-6 所示。滤波电容 C1、C2 一般选取几百至几千微法的电容器。当稳压器距离整流滤波电路较远时，必须在输入端接入电容器 C3，防止产生自激振荡。输出端电容 C4 用以滤除输出端的高频信号，改善电路的暂态效应。

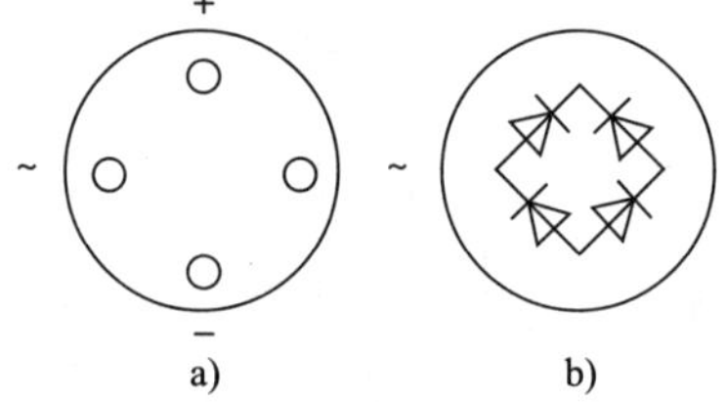

图 1-6-6　ICQ-4B 整流器外部引脚和内部接线

a）外部引脚　b）内部接线

2. 同时输出正、负电压的稳压电路

同时输出正、负电压的稳压电路如图 1-6-7 所示。

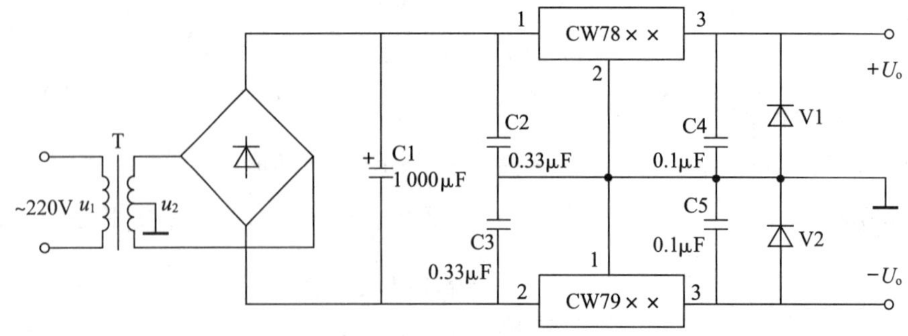

图 1-6-7　同时输出正、负电压的稳压电路

3. 输出电压扩展电路

当集成稳压器本身的输出电压或输出电流不能满足要求时，可通过外接电路进行性能

扩展。

图 1-6-8 所示是一种简单的输出电压扩展电路。若 CW7812 稳压器的 3、2 端间输出电压为 12 V，只要合理选择电阻 R 的阻值，使稳压二极管 V 工作在线性区，则输出电压 $U_o = 12\ V + U_Z$，可以增大输出电压。

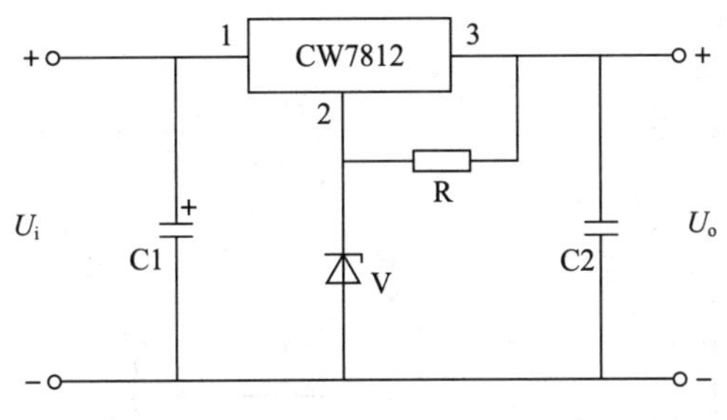

图 1-6-8　输出电压扩展电路

4. 输出电流扩展电路

图 1-6-9 所示是通过外接三极管 V 及电阻 R1 进行电流扩展的电路。电阻 R1 的阻值由外接三极管 V 的发射结导通电压 U_{BE}、稳压器的输入电流 I_i（近似等于稳压器的输出电流 I_{o1}）和三极管 V 的基极电流 I_B 决定，即：

$$R_1 = \frac{U_{BE}}{I_R} = \frac{U_{BE}}{I_i - I_B} = \frac{U_{BE}}{I_{o1} - \dfrac{I_C}{\beta}}$$

式中，I_C 为三极管 V 的集电极电流，其值为 $I_C = I_o - I_{o1}$；β 为三极管 V 的电流放大系数；锗管的 U_{BE} 可按 0.3 V 计算，硅管的 U_{BE} 可按 0.7 V 计算。

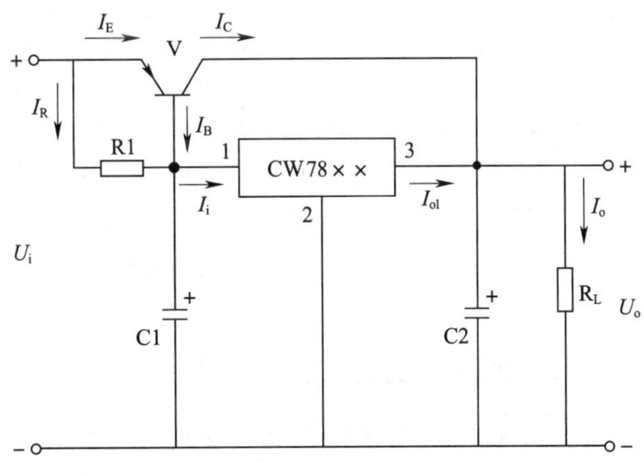

图 1-6-9　输出电流扩展电路

三、三端可调输出集成稳压器

图 1-6-10 所示为 CW317 三端可调输出集成稳压器的外形及接线。图 1-6-11 所示是

由 CW317 稳压器组成的可调式三端稳压电源电路，通过调整电位器 RP 的阻值，可输出连续可调的直流电压，输出电压为 1.25~37 V，最大输出电流为 1.5 A，稳压器内部含有过电流、过热保护电路。C1~C5 为滤波电容，V1、V2 为保护二极管，可以防止稳压器输出端短路而损坏集成电路，V2 还可以防止输入端短路。其中，$R_1 = 120\ \Omega$，$C_4 = 10\ \mu F$，$C_5 = 33\ \mu F$。

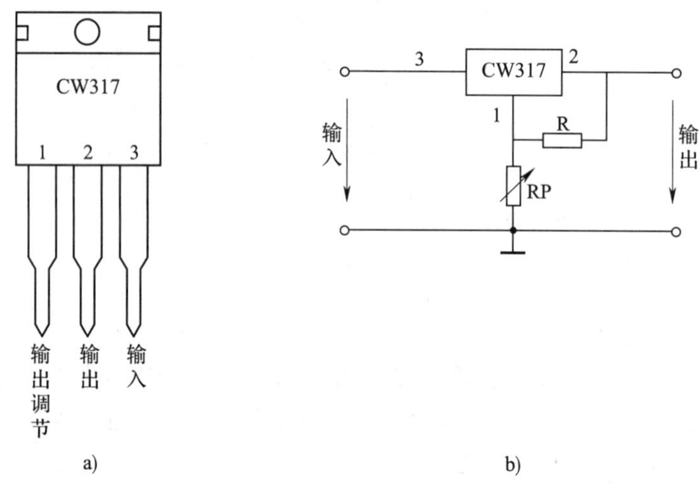

图 1-6-10　CW317 三端可调输出集成稳压器的外形及接线

a）外形　b）接线

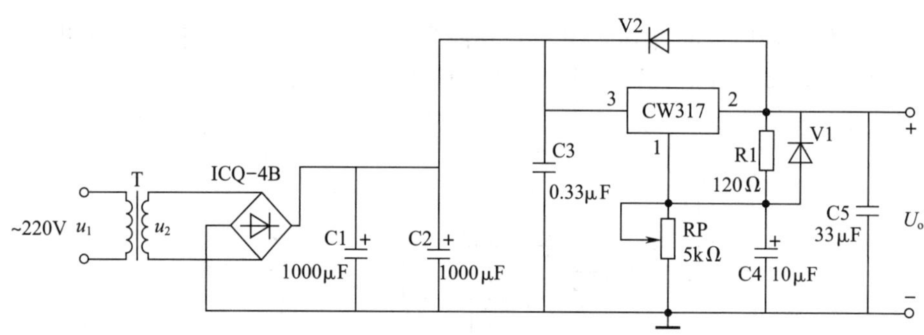

图 1-6-11　可调式三端稳压电源电路

四、CW7800 系列三端固定输出集成稳压器的检测

如图 1-6-12 所示，将万用表转换开关拨至 R×1 k 挡，红表笔接 CW7812 稳压器的散热片（带小圆孔的金属片），黑表笔分别接另外 3 个引脚，测得的电阻分别为 20 kΩ、0 和 8 kΩ。

由此判断：1 脚阻值为 20 kΩ，为输入端（阻值最大）；2 脚阻值为 0，为公共端（接机壳）；3 脚阻值为 8 kΩ，为输出端。

用 MF47 型万用表 R×1 k 挡实测的 CW7806、CW7809、CW7812、CW7824 的电阻见

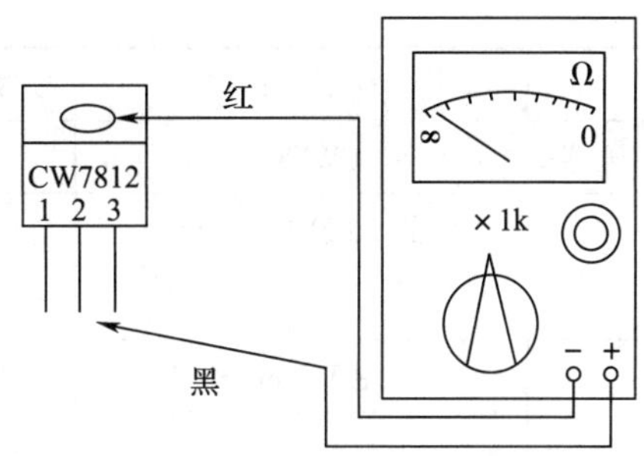

图 1-6-12 CW7812 稳压器检测示意图

表 1-6-1，供读者测试时对照参考。

表 1-6-1 实测 CW7800 系列稳压器的电阻

红表笔所接引脚	黑表笔所接引脚	正常阻值/kΩ
2	1	14~45
2	3	4~25
1	2	3~9
3	2	3~9
3	1	29~60
1	3	4.5~8

任务实施

一、任务准备

实施本任务所使用的实训设备及工具、材料可参考表 1-6-2。

表 1-6-2 实训设备及工具、材料

序号	名称	型号、规格	数量	单位	备注
1	万用表	MF47 型	1	台	
2	双踪示波器		1	台	
3	电解电容器 C1、C2	100 μF/50 V	2	个	
4	无极性电容 C3	0.33 μF/50 V	1	个	
5	无极性电容 C4	0.1 μF/50 V	1	个	
6	碳膜电阻器 R_L	120 Ω	1	个	
7	桥式整流器	ICQ-4B	1	个	

续表

序号	名称	型号、规格	数量	单位	备注
8	三端固定输出集成稳压器	CW7812	1	个	
9	电源变压器	AC 220 V/12 V	1	个	
10	万能电路板		1	块	
11	镀锡裸铜丝	ϕ0.5 mm	若干	米	
12	焊料、助焊剂		若干		
13	带插头的电源线		1	条	
14	绝缘胶布		若干	个	

二、电路装配

1. 电路元器件布置图的确定

本任务的元器件布置示意图如图 1-6-13 所示。

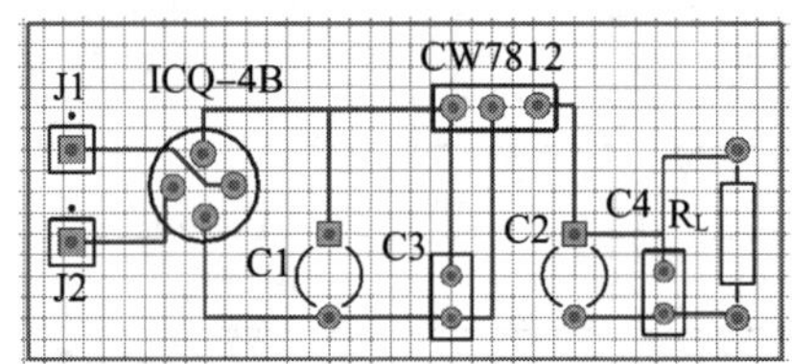

图 1-6-13　元器件布置示意图

2. 元器件的检测

对电路中使用的元器件进行检测与筛选。

3. 元器件的成型

将所用元器件按插装工艺要求进行成型。

4. 元器件的插装焊接

依据图 1-6-13 所示的元器件布置示意图，按照装配工艺要求进行元器件的插装焊接。立式三端稳压器采用垂直安装方式，稳压器底部距电路板约 5 mm，注意引脚应正确。

5. 镀锡裸铜丝的焊接

根据电路原理图和元器件布置示意图进行镀锡裸铜丝的焊接。

6. 焊接检查

焊接结束后，应检查电路有无漏焊、错焊、虚焊等问题。检查时可用尖嘴钳或镊子将每个元器件拉动一下，查看有无松动，如有松动应重新焊接。

三、通电前的检查

电路安装完毕后，必须在不通电的情况下，对电路板进行认真细致的检查，以便纠正安装错误。检查中应注意以下几个问题：

1. 元器件引脚之间有无短路。
2. 输入交流电源有无短路。
3. 二极管的极性是否接反。
4. 电解电容器的极性是否接反。
5. CW7812 稳压器的引脚装接是否正确。

四、电路测试

根据学生用书中的要求，完成集成稳压电路的测试，并记录测试结果。

测量负载电流时应注意万用表量程的选择，否则可能损坏仪表。

课题二　功率放大器的装配与调试

任务 1　共发射极放大电路的装配与调试

学习目标

1. 了解放大电路的功能，掌握共发射极基本放大电路的组成。
2. 掌握放大电路中电压、电流的符号及正方向的规定。
3. 掌握放大电路的工作原理和主要指标。
4. 熟悉分压式共发射极放大电路。
5. 能正确完成分压式共发射极放大电路的装配与调试，并独立排除调试过程中出现的故障。

任务引入

放大电路简称放大器，是电子设备中常用的一种基本单元电路。无论是日常使用的收音机、扬声器、电子测量仪器还是复杂的自动控制系统，都需要各种各样的放大电路。放大电路利用三极管的电流控制作用将信号源传来的微小电信号不失真地进行放大。图 2-1-1 所示是一个分压式共发射极放大电路的原理图，其焊接装配实物图如图 2-1-2 所示。

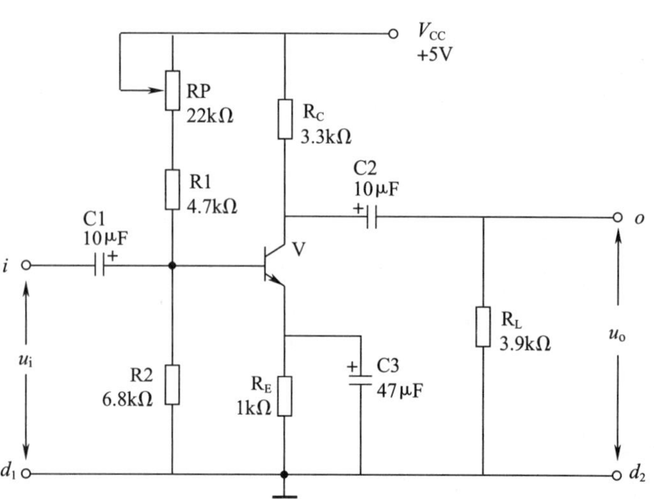

图 2-1-1　分压式共发射极放大电路原理图

本任务的主要内容为：根据

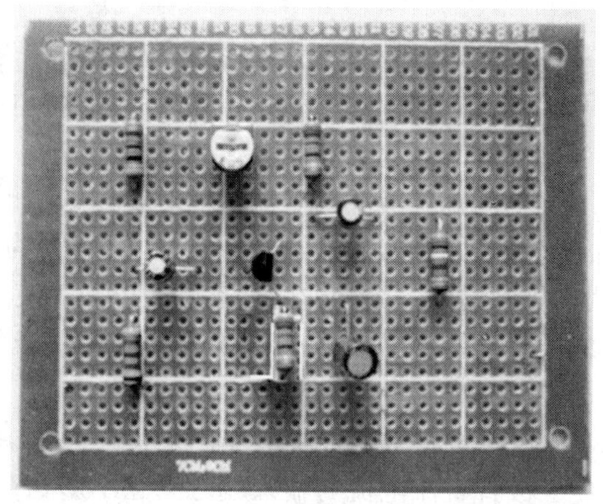

图 2-1-2　分压式共发射极放大电路焊接装配实物图

给定的技术指标，按照原理图装配并调试共发射极放大电路，同时独立解决调试过程中出现的故障。

相关知识

一、共发射极基本放大电路的组成

共发射极基本放大电路如图 2-1-3 所示，由于输入信号 u_i 加在三极管的基极与发射极之间，输出信号 u_o 取自集电极和发射极之间，输入/输出共用三极管的发射极，故称为共发射极放大电路（简称共射极放大电路）。

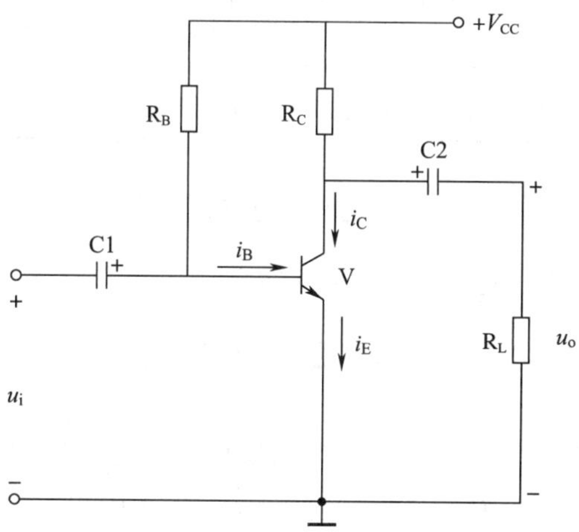

图 2-1-3　共发射极基本放大电路

共发射极基本放大电路中各元器件的作用如下：

1. 三极管 V：电路中的电流放大元器件，利用基极电流对集电极电流的控制作用实现放大。

2. 直流电源 V_{CC}：一是为输入回路与输出回路提供所需能源；二是为电路提供工作电压。通过正确的连接，可以保证三极管 V 的发射结正向偏置，集电结反向偏置，从而使三极管 V 工作在放大区。

3. 集电极电阻 R_C：将三极管的电流放大作用转换成集电极电压放大作用，即使管压降 U_{CE} 发生变化，并作为输出电压，从而实现电压放大。R_C 取值一般为几千欧至几十千欧。

4. 基极电阻 R_B：为三极管提供一个合适的静态基极电流，使三极管能够不失真地放大输入信号。也就是说，当 V_{CC} 一定时，为三极管提供固定的基极偏置电流，使三极管工作在放大区。R_B 取值一般为几十千欧至几百千欧。

5. 耦合电容 C1、C2：具有“通交隔直”的作用。其中，C1 用来隔离放大电路与信号源之间的直流通路，使三极管直流电流与输入端之间互不影响；C2 用来隔离放大电路与负载之间的直流通路。由于 C1、C2 容量较大，它们对交流信号呈现的容抗很小，所以对交流信号可近似视为短路。

6. 负载电阻 R_L：放大电路的负载，如耳机、扬声器等。

二、放大电路中电压、电流的符号及正方向的规定

放大电路的特点是交、直流共存，即电路中既有直流电信号，又有交流电信号。为了清楚地表示不同的物理量，本书将电路中出现的有关电量符号列举出来，见表 2-1-1。

表 2-1-1　电压、电流符号的规定

物理量	表示符号
直流量	用大写字母带大写下标表示，如 I_B、I_C、I_E、U_{BE}、U_{CE}
交流量	用小写字母带小写下标表示，如 i_b、i_c、i_e、u_{be}、u_{ce}、u_k、u_o
交直流叠加量	用小写字母带大写下标表示，如 i_B、i_C、i_E、u_{BE}、u_{CE}
交流分量的有效值	用大写字母带小写下标表示，如 I_b、I_c、I_e、U_{be}、U_{ce}

电压的方向用“+”“-”表示，电流的正方向用箭头表示。

三、放大电路的工作原理

放大电路的工作原理分析分为静态和动态两种工作情况。

1. 静态工作情况分析

当放大电路的外加输入信号 $u_i=0$ 时，电路仅在直流电源 V_{CC} 作用下工作的情况称为静态工作情况，或称为直流工作情况。当静态工作时，电路中的电流及电压均为直流。电路中各元器件参数及电源电压确定后，三极管的基极电流 I_B、集电极电流 I_C、基极与发射极间的电压 U_{BE}、集电极与发射极间的电压 U_{CE} 就被唯一地确定下来，是一个定值，称为静态值。这些静态值分别在输入、输出特性曲线上对应着一点 Q，如图 2-1-4 所示，称为静态工作点，或简称 Q 点。静态分析的目的是分析静态工作点是否合适，若静态工作点不合适，则放

大电路在放大的过程中将产生失真。

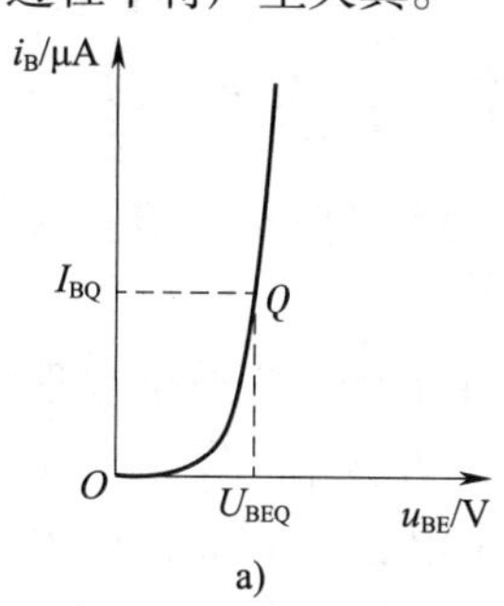

a)

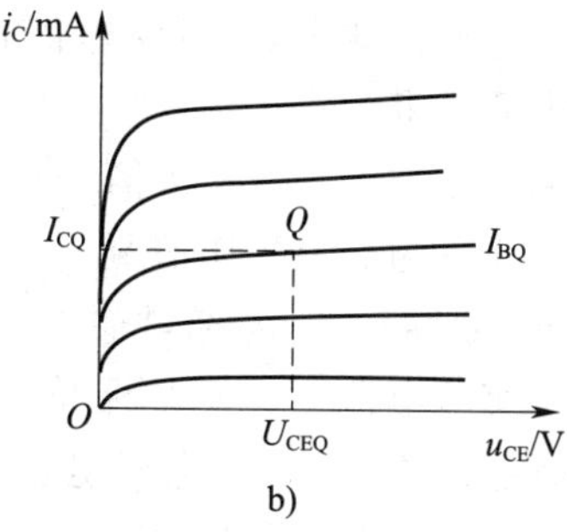

b)

图 2-1-4 静态工作点

a）输入特性曲线上的 Q 点 b）输出特性曲线上的 Q 点

静态工作情况可根据放大电路的直流通路（直流电流通过的路径）进行分析，直流通路如图 2-1-5 所示。

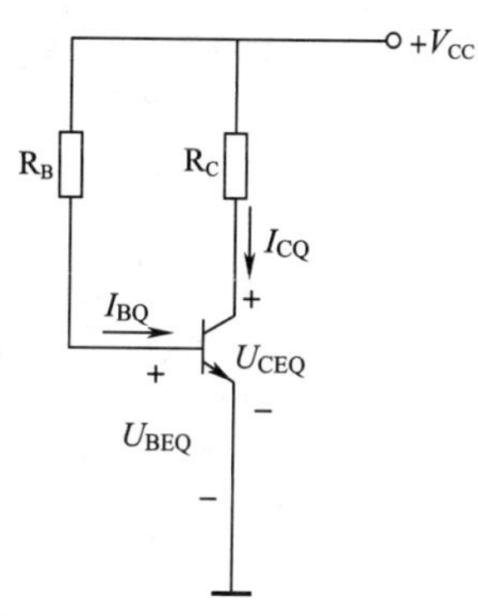

图 2-1-5 直流通路

由图可知

$$I_{BQ}=\frac{V_{CC}-U_{BEQ}}{R_B}\approx\frac{V_{CC}}{R_B}$$

$$I_{CQ}\approx\beta I_{BQ}$$

$$U_{CEQ}=V_{CC}-I_{CQ}R_C$$

以上三式为计算基本共发射极放大电路静态工作点的常用公式。由于 U_{BE} 基本恒定，所以讨论静态工作点时主要考虑 I_B、I_C 和 U_{CE}，静态工作点一般表示为 I_{BQ}、I_{CQ}、U_{CEQ}。

静态工作点是否合适对放大器的性能和输出波形都有很大影响。若静态工作点偏高，则放大器在加入交流信号后易产生饱和失真，此时 u_o 的负半周期将被削底，如图 2-1-6a 所示；若静态工作点偏低，则易产生截止失真，即 u_o 的正半周期被缩顶（截止失真通常不如饱和失真明显），如图 2-1-6b 所示。这些情况都不符合不失真放大的要求，所以选定静态工作点以后必须进行动态调试，即在放大器的输入端加入一定的输入电压 u_i，检查输出电压 u_o 的大小和波形是否满足要求。若不满足，则应调节静态工作点的位置。对于小信号放大电路，静态工作点一般取 $I_{CQ}=1$ mA～3 mA，$U_{CEQ}=2$～3 V。

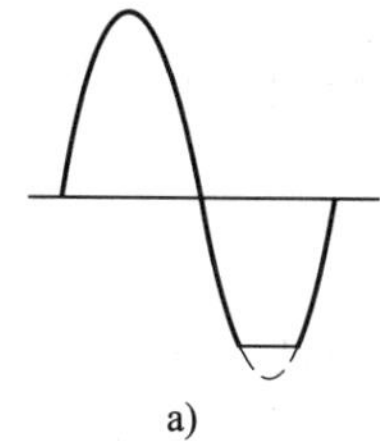
a)

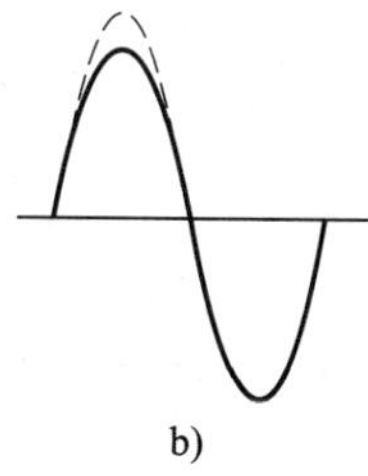
b)

图 2-1-6 放大器的饱和失真与截止失真

a）饱和失真 b）截止失真

改变电路参数 V_{CC}、R_C、R_B 都会引起静态工作点的变化，但通常采用调节电阻 R_B 的方法来改变静态工作点，减小 R_B 可使静态工作点提高。

2. 动态工作情况分析

在放大电路输入端加入交流输入信号（$u_i \neq 0$），放大电路在交流输入信号作用下的工作状态称为动态，或称为交流工作情况。

设输入信号 $u_i = U_{im}\sin\omega t$，u_i 通过输入耦合电容 C1 加到三极管的发射结上，变化的 u_i 将产生变化的基极交流电流 i_b，使基极总电流 i_B（$i_B = I_{BQ} + i_b$）发生变化，集电极电流 i_C（$i_C = I_{CQ} + i_c$）将随之变化，并在集电极电阻 R_C 上产生电压降 $i_C R_C$，放大器的集电极电压 $u_{CE} = V_{CC} - i_C R_C$，通过 C2 耦合，输出变化电压 u_o。若三极管工作在放大区，则 u_o 的变化幅度将比 u_i 的变化幅度大很多倍，由此对 u_i 进行了放大。电路各处的电流和电压波形如图 2-1-7 所示。

由图 2-1-7 可知，输出电压 u_o 的相位与输入电压 u_i 的相位相反。

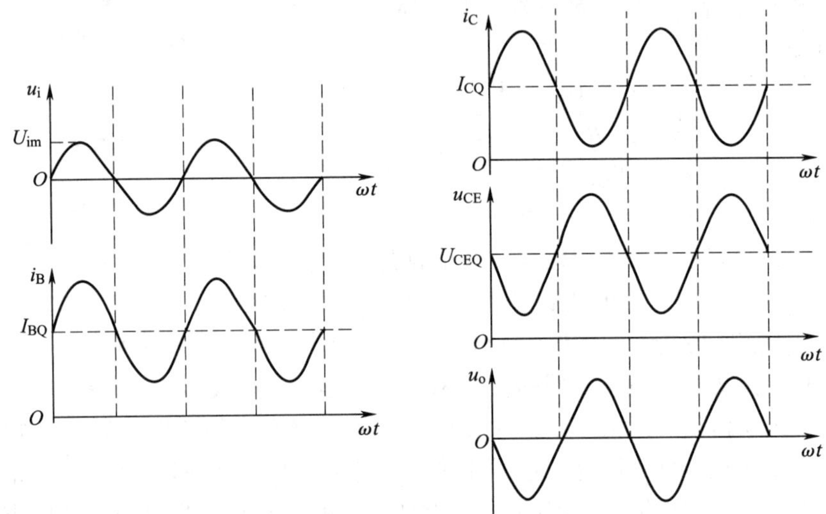

图 2-1-7　放大电路各处的电流和电压波形（动态工作）

四、放大电路的主要指标

放大电路的指标可以描述放大电路的性能，常用的指标有电压放大倍数、输入电阻和输出电阻。

1. 电压放大倍数

输出电压 $\dot{U}_o$ 与输入电压 $\dot{U}_i$ 之比称为放大电路的电压放大倍数，用 $\dot{A}_u$ 表示，即：

$$\dot{A}_u = \frac{\dot{U}_o}{\dot{U}_i} = -\frac{\beta R'_L}{r_{be}}$$

式中，负号表示输出电压 u_o 的相位与输入电压 u_i 的相位相反；β 为三极管的电流放大系数；R'_L 为放大电路的交流等效负载电阻，即 $R'_L = R_C // R_L = \frac{R_C R_L}{R_C + R_L}$；$r_{be}$ 为三极管的输入电阻，小功率三极管的 r_{be} 很小，约为 1 000 Ω。r_{be} 的近似计算式如下：

$$r_{be} \approx r_{bb'} + (1+\beta)\frac{U_T}{I_{EQ}}$$

其中，$r_{bb'}$ 为三极管的基区体电阻，U_T 为温度的电压当量，常温下约为 26 mV。

2. 输入电阻

放大电路的输入电阻是指从放大电路的输入端看进去的交流等效电阻，它相当于信号源的负载电阻，用 r_i 表示，即：

$$r_i = R_B // r_{be} \approx r_{be}(\text{一般 } R_B \gg r_{be})$$

3. 输出电阻

放大电路的输出电阻是指从放大电路的输出端看进去的交流等效电阻，用 r_o 表示，即：

$$r_o = R_C // r_{ce} \approx R_C(\text{一般 } r_{ce} \gg R_C)$$

五、分压式共发射极放大电路

半导体材料对光、热、电场非常敏感，工作环境温度变化、元器件老化、电源电压波动等都会影响三极管的工作状态，容易造成静态工作点的偏移，使电路工作不稳定。因此，放大电路不仅要有合适的静态工作点，还必须在电路结构上采取措施来稳定静态工作点。分压式共发射极放大电路是解决该问题的一种常见电路，如图 2-1-8 所示。

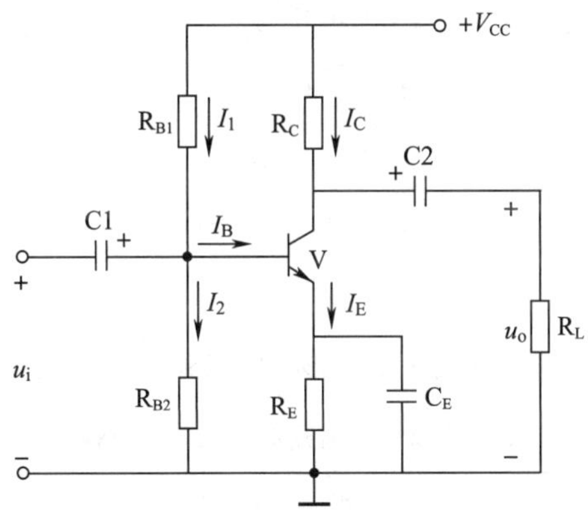

图 2-1-8　分压式共发射极放大电路

合理设置静态工作点是保证放大电路正常工作的先决条件，Q 点位置过高或过低都可能使信号产生失真。放大电路的静态工作点除与电路参数 V_{CC}、R_C 和 R_B 有关外，还与环境温度有关。环境温度变化会使设置好的静态工作点 Q 发生移动，导致信号失真。

温度变化对 Q 点的影响集中表现在三极管集电极电流 I_C 随温度的变化而变化。当温度升高时，三极管的 I_{CEQ}、U_{BE}、β 等参数都将发生改变，最终使 I_C 增大，Q 点变化。在原放大电路的基础上进行完善，使 I_C 上升的同时 I_B 下降，即可达到自动稳定工作点的目的，这就是分压式共发射极放大电路的工作原理。

1. 电路的特点

（1）利用上偏置电阻 R_{B1} 和下偏置电阻 R_{B2} 组成分压器，为基极提供稳定的静态工作电压 U_{BQ}。由图 2-1-8 可知，合理选择 R_{B1}、R_{B2} 的阻值，使 $I_1 \approx I_2 \gg I_{BQ}$，即可忽略 I_{BQ} 对 I_1 的分流，则三极管基极直流电压由 R_{B1} 和 R_{B2} 分压确定，即：

$$U_{BQ} \approx \frac{R_{B2}}{R_{B1}+R_{B2}} V_{CC}$$

可见，U_{BQ} 仅由外电路参数决定，与三极管参数无关，不随温度的变化而变化。

（2）利用发射极电阻 R_E 自动使 I_{CQ} 保持不变。I_{CQ} 保持稳定的过程可以表示为：

温度 $\uparrow \rightarrow I_{CQ}(I_{EQ}) \uparrow \rightarrow U_{EQ}(U_{EQ}=I_{EQ}R_E) \uparrow \rightarrow U_{BEQ}(U_{BEQ}=U_{BQ}-U_{EQ}) \downarrow \rightarrow I_{BQ} \downarrow \rightarrow I_{CQ} \downarrow$

2. 静态工作点的估算

由于基极偏置电压为：

$$U_{BQ} \approx \frac{R_{B2}}{R_{B1}+R_{B2}} V_{CC}$$

而 $U_{BQ} \gg U_{BEQ}$，则静态集电极电流 I_{CQ}、静态集—射极电压 U_{CEQ} 和静态基极电流 I_{BQ} 分别为：

$$I_{CQ} \approx I_{EQ} = \frac{U_{BQ}-U_{BEQ}}{R_E} \approx \frac{U_{BQ}}{R_E} = \frac{R_{B2}}{R_E(R_{B1}+R_{B2})} V_{CC}$$

$$U_{CEQ} = V_{CC} - I_{CQ}R_C - I_{EQ}R_E \approx V_{CC} - I_{CQ}(R_C+R_E)$$

$$I_{BQ} \approx \frac{I_{CQ}}{\beta}$$

任务实施

一、任务准备

实施本任务所使用的实训设备及工具、材料可参考表 2-1-2。

表 2-1-2　实训设备及工具、材料

序号	名称	型号、规格	数量	单位	备注
1	万用表	MF47 型	1	台	
2	常用电子组装工具		1	套	
3	双踪示波器		1	台	
4	毫伏表		1	台	
5	低频信号发生器		1	台	
6	直流稳压电源		1	台	
7	电位器 RP	22 kΩ	1	个	
8	碳膜电阻器 R1	4.7 kΩ	1	个	

续表

序号	名称	型号、规格	数量	单位	备注
9	碳膜电阻器 R2	6. 8 kΩ	1	个	
10	碳膜电阻器 R_C	3. 3 kΩ	1	个	
11	碳膜电阻器 R_E	1 kΩ	1	个	
12	碳膜电阻器 R_L	3. 9 kΩ	1	个	
13	电解电容器 C1、C2	10 μF/16 V	2	个	
14	电解电容器 C3	47 μF/16 V	1	个	
15	三极管 V	9014	1	个	
16	万能电路板		1	块	
17	镀锡裸铜丝	ϕ0. 5 mm	若干	米	
18	焊料、助焊剂		若干		

二、电路装配

1. 电路元器件布置图的确定

本任务的元器件布置示意图如图 2-1-9 所示。

2. 元器件的检测

对电路中使用的元器件进行检测与筛选。

3. 元器件的成型

将所用元器件按插装工艺要求进行成型。

4. 元器件的插装焊接

依据图 2-1-9 所示的元器件布置示意图，按照装配工艺要求进行元器件的插装焊接。

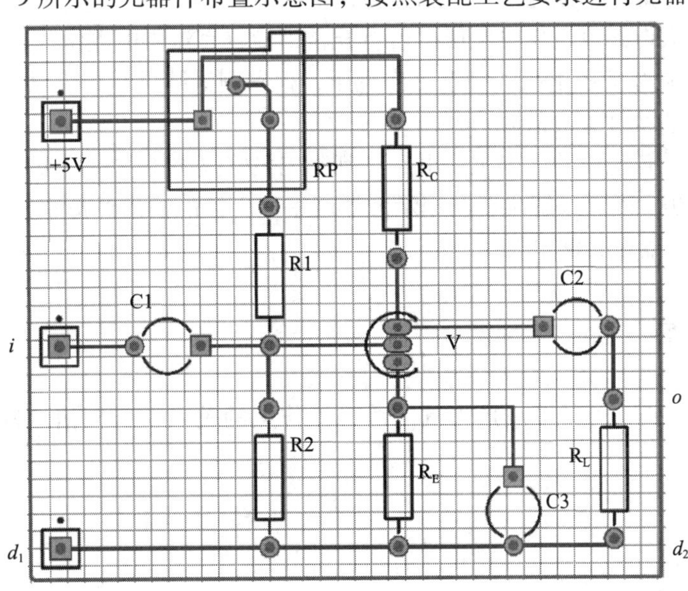

图 2-1-9 元器件布置示意图

三极管应垂直安装，底部距电路板约 5 mm，引脚的安装应正确。

5. 镀锡裸铜丝的焊接

根据电路原理图和元器件布置示意图进行镀锡裸铜丝的焊接。

6. 焊接检查

焊接结束后，应检查电路有无漏焊、错焊、虚焊等问题。检查时可用尖嘴钳或镊子将每个元器件拉动一下，查看有无松动，如有松动应重新焊接。

三、通电前的检查

电路安装完毕后，必须在不通电的情况下，对电路板进行认真细致的检查，以便纠正安装错误。检查中应注意以下几个问题：

1. 元器件引脚之间有无短路。
2. 电解电容器的极性是否接反。
3. 三极管引脚是否接错。

四、电路测试

根据学生用书中的要求，对分压式共发射极放大电路进行测试，并记录测试结果。

五、电路检修

1. 无信号输出故障

（1）排除信号源、示波器、探头与连接线的故障。

（2）测量放大电路直流供电电压，若有异常则检查直流供电电源或连线。

（3）测量三极管 V 各电极的静态工作电压，根据测量结果判断故障位置。

2. 输出信号非线性失真故障

测量三极管 V 各电极的静态工作电压，判断三极管是否工作在放大区，一般可通过调整偏置电阻或更换三极管来解决；利用示波器观察放大器的输出波形来判断波形失真的原因，主要检查电容器是否漏电等。

知识拓展

扫描右侧二维码，可了解波形失真与静态工作点的关系及低频信号发生器的使用方法。

任务 2　负反馈放大电路的装配与调试

学习目标

1. 了解反馈的基本概念。
2. 掌握反馈极性的判断方法。
3. 熟悉负反馈的类型及作用和负反馈对放大电路性能的影响。
4. 掌握反馈放大电路的分析方法。
5. 掌握共集电极放大电路的组成及静态工作点和动态参数的估算方法。
6. 能正确完成电压串联负反馈放大电路的装配与调试，并能独立排除调试过程中出现的故障。

任务引入

反馈是改善放大电路性能的重要手段，也是自动控制系统中的重要环节，实际应用电路中几乎都要引入各种各样的反馈。直流负反馈可以稳定电路的静态工作点，交流负反馈可以改善放大电路的性能。本课题任务 1 中的分压式共发射极放大电路就是为电路引入直流负反馈，大大提高了电路的稳定性。图 2-2-1 所示是电压串联负反馈放大电路的原理图，其焊接装配实物图如图 2-2-2 所示。

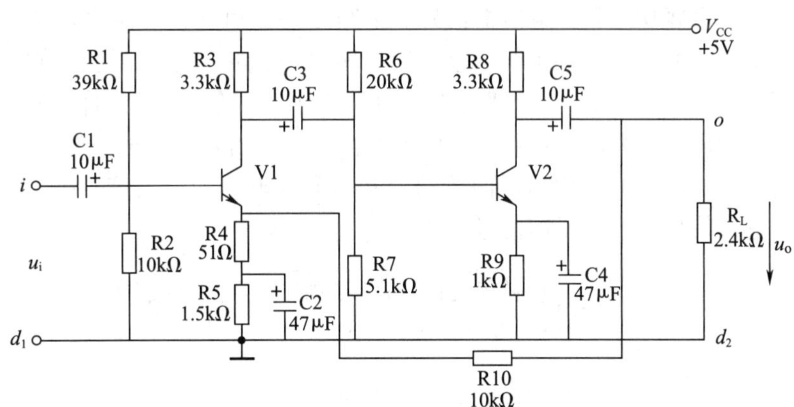

图 2-2-1　电压串联负反馈放大电路原理图

本任务的主要内容为：根据给定的技术指标，按照原理图装配并调试负反馈放大电路；通过电路的调试，掌握负反馈对电路性能的影响和负反馈的引入方法，同时独立解决调试过程中出现的故障。

图 2-2-2　电压串联负反馈放大电路焊接装配实物图

相关知识

一、反馈的基本概念

1. 反馈的定义

放大器中的反馈是指将放大电路的输出信号（电压或电流）的一部分或全部通过一定的电路形式（称为反馈网络），按照某种方式送回输入端，并与输入信号（电压或电流）叠加，从而改变放大器性能的一种方法。

含有反馈网络的放大器称为反馈放大器，其组成框图如图 2-2-3 所示。图中 A 表示没有反馈的放大电路，称为基本放大电路，主要功能是放大信号；F 表示反馈网络，通常由线性元件组成，主要功能是传输反馈信号。由图 2-2-3 可知，反馈放大器是由基本放大电路和反馈网络构成的一个闭环系统，故称为闭环放大电路。同样，把没有反馈的基本放大电路称为开环放大电路。X_i、X_f、X_d 和 X_o 分别表示输入信号、反馈信号、净输入信号和输出信号，它们可以是电压，也可以是电流。箭头表示信号的传输方向，由输入到输出称为正向传输，由输出到输入称为反向传输。基本放大电路的输入信号称为净输入信号，它不仅取决于输入信号，还与反馈信号有关。

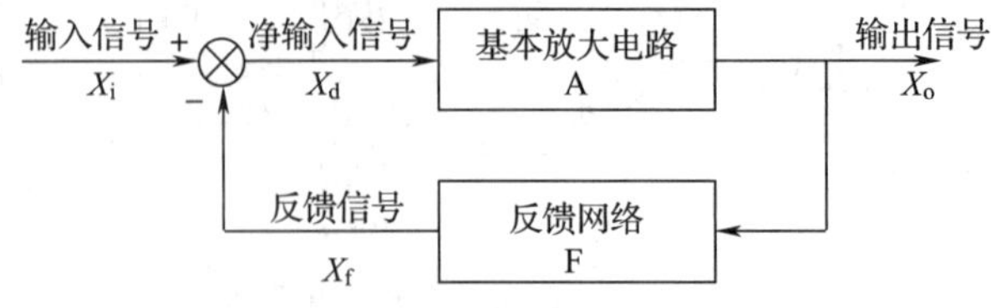

图 2-2-3　反馈放大器的组成框图

2. 反馈的分类

根据反馈的作用效果可将反馈分为正反馈和负反馈。如果反馈信号增强了原输入信号，使净输入信号增大，称为正反馈；相反，如果反馈信号削弱了原输入信号，使净输入信号减小，则称为负反馈。

由反馈放大器的组成框图可知，基本放大电路的放大倍数为：

$$A = X_o / X_d$$

反馈电路的反馈系数为：

$$F = X_f / X_o$$

基本放大电路的净输入信号为：

$$X_d = X_i - X_f$$

负反馈放大器的放大倍数（又称为闭环放大倍数）为：

$$A_f = X_o / X_i = A/(1 + AF)$$

正反馈虽然能增大净输入信号，使电路的放大倍数增加，但会使放大电路的工作稳定性、失真度、频率特性等性能显著变差；负反馈虽然使净输入信号减小，电路的放大倍数降低，但却使放大电路许多方面的性能得到改善。因此，实际放大电路中均采用负反馈，而正反馈主要用于振荡电路。

反馈还有直流反馈和交流反馈之分。如果反馈信号中只有直流成分，即反馈元件只能反映直流量的变化，称为直流反馈；如果反馈信号中只有交流成分，即反馈元件只能反映交流量的变化，称为交流反馈。直流反馈影响放大电路的直流性能，常用以稳定静态工作点；交流反馈影响放大电路的交流性能，常用以改善放大电路的动态性能。

二、反馈极性的判断

反馈极性的判断通常采用瞬时极性法。首先假定输入信号在某一瞬间对地而言极性为正，然后由各级输入、输出之间的相位关系，分别推导出电路中其他各相关点的瞬时极性（用“⊕”表示电位升高，用“⊖”表示电位降低），最后判别反馈到电路输入端的信号是加强还是削弱了输入信号。加强输入信号的是正反馈，削弱输入信号的是负反馈。

在运用瞬时极性法时要注意：三极管发射极信号瞬时极性与基极输入信号瞬时极性相同，集电极信号瞬时极性与基极输入信号瞬时极性相反；反馈电路中的电阻器、电容器等元器件，一般认为它们在信号传输过程中不产生附加相移，对瞬时极性没有影响。

图2-2-4所示的电路中标出了利用瞬时极性法分析的各点电位变化情况，可以判断该电路引入了负反馈。

三、负反馈的类型及作用

根据反馈网络与基本放大电路在输入端的连接方式的不同，负反馈分为串联负反馈和并联负反馈。串联负反馈的作用是增大输入电阻，并联负反馈的作用是减小输入电阻。根据反馈信号取样对象的不同，负反馈又分为电压负反馈和电流负反馈。电压负反馈的作用是稳定输出电压，电流负反馈的作用是稳定输出电流。因此，负反馈放大器有四种基本类型，即电压串联负反馈、电流串联负反馈、电压并联负反馈和电流并联负反馈。其中，电压串联负反馈的作用是稳定输出电压和增大输入电阻，电流串联负反馈的作用是稳定输出电流和增大输入电阻，电压并联负反馈的作用是稳定输出电压和减小输入电阻，电流并联

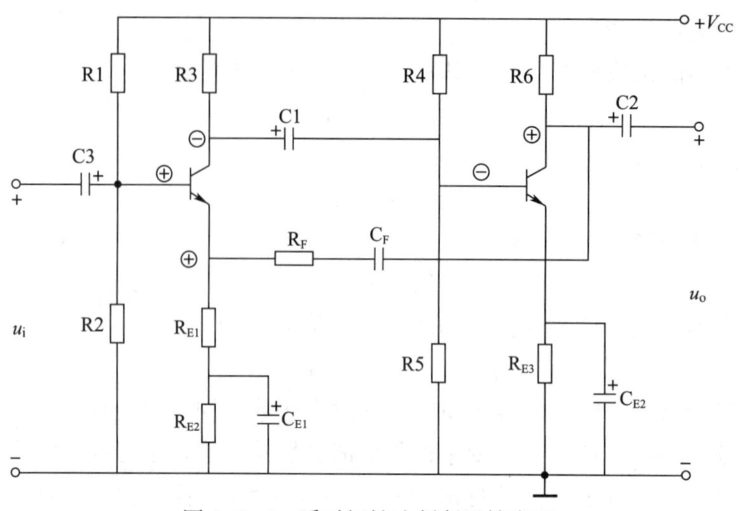

图 2-2-4　瞬时极性法判断反馈类型

负反馈的作用是稳定输出电流和减小输入电阻。

四、负反馈对放大电路性能的影响

负反馈对放大电路性能的影响主要有：

1. 提高放大倍数的稳定性。

2. 减小放大电路的非线性失真。负反馈减小非线性失真主要是由负反馈的自动调整功能实现的，如图 2-2-5 所示。

3. 扩展放大电路的通频带。

4. 改变输入/输出电阻。

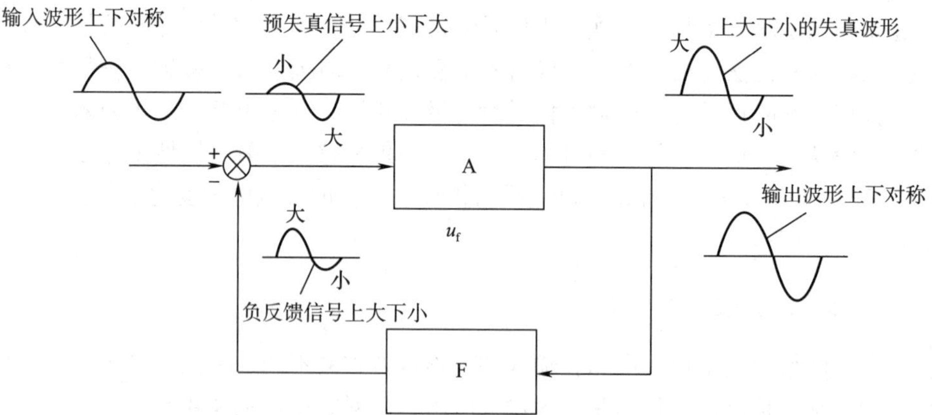

图 2-2-5　负反馈减小放大电路的非线性失真

五、反馈放大电路的分析方法

1. 分析电路中是否存在反馈

分析的方法是：判断电路中是否存在连接输出电路和输入电路的元件，如果存在这样的元件，则电路中一定存在反馈。连接输出电路和输入电路的元件就是反馈元件。

2. 分析反馈极性

利用瞬时极性法分析反馈极性。

3. 分析反馈在输入端的连接方式

如果反馈元件在放大电路的输入电路中接在三极管的基极，则电路中引入的反馈为并联反馈；如果反馈元件在放大电路的输入电路中接在三极管的发射极，则电路中引入的反馈为串联反馈。

4. 分析反馈信号的取样对象

如果反馈信号取自放大电路的输出电压，则电路中引入的反馈为电压反馈；如果反馈信号取自放大电路的输出电流，则电路中引入的反馈为电流反馈。

通常情况下，如果反馈元件在放大电路的输出电路中与负载电阻接在同一点上（对交流而言），则引入的反馈是电压反馈；相反，如果反馈元件在放大电路的输出电路中不与负载电阻接在同一点上（对交流而言），则引入的反馈是电流反馈。

六、共集电极放大电路

1. 电路组成

共集电极放大电路（又称为射极输出器）是一个典型的电压串联负反馈放大电路，如图 2-2-6 所示。

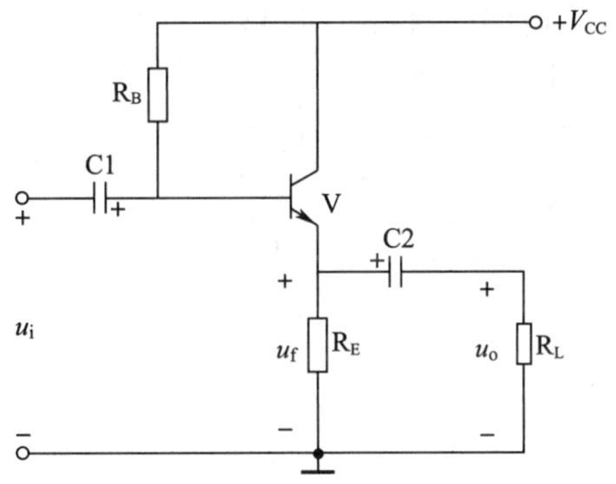

图 2-2-6　共集电极放大电路

由图可知，电阻 R_E 既属于输出电路又属于输入电路，通过 R_E 把输出电压 u_o 全部反馈到输入电路中，因此存在反馈，反馈元件为 R_E。

利用瞬时极性法可判断出 R_E 引入的反馈为负反馈；对于交流而言 $u_f=u_o$，所以 R_E 引入的反馈为电压反馈；又由于 R_E 接于三极管的发射极，所以电路引入的反馈为串联反馈。

由分析可知，R_E 引入的反馈类型为电压串联负反馈。

2. 静态工作点的估算

$$I_{BQ}=\frac{V_{CC}-U_{BEQ}}{R_B+(1+\beta)R_E}\approx\frac{V_{CC}}{R_B+(1+\beta)R_E}$$

$$I_{CQ}=\beta I_{BQ}$$

$$U_{CEQ}=V_{CC}-I_{EQ}R_E\approx V_{CC}-I_{CQ}R_E$$

3. 动态参数的估算

（1）电压放大倍数的估算。由电路可知

$$U_o=U_i-U_{be}\approx U_i(U_i\gg U_{be})$$

因此，电压放大倍数为

$$\dot{A}_{uf}=\dot{U}_o/\dot{U}_i\leqslant 1$$

由此可见，共集电极放大电路没有电压放大的作用。而且输出电压和输入电压相位相同，所以共集电极放大电路又称为电压跟随器。

（2）电流放大倍数的估算。由电路可知

$$I_i=I_b$$

$$I_o=I_e$$

因此，电流放大倍数为

$$\dot{A}_i=\dot{I}_o/\dot{I}_i=\dot{I}_e/\dot{I}_b=1+\beta$$

（3）输入电阻的估算，即

$$r_i=R_B//[(1+\beta)R'_E+r_{be}]$$

式中，$R'_E=R_E//R_L$。

由此可见，共集电极放大电路的输入电阻很高。

（4）输出电阻的估算，即

$$r_o\approx\frac{r_{be}}{1+\beta}R_E$$

由此可见，共集电极放大电路的输出电阻很小。

任务实施

一、任务准备

实施本任务所使用的实训设备及工具、材料可参考表 2-2-1。

表 2-2-1 实训设备及工具、材料

序号	名称	型号、规格	数量	单位	备注
1	万用表	MF47 型	1	台	
2	常用电子组装工具		1	套	
3	双踪示波器		1	台	
4	毫伏表		1	台	
5	低频信号发生器		1	台	

续表

序号	名称	型号、规格	数量	单位	备注
6	直流稳压电源		1	台	
7	碳膜电阻器 R1	39 kΩ	1	个	
8	碳膜电阻器 R2、R10	10 kΩ	2	个	
9	碳膜电阻器 R3、R8	3. 3 kΩ	2	个	
10	碳膜电阻器 R4	51 Ω	1	个	
11	碳膜电阻器 R5	1. 5 kΩ	1	个	
12	碳膜电阻器 R6	20 kΩ	1	个	
13	碳膜电阻器 R7	5. 1 kΩ	1	个	
14	碳膜电阻器 R9	1 kΩ	1	个	
15	碳膜电阻器 R_L	2. 4 kΩ	1	个	
16	电解电容器 C1、C3、C5	10 μF/16 V	3	个	
17	电解电容器 C2、C4	47 μF/16 V	2	个	
18	三极管 V1、V2	9014	2	个	
19	万能电路板		1	块	
20	镀锡裸铜丝	ϕ0. 5 mm	若干	米	
21	焊料、助焊剂		若干		

二、电路装配

1. 电路元器件布置图的确定

本任务的元器件布置示意图如图 2-2-7 所示。

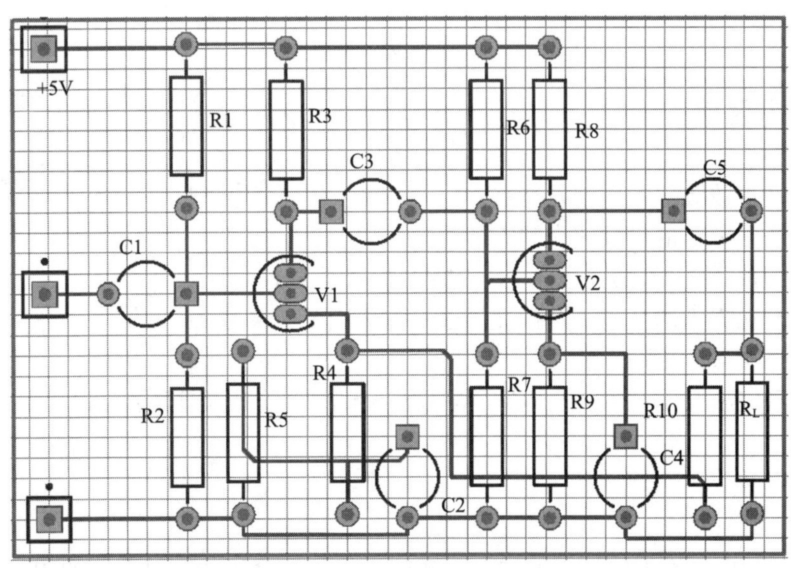

图 2-2-7　元器件布置示意图

2. 元器件的检测

对电路中使用的元器件进行检测与筛选。

3. 元器件的成型

将所用元器件按插装工艺要求进行成型。

4. 元器件的插装焊接

依据图 2-2-7 所示的元器件布置示意图，按照装配工艺要求进行元器件的插装焊接。

5. 镀锡裸铜丝的焊接

根据电路原理图和元器件布置示意图进行镀锡裸铜丝的焊接。

6. 焊接检查

焊接结束后，应检查电路有无漏焊、错焊、虚焊等问题。检查时可用尖嘴钳或镊子将每个元器件拉动一下，查看有无松动，如有松动应重新焊接。

三、通电前的检查

电路安装完毕后，必须在不通电的情况下，对电路板进行认真细致的检查，以便纠正安装错误。检查中应注意以下几个问题：

1. 元器件引脚之间有无短路。
2. 电解电容器的极性是否接反。
3. 三极管引脚接错。

四、电路测试

根据学生用书中的要求，对电压串联负反馈放大电路进行测试，并记录测试结果。

任务 3　OTL 功率放大电路的装配与调试

学习目标

1. 了解功率放大器的作用及特点。
2. 熟悉放大电路的三种放大状态。
3. 掌握 OTL 和 OCL 功率放大电路的组成及工作原理。
4. 了解交越失真的概念，掌握交越失真的原因及解决方法。
5. 掌握扬声器的检测方法。
6. 能正确完成 OTL 功率放大电路的装配与调试，并能独立排除调试过程中出现的故障。

任务引入

在电子系统中，模拟信号被放大后，往往要驱动一个实际的负载，如扬声器发声、继电器动作、仪表指针偏转、数据或图像显示等，因此需要电路能输出较大的功率。能输出较大功率的放大电路称为功率放大器。图 2-3-1 所示是常见的 OTL 功率放大电路的原理图，其焊接装配实物图如图 2-3-2 所示。

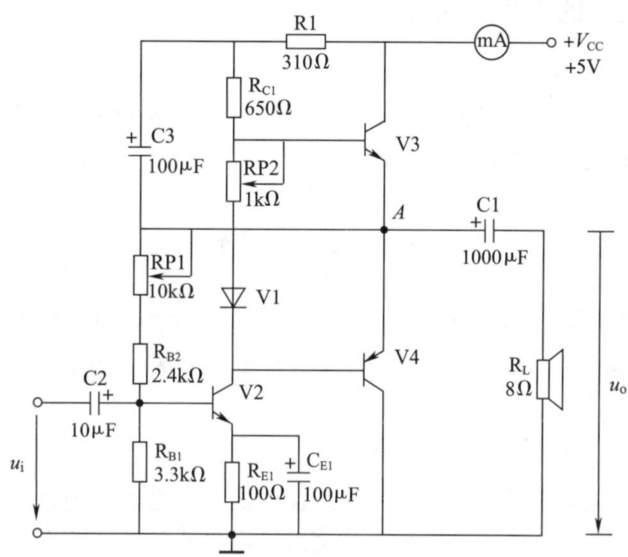

图 2-3-1　OTL 功率放大电路原理图

图 2-3-2　OTL 功率放大电路焊接装配实物图

本任务的主要内容为：根据给定的技术指标，按照原理图装配并调试 OTL 功率放大电路，同时能独立解决调试过程中出现的故障。

相关知识

一、功率放大器的作用及特点

1. 功率放大器的作用

能实现信号功率放大的电路称为功率放大电路，又称为功率放大器（简称功放）。它的作用主要是高效率地向负载输出最大的不失真功率。

2. 功率放大器的特点

与电压放大电路相比，功率放大器具有以下几个特点：

（1）输出功率大

功率放大器提供给负载的信号功率称为输出功率。为了获得足够大的输出功率，要求三极管工作在接近极限状态，即三极管集电极电流最大时接近 I_{CM}，管压降最大时接近 U_{CEO}，耗散功率接近 P_{CM}。

（2）转换效率高

功率放大器的最大输出功率与直流电源所提供的功率之比称为转换效率。因此，在一定的输出功率下，减小直流电源的功耗，就可以提高电路的转换效率。

（3）非线性失真小

由于功率放大器的电压和电流变化范围很大，功放管容易产生非线性失真，所以在使用中要采取措施减小失真，使之满足负载的要求。

（4）具有良好的散热与保护措施

功率放大器工作在大电压和大电流状态，三极管的集电结要消耗较大的功率，使结温和管壳温度升高，因此应采取相应的散热措施，如加装散热器、保持良好的通风、强制风冷等。

二、放大电路的三种放大状态

放大电路的三种放大状态如图 2-3-3 所示。根据放大电路三极管在一个信号周期内导通时间的不同，可将放大电路分为甲类、乙类和甲乙类放大，目前广泛采用乙类（或甲乙类）互补对称功率放大器。在整个输入信号周期内，三极管持续有电流流通的放大状态称为甲类放大，如图 2-3-3a 所示，此时三极管的静态工作电流 I_{CQ} 比较大；在一个周期内，三极管只有半个周期有电流流通的放大状态称为乙类放大，如图 2-3-3b 所示；若一个周期内，三极管有 1/2~2/3 周期有电流流通，则称为甲乙类放大，如图 2-3-3c 所示。

甲类放大的优点是波形失真小，但由于静态工作电流大，故管耗大、转换效率低，主要用于小信号电压放大电路中。

乙类与甲乙类放大的管耗小，转换效率高，所以在功率放大电路中获得了广泛应用。但乙类与甲乙类放大输出波形失真严重，实际电路中均采用两管轮流导通的推挽电路来减小失真。

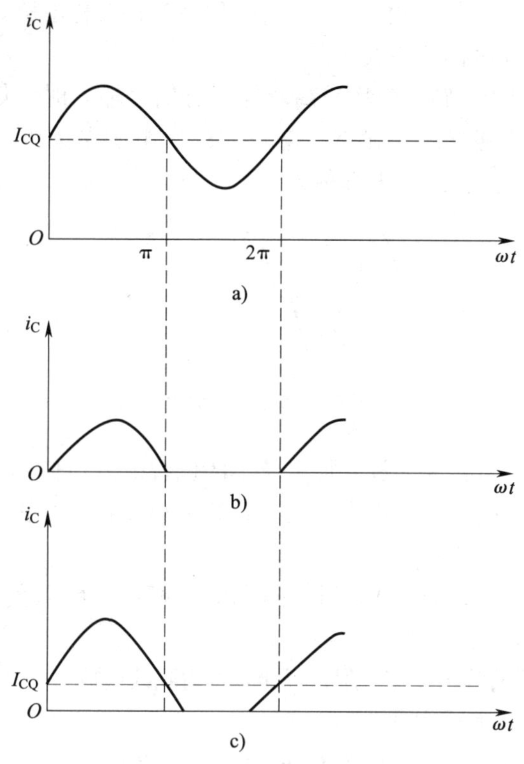

图 2-3-3　放大电路的三种放大状态
a）甲类　b）乙类　c）甲乙类

三、互补对称功率放大器

1. 乙类双电源互补对称功率放大器

乙类双电源互补对称功率放大器简称 OCL 功率放大电路，其电路如图 2-3-4 所示，它由特性一致的 NPN 型和 PNP 型三极管 V1、V2 组成。两管基极连在一起接输入信号，两管发射极连在一起接负载 R_L。两管均工作在乙类状态下。

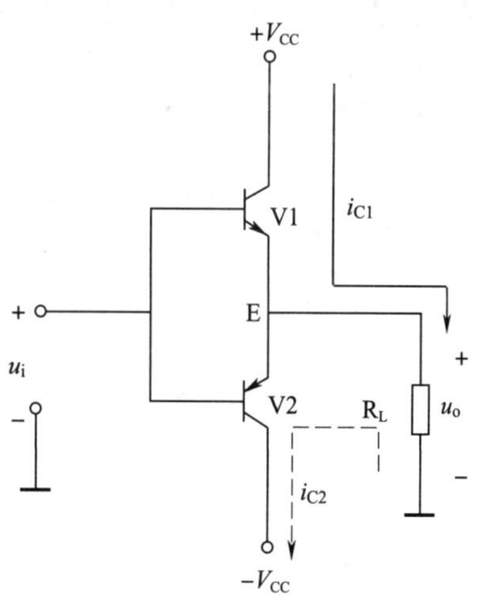

图 2-3-4　OCL 功率放大电路

静态时，$I_{CQ}=0$，三极管截止，因而无损耗。由于电路对称，发射极电位 $V_E=0$，所以无电流流过 R_L。动态时，输入正弦信号 u_i。在输入信号 u_i 的正半周期，V1 导通、V2 截止，V1 与 R_L 组成射极输出器，电流 i_{C1} 流过 R_L，其方向如图 2-3-4 中实线所示；在输入信号的负半周期，V1 截止、V2 导通，V2 与 R_L 组成射极输出器，电流 i_{C2} 流过 R_L，其方向如图 2-3-4 中虚线所示。这样，两个三极管在正、负半周期交替工作，在负载上合成一个完整的正弦电流。该电路中的两管相互补充对方的不足，工作时性能对称，所以称为互补对称电路。

2. 甲乙类双电源互补对称功率放大器

乙类放大电路的 $I_{CQ}=0$，转换效率较高。但当有信号输入时，信号电压幅值必须大于三极管死区电压三极管才能导通。显然，电路在死区范围是无电压输出的，在输出波形正、负半周交界处造成失真，这种失真称为交越失真，如图 2-3-5 所示。

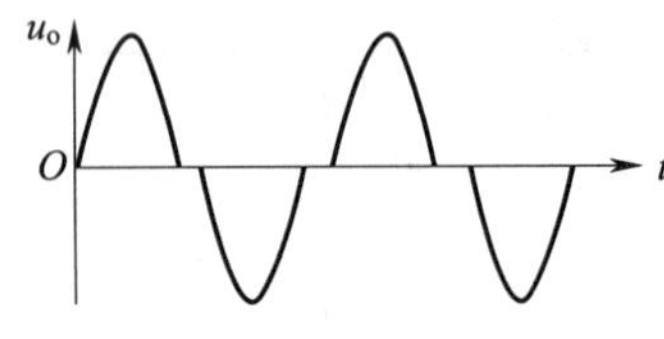

图 2-3-5　交越失真

为了克服交越失真，需要为功放管加上较小的偏置电流，使其工作在甲乙类状态，常见的利用两个二极管的正向压降给两个功放互补管提供正向偏压的电路如图 2-3-6 所示，图中 V3 为前置级（偏置电路未画出）。

静态时，由于电路对称，V1、V2 两管静态电流相等，所以负载 R_L 上无静态电流通过，输出电压 $u_o=0$。

动态时，可使放大器的输出在零点附近仍能基本得到线性放大，从而克服了交越失真。

3. 单电源互补对称功率放大器

单电源互补对称功率放大器也称为 OTL 功率放大电路，如图 2-3-7 所示，与双电源互补对称功率放大器相比，它省去了负电源，输出端增加了一个耦合电容 C。

静态时，耦合电容 C 充有左正右负的直流电压，$U_C=V_{CC}/2$，相当于一个直流电源。静态时三极管发射极电位为电源电压的 1/2，使得 V1 集电极与发射极之间的电压为$+V_{CC}/2$，V2 集电极与发射极之间的电压为$-V_{CC}/2$。从这一点讲，单电源互补对称功率放大器也是一种双电源互补对称功率放大器，只不过是利用耦合电容 C 替代负电源而已。

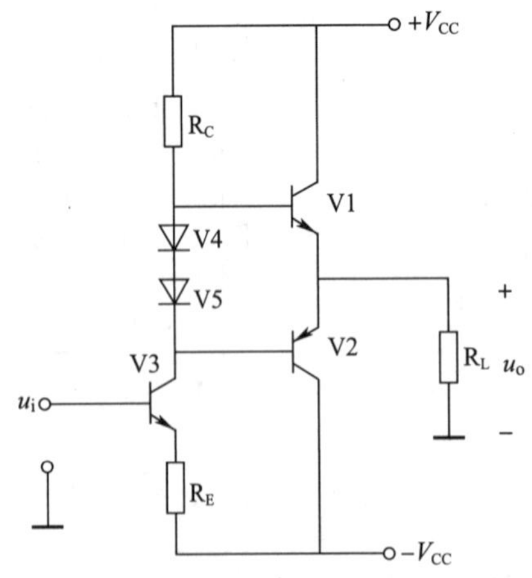

图 2-3-6　实用 OCL 电路

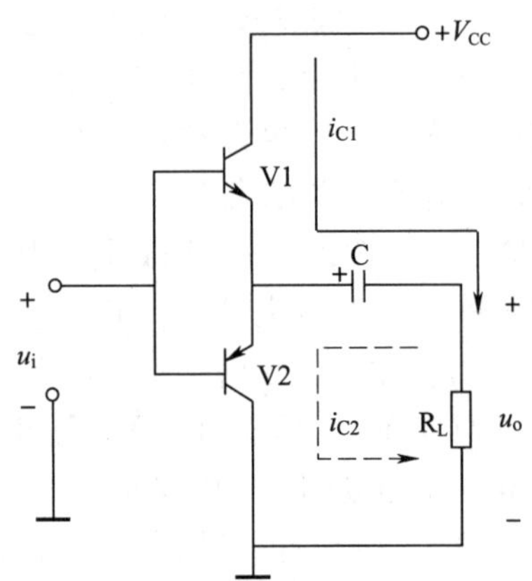

图 2-3-7　OTL 功率放大电路

该电路的工作原理与乙类双电源互补对称功率放大器的工作原理相似，在输入信号 u_i 的正半周期，V1 导通、V2 截止，V1 的集电极电流 i_{C1} 方向如图 2-3-7 中实线所示，使负载获得正半周期输出信号。

在 u_i 的负半周期，V1 截止、V2 导通，V2 的集电极电流 i_{C2} 方向如图 2-3-7 中虚线所示，使负载获得负半周期输出信号。两个三极管用射极输出形式轮流放大正、负半周信号，以实现双向跟随放大。

该电路工作在乙类放大状态，不可避免地存在着交越失真。为克服这一缺点，多采用工作在甲乙类放大状态的实用 OTL 电路，如图 2-3-8 所示。

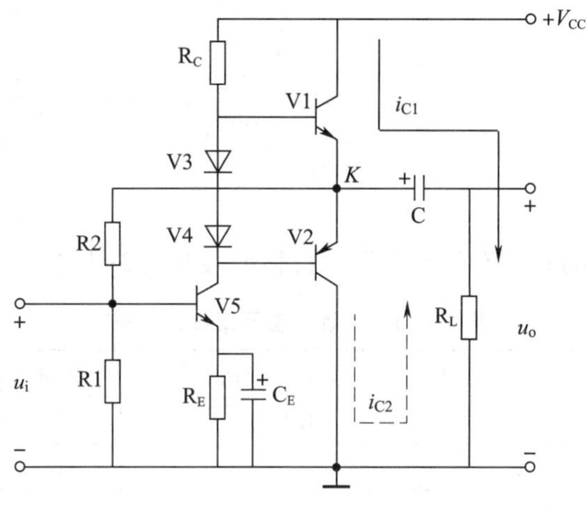

图 2-3-8 实用 OTL 电路

电路利用两个二极管 V3、V4 的正向电压降为两个功放互补管 V1、V2 提供正向偏置电压，V5 为前置级（偏置电路未画出）。静态时，由于电路对称，V1、V2 两管静态电流相等，因而负载 R_L 上无静态电流通过，输出电压 $u_o=0$。动态时，可使放大器的输出在零点附近仍能基本得到线性放大，克服了交越失真。

四、扬声器的检测方法

检测扬声器性能的具体方法有以下两种：

1. 将一节干电池两端连上两根导线，然后用这两根导线断续触碰扬声器的两个引出端，如图 2-3-9 所示。扬声器应发出“喀喀”声，如不发声，则说明扬声器已坏。

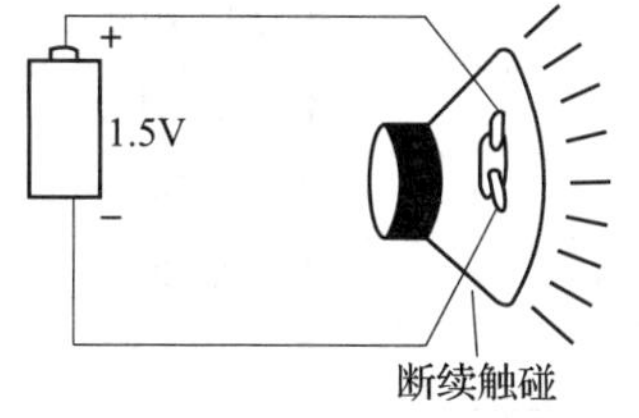

图 2-3-9 用电池判断扬声器性能意图

2. 用万用表检测扬声器性能的方法如图 2-3-10 所示。将万用表转换开关置于 R×1 挡，把任意一支表笔与扬声器的任一引出端相接，用另一支表笔断续触碰扬声器另一引出端，此时扬声器应发出“喀喀”声，指针亦相应摆动。如触碰时扬声器不发声，指针也不摆动，说明扬声器内部音圈断路或引线断裂。

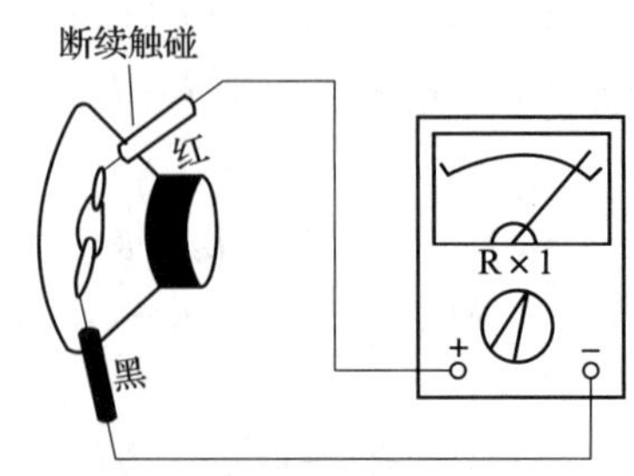

图 2-3-10　用万用表检测扬声器性能示意图

任务实施

一、任务准备

实施本任务所使用的实训设备及工具、材料可参考表 2-3-1。

表 2-3-1　实训设备及工具、材料

序号	名称	型号、规格	数量	单位	备注
1	万用表	MF47 型	1	台	
2	常用电子组装工具		1	套	
3	双踪示波器		1	台	
4	毫伏表		1	台	
5	毫安表		1	台	
6	低频信号发生器		1	台	
7	直流稳压电源		1	台	
8	碳膜电阻器 R1	310 Ω	1	个	
9	碳膜电阻器 R_{C1}	650 Ω	1	个	
10	碳膜电阻器 R_{B1}	3. 3 kΩ	1	个	
11	碳膜电阻器 R_{B2}	2. 4 kΩ	1	个	
12	电位器 RP1	10 kΩ	1	个	
13	电位器 RP2	1 kΩ	1	个	
14	扬声器（电阻为 R_L）	8 Ω	1	个	
15	碳膜电阻器 R_{E1}	100 Ω	1	个	
16	二极管 V1	1N4001	1	个	
17	三极管 V2	9014	1	个	
18	三极管 V3	TIP41	1	个	
19	三极管 V4	TIP42	1	个	

续表

序号	名称	型号、规格	数量	单位	备注
20	电解电容器 C1	1 000 μF/16 V	1	个	
21	电解电容器 C2	10 μF/16 V	1	个	
22	电解电容器 C3、C_{E1}	100 μF/16 V	2	个	
23	万能电路板		1	块	
24	镀锡裸铜丝	ϕ0. 5 mm	若干	米	
25	焊料、助焊剂		若干		

二、电路装配

1. 电路元器件布置图的确定

本任务的元器件布置示意图如图 2-3-11 所示。

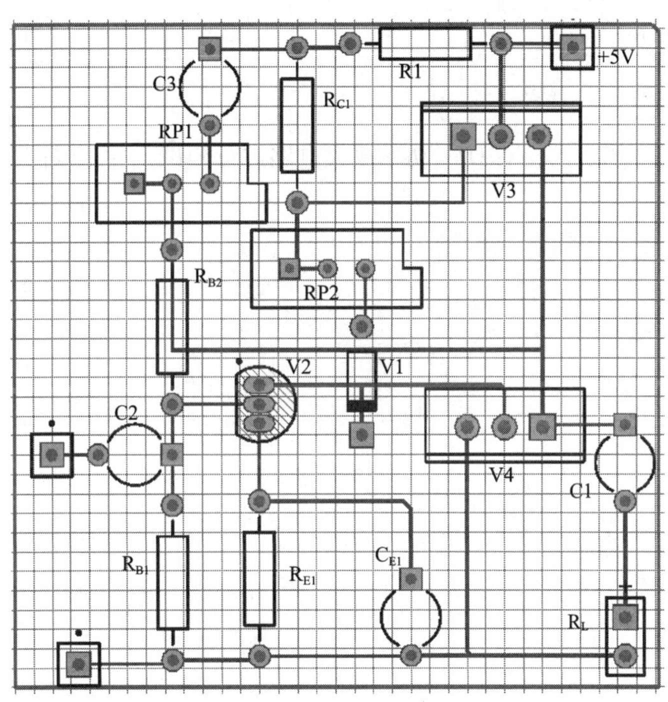

图 2-3-11　元器件布置示意图

2. 元器件的检测

对电路中使用的元器件进行检测与筛选。

3. 元器件的成型

将所用元器件按插装工艺要求进行成型。

4. 元器件的插装焊接

依据图 2-3-11 所示的元器件布置示意图，按照装配工艺要求进行元器件的插装焊接。

5. 镀锡裸铜丝的焊接

根据电路原理图和元器件布置示意图进行镀锡裸铜丝的焊接。

6. 焊接检查

焊接结束后，应检查电路有无漏焊、错焊、虚焊等问题。检查时可用尖嘴钳或镊子将每个元器件拉动一下，查看有无松动，如有松动应重新焊接。

三、通电前的检查

电路安装完毕后，必须在不通电的情况下，对电路板进行认真细致的检查，以便纠正安装错误。检查中应注意以下几个问题：

1. 元器件引脚之间有无短路。
2. 电解电容器的极性是否接反。
3. 三极管引脚是否接错。
4. 扬声器是否接错。

四、电路测试

根据学生用书中的要求，对 OTL 功率放大电路进行测试，并记录测试结果。

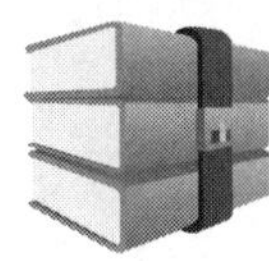

课题三　集成运算应用电路的装配与调试

任务 1　比例运算电路的装配与调试

学习目标

1. 掌握集成运算放大器的基本结构和符号。
2. 了解集成运算放大器的主要参数。
3. 熟悉理想集成运算放大器的参数和基本特性。
4. 掌握集成运算放大器的基本运算电路。
5. 能正确完成比例运算电路的装配与调试，并能独立排除调试过程中出现的故障。

任务引入

集成运算放大器是一种具有高放大倍数的直接耦合放大器。比例运算电路（简称比例运放）、加法运算电路及微积分电路是集成运算放大器的线性应用电路，也是直流调速系统的重要组成单元，其应用非常广泛。图 3-1-1 所示是比例运算应用电路图，其焊接装配实物图如图 3-1-2 所示。

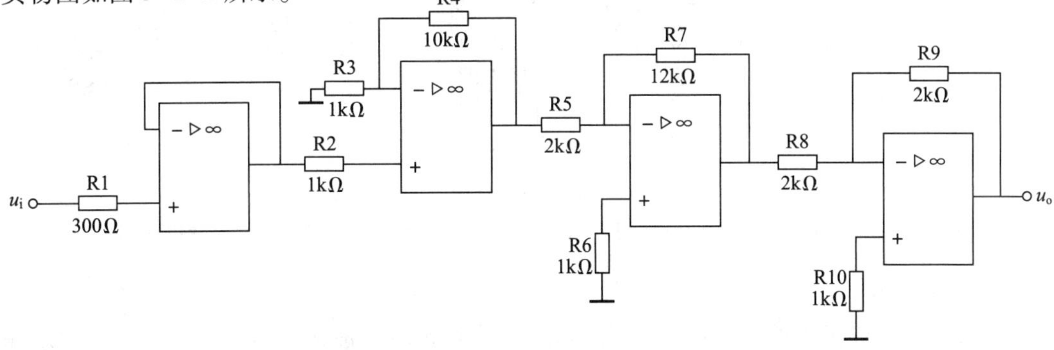

图 3-1-1　比例运算应用电路图

本任务的主要内容为：根据给定的技术指标，按照电路图装配并调试比例运算电路，同时能独立解决调试过程中出现的故障。

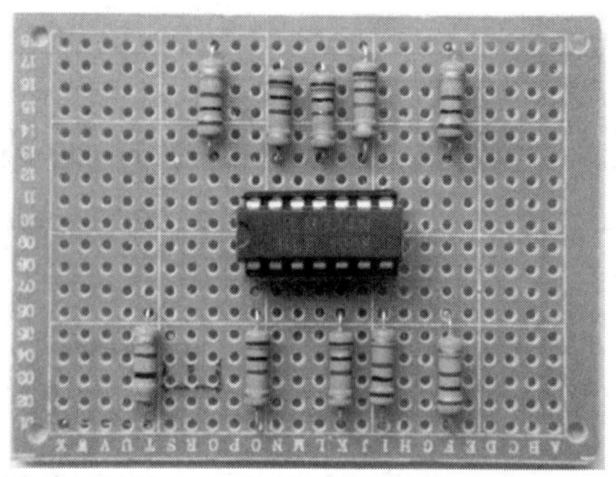

图 3-1-2　比例运算应用电路焊接装配实物图

相关知识

集成运算放大器是一种模拟集成电路，由于早期主要用于计算机的各种数学运算，故通常将集成运算放大器简称为运算放大器。随着集成工艺的不断发展，集成运算放大器的应用范围也越来越广泛，除了用于数学运算，还广泛应用于仪器仪表等电子设备及自动化系统中。

一、集成运算放大器的基本结构与符号

1. 集成运算放大器的基本结构

集成运算放大器实际上是一个高增益的带有深度负反馈的多级直接耦合放大器。图 3-1-3 所示为常见集成运算放大器的外形。集成运算放大器的种类很多，电路各不相同，但其内部结构相似，通常都由四部分组成，即输入级、中间级、输出级和偏置电路。图 3-1-4 所示为集成运算放大器的组成框图。

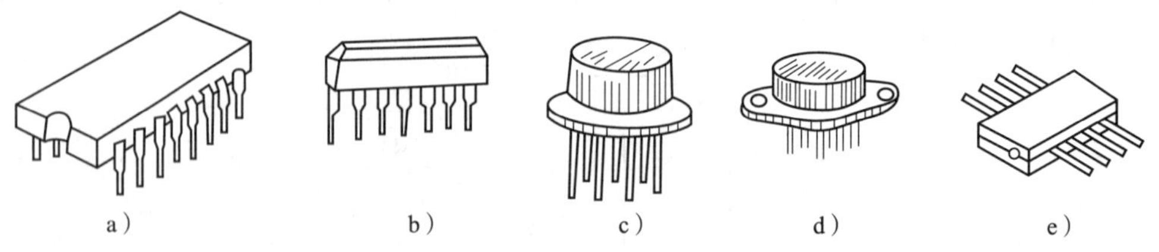

图 3-1-3　常见集成运算放大器的外形

a）双列直插式封装　b）单列直插式封装　c）TO-5 型封装　d）F 型封装　e）陶瓷扁平式封装

（1）输入级

输入级是集成运算放大器最关键的一级，其直接影响集成运算放大器的性能，要求输

入级电阻尽可能高，静态电流尽量小。

（2）中间级

中间级的作用是使集成运算放大器具有较强的放大能力，要求中间级有足够大的电压放大倍数，一般可达千倍以上。

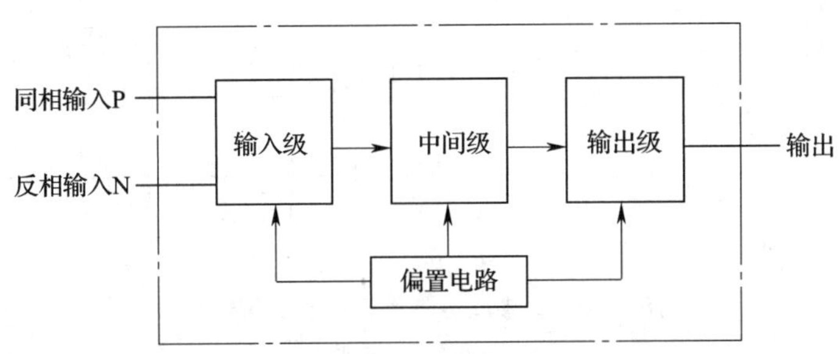

图 3-1-4　集成运算放大器的组成框图

（3）输出级

输出级直接与负载相接，为功率放大级。一般要求输出级具有输出电压线性范围大、输出电阻小、失真小等特点，通常采用互补对称输出电路。

（4）偏置电路

偏置电路决定整个电路的直流工作状态，用于为各级提供合适的静态工作点。

2. 集成运算放大器的符号

集成运算放大器的图形符号如图 3-1-5 所示，理想集成运算放大器的图形符号如图 3-1-6 所示。它有两个输入端，其中“+”为同相输入端，表示集成运算放大器的输出信号与该输入端所加信号极性相同；“-”为反相输入端，表示集成运算放大器的输出信号与该输入端所加信号极性相反。“▷”表示放大器，三角所指方向为信号的传输方向。图 3-1-5 中的“A_{uo}”表示开环差模电压放大倍数，图 3-1-6 中的“∞”表示理想开环差模电压放大倍数为无穷大。

图 3-1-5　集成运算放大器的图形符号　　图 3-1-6　理想集成运算放大器的图形符号

实际的集成运算放大器除了上述三个接线端子以外，还有电源端、调零端、相位补偿端等，它们对分析没有影响，故略去不画。

3. 集成运算放大器的引脚排列

集成运算放大器的引脚排列因型号而异，使用时参考相关产品手册。CF741 与 LM324 都是双列直插式集成运算放大器，其引脚排列如图 3-1-7 所示，其中 LM324 是由 4 个独立的通用型集成运算放大器集成在一起组成的。

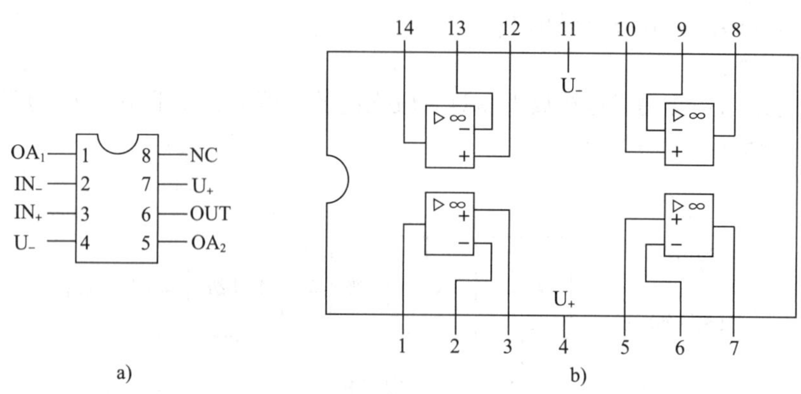

图 3-1-7　集成运算放大器的引脚排列

a）CF741　b）LM324

二、集成运算放大器的主要参数

集成运算放大器的主要参数是选择和使用集成运算放大器的依据，因此了解各项参数的含义是非常必要的。

1. 开环差模电压放大倍数 A_{uo}

A_{uo} 是集成运算放大器在开环（无外加反馈）状态下的输出电压与输入差模信号电压的比值。A_{uo} 越大，元器件的性能越稳定，其运算精度也越高。

2. 输入失调电压 U_{io}

理想情况下，集成运算放大器的输入级完全对称，能够实现输入电压为零时输出电压亦为零。然而，实际上当输入电压为零时输出电压并不为零，若在输入端外加一个适当的补偿电压使输出电压为零，则外加的补偿电压称为输入失调电压。U_{io} 越小越好，高质量的集成运算放大器的 U_{io} 可达 1 mV 以下。另外，U_{io} 的大小还受温度的影响。

3. 输入失调电流 I_{io}

I_{io} 表示当输入信号为零时，两输入端静态基极电流之差，所以 I_{io} 越小越好。另外，I_{io} 的大小还受温度的影响。

4. 输入偏置电流 I_B

I_B 为常温下输入信号为零时，两输入端静态基极电流的平均值，即 $I_B=(I_{B1}+I_{B2})/2$。它是衡量输入端输入电流绝对值大小的标志。一般为几百纳安，高质量的为几纳安。

5. 差模输入电阻 r_{id}

r_{id} 是集成运算放大器两输入端之间的动态电阻，它能衡量两输入端从输入信号源索取电流的大小。此值越大，向信号源索取的电流越小，运算精度越高。

6. 开环输出电阻 r_o

r_o 是集成运算放大器开环工作时，从输出端看进去的等效电阻。此值越小，说明集成运算放大器带负载的能力越强。

7. 共模抑制比 K_{CMR}

共模抑制比是差模电压放大倍数与共模电压放大倍数之比，该值越大越好。

8. 最大差模输入电压 U_{idm}

U_{idm} 是指同相输入端和反相输入端之间所能承受的最大电压值。所加电压若超过此值，则可能使输入级的三极管反向击穿。

9. 最大共模输入电压 U_{icm}

U_{icm} 是集成运算放大器在线性工作范围内所能承受的最大共模输入电压。若超过此值，则集成运算放大器会出现 K_{CMR} 下降、失去差模放大能力等问题。高质量的集成运算放大器的 U_{icm} 可达正、负十几伏。

三、理想集成运算放大器的参数及基本特性

在分析集成运算放大器组成的各种电路时，常将实际集成运算放大器作为理想运算放大器来处理，不仅简化了分析过程，而且结果与实际情况相差很小。

1. 理想集成运算放大器的参数

集成运算放大器理想化的条件是：

（1）开环差模电压放大倍数 $A_{uo}\to\infty$ 。

（2）差模输入电阻 $r_{id}\to\infty$ 。

（3）开环输出电阻 $r_o\to 0$。

（4）共模抑制比 $K_{CMR}\to\infty$ 。

（5）无失调现象，即当输入信号为零时，输出信号也为零。

（6）上限截止频率 $f_H\to\infty$ 。

本书所涉及的集成运算放大器均按理想状态考虑。

2. 理想集成运算放大器的电压传输特性

集成运算放大器的输出电压随输入电压的变化而变化的特性称为电压传输特性，通常用电压传输特性曲线来表示，如图 3-1-8 所示。由图可知，电压传输特性曲线分为线性放大区和非线性饱和区两部分。在线性放大区，输出电压 u_o 随输入电压 u_i 的变化而变化，曲线的斜率为集成运算放大器的开环差模电压放大倍数，即 $u_o=A_{uo}(u_+-u_-)$；在非线性饱和区，输出电压只有两种情况，正向饱和电压 $+U_{om}$ 和负向饱和电压 $-U_{om}$。

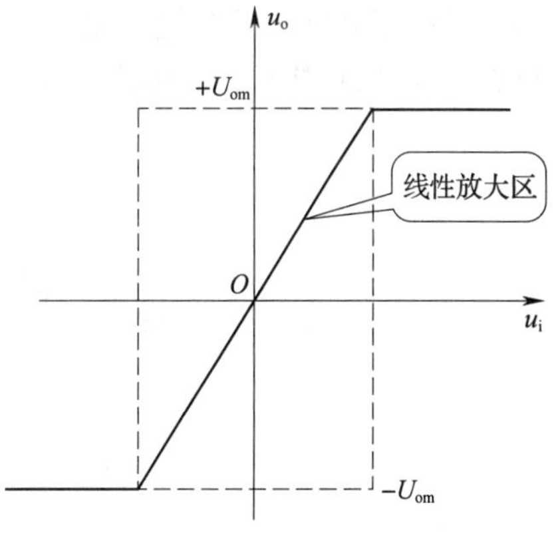

图 3-1-8　电压传输特性曲线

当集成运算放大器工作在线性放大区时，可以组成各种运算电路，如比例运算电路、加法运算电路、减法运算电路及微分、积分电路等。

当理想集成运算放大器引入深度负反馈时，其工作在线性放大区，特性如下：

（1）同相输入端与反向输入端电位相等

由于理想集成运算放大器的 $A_{uo}\to\infty$ ，而 u_o 为限值，故由式 $u_o=A_{uo}(u_+-u_-)$ 可知：

$$u_{+}-u_{-}=0$$

即：

$$u_{+}=u_{-}$$

集成运算放大器两个输入端电位相等称为虚短。虚短的意思是，虽然 $u_{+}=u_{-}$，但集成运算放大器的两个输入端并没有真正短路。

（2）同相输入端与反相输入端的输入电流为零

理想集成运算放大器的 $r_{id}=\to\infty$，且 $r_{id}=\dfrac{u_i}{i_i}$（i_i 为同相及反相输入电流），所以 $i_i=0$，即：

$$i_{i+}=i_{i-}=0$$

此结论称为虚断。虚断是指集成运算放大器两个输入端的输入电流趋近于零，而不是输入端真的断开。

四、集成运算放大器的基本运算电路

集成运算放大器外加不同的反馈网络（反馈电路），可以实现比例、加法、减法、积分、微分、对数、指数等多种运算，这里主要介绍比例、加法、减法运算。由于对模拟量进行上述运算时，要求输出信号反映输入信号的某种运算结果，这就要求输出电压在一定范围内随输入电压的变化而变化，故集成运算放大器应工作在线性放大区，电路中必须引入深度负反馈。

1. 比例运算电路

（1）反相比例运算电路

反相比例运算电路又称为反相输入放大器，其电路如图 3-1-9 所示。它实际上是一个深度的电压并联负反馈放大器。输入信号 u_i 经电阻 R1 加至集成运算放大器反相输入端，反馈支路由 R_f 构成，将输出电压 u_o 反馈至反相输入端。

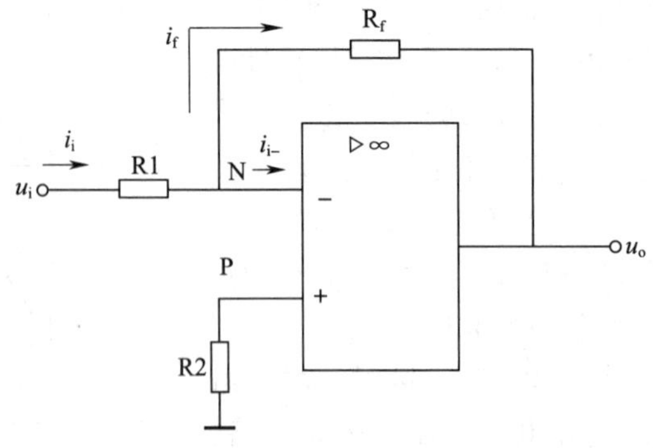

图 3-1-9　反相比例运算电路

由于理想集成运算放大器的 $i_{i+}=i_{i-}=0$，所以 R2 上无电压降，即 $u_{+}=0$。再由于 $u_{+}=u_{-}$，所以 $u_{-}=0$。也就是说，反相端也为地电位，但反相端并未直接接地，故称为虚地。虚地是反相比例运算电路的重要特征。

在反相比例运算电路中，由 $u_-=0$ 可得：

$$i_f=\frac{u_- - u_o}{R_f}=-\frac{u_o}{R_f}$$

由 $i_{i-}=0$ 得：

$$i_i=i_f$$

以及

$$i_i=\frac{u_i - u_-}{R_1}=\frac{u_i}{R_1}$$

所以

$$\frac{u_i}{R_1}=-\frac{u_o}{R_f}$$

$$u_o=-\frac{R_f}{R_1}u_i$$

或

$$\frac{u_o}{u_i}=-\frac{R_f}{R_1}$$

上式表明，集成运算放大器的输出电压与输入电压成反比例关系，比例系数仅取决于 R_f 与 R_1 的比值，而与集成运算放大器本身的参数无关。改变 R_1 与 R_f 的比值，就可以方便地改变这个比例系数。式中的负号表示输出电压与输入电压反相。当选取 $R_f=R_1$ 时有：

$$\frac{u_o}{u_i}=-\frac{R_f}{R_1}=-1$$

即输出电压与输入电压大小相等、相位相反，这种电路被称为反相器。

电路中的电阻 R2 是为了保持集成运算放大器电路静态平衡而设置的，即保持当输入电压为零时，输出电压亦为零。将 R2 称为平衡电阻，要求 $R_2=R_1//R_f$。

（2）同相比例运算电路

同相比例运算电路又称为同相输入放大器，其基本电路如图 3-1-10 所示。它实际上是一个深度的电压串联负反馈放大器。输入电压 u_i 经电阻 R2 加至集成运算放大器同相输入端，输出电压 u_o 经反馈电阻 R_f 与 R1 分压，取 R1 上的电压作为反馈电压加到反相输入端。

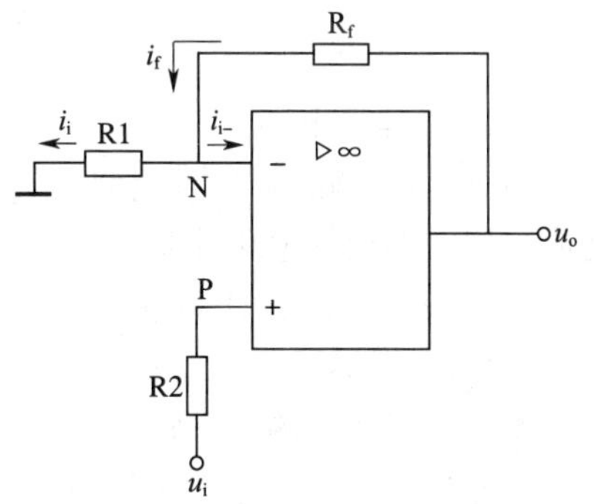

图 3-1-10　同相比例运算电路

由虚断可知：

$$i_{i+}=i_{i-}=0$$

故

$$i_i=i_f$$

由虚短及 $i_{i+}=0$ 得：

$$u_-=u_+=u_i$$

由图 3-1-10 可列出方程

$$i_i=\frac{u_- - 0}{R_1}=\frac{u_i}{R_1}$$

$$i_f=\frac{u_o-u_-}{R_f}=\frac{u_o-u_i}{R_f}$$

两者相等并整理得：

$$u_o=\left(1+\frac{R_f}{R_1}\right)u_i$$

或

$$\frac{u_o}{u_i}=1+\frac{R_f}{R_1}$$

上式表明，集成运算放大器的输出电压与输入电压之间成正比例关系，比例系数仅取决于 R_f 和 R_1 的比值，而与集成运算放大器本身的参数无关。输出电压与输入电压的比值为正值，表明输出电压与输入电压同相。当 $R_f=0$（反馈电阻短路）和（或）$R_1=\infty$（反相输入端电阻开路）时，$u_o=u_i$，输出电压等于输入电压，这种集成运算放大电路称为电压跟随器，它是同相输入放大器的特例，电压跟随器的符号如图 3-1-11 所示。

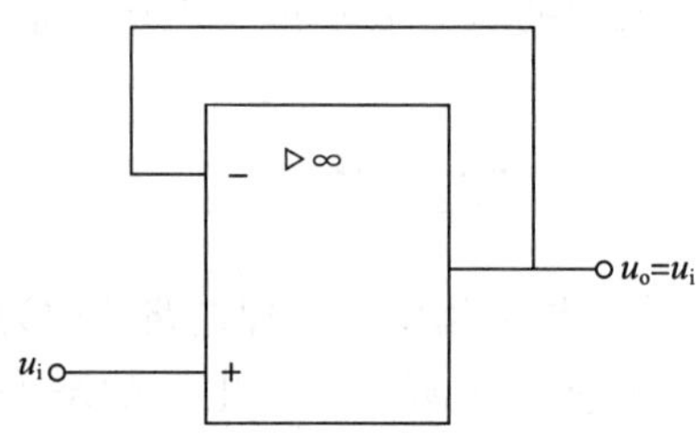

图 3-1-11　电压跟随器的符号

2. 加法运算电路

加法运算电路可分为同相加法运算电路和反相加法运算电路。它是在反相比例运算电路或同相比例运算电路的基础上，增加几条输入支路而形成的电路。

（1）反相加法运算电路

反相加法运算电路如图 3-1-12 所示。与反相比例运算电路相比，该反相加法运算电路只是增加了两个输入支路。为满足电路平衡要求，平衡电阻 $R_4=R_1//R_2//R_3//R_f$。根据集成运算放大器反相输入端虚断可知，$i_f=i_1+i_2+i_3$；而根据集成运算放大器反相运算时反相输入端虚地可得，$u_-=0$。因此，由图可得：

$$-\frac{u_o}{R_f}=\frac{u_{i1}}{R_1}+\frac{u_{i2}}{R_2}+\frac{u_{i3}}{R_3}$$

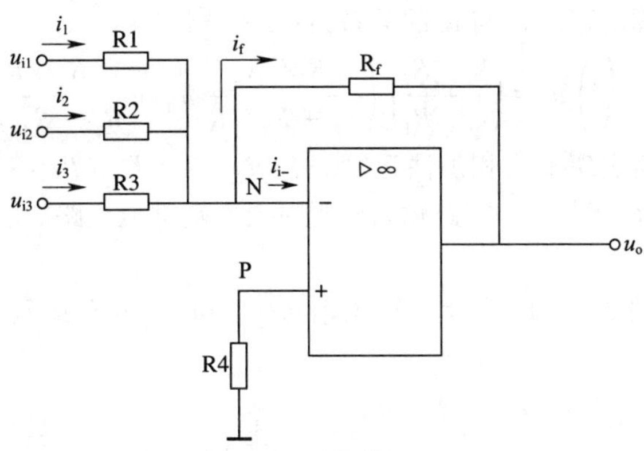

图 3-1-12　反相加法运算电路

故可求得输出电压为：

$$u_o = -R_f\left(\frac{u_{i1}}{R_1} + \frac{u_{i2}}{R_2} + \frac{u_{i3}}{R_3}\right)$$

由上式可见，电路实现了反相加法运算。若 $R_f = R_1 = R_2 = R_3$，则 $u_o = -(u_{i1} + u_{i2} + u_{i3})$。相加的输入信号数目可以增至 5～6 个。这种电路在调节某一支路输入电阻时并不影响其他支路的输出，调节方便，应用较多。

（2）同相加法运算电路

同相加法运算电路如图 3-1-13 所示。它是同相输入端有两个输入信号的加法电路，是利用同相比例运算电路实现的。

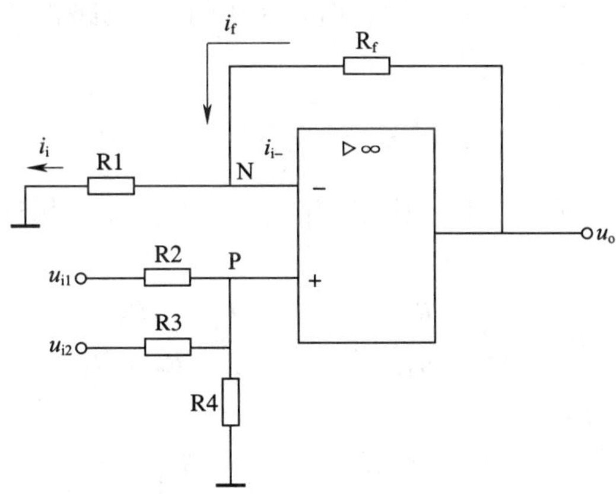

图 3-1-13　同相加法运算电路

为了使直流电阻平衡，要求：

$$R_2//R_3//R_4 = R_1//R_f$$

根据叠加原理可求 u_+，即：

$$u_+ = \frac{R_3//R_4}{R_2 + R_3//R_4}u_{i1} + \frac{R_2//R_4}{R_3 + R_2//R_4}u_{i2}$$

根据同相比例运算电路，u_o 与 u_+ 的关系为：

$$u_o=\left(1+\frac{R_f}{R_1}\right)u_+=\left(1+\frac{R_f}{R_1}\right)\left(\frac{R_3//R_4}{R_2+R_3//R_4}u_{i1}+\frac{R_2//R_4}{R_3+R_2//R_4}u_{i2}\right)$$

由上式可见，电路实现了同相加法运算。若 $R_2=R_3=R_4$，$R_f=2R_1$，则上式可简化为 $u_o=u_{i1}+u_{i2}$。这种电路在调节某一支路输入电阻时会影响其他支路的输出，调节不便。

3. 减法运算电路

减法运算电路如图 3-1-14 所示。输入信号 u_{i1} 和 u_{i2} 分别加至反相输入端和同相输入端。

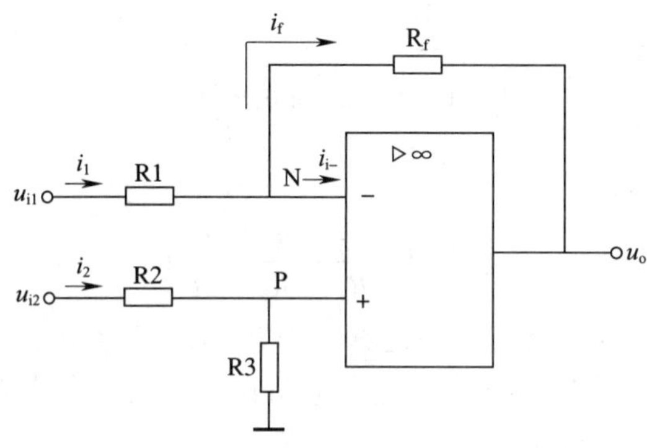

图 3-1-14　减法运算电路

该电路可根据虚短和虚断的特点，应用叠加原理，结合同、反相比例运算电路已有的结论进行分析。首先，假设 u_{i1} 单独作用，而 $u_{i2}=0$，此时电路相当于一个反相比例运算电路，可得 u_{i1} 产生的输出电压 u_{o1} 为：

$$u_{o1}=-\frac{R_f}{R_1}u_{i1}$$

再假设 u_{i2} 单独作用，而 $u_{i1}=0$，则电路相当于一个同相比例运算电路，可求得 u_{i2} 产生的输出电压 u_{o2} 为：

$$u_{o2}=\left(1+\frac{R_f}{R_1}\right)u_+=\left(1+\frac{R_f}{R_1}\right)\frac{R_3}{R_2+R_3}u_{i2}$$

由此可求得总输出电压为：

$$u_o=u_{o1}+u_{o2}=-\frac{R_f}{R_1}u_{i1}+\left(1+\frac{R_f}{R_1}\right)\frac{R_3}{R_2+R_3}u_{i2}$$

当 $R_1=R_2$，$R_f=R_3$ 时，则有：

$$u_o=\frac{R_f}{R_1}(u_{i2}-u_{i1})$$

当 $R_f=R_1$ 时，$u_o=u_{i2}-u_{i1}$，从而实现了减法运算。

任务实施

一、任务准备

实施本任务所使用的实训设备及工具、材料可参考表 3-1-1。

表 3-1-1　实训设备及工具、材料

序号	名称	型号、规格	数量	单位	备注
1	万用表	MF47 型	1	台	
2	常用电子组装工具		1	套	
3	双踪示波器		1	台	
4	毫伏表		1	台	
5	低频信号发生器		1	台	
6	直流稳压电源		1	台	
7	碳膜电阻器 R1	300 Ω	1	个	
8	碳膜电阻器 R2、R3、R6、R10	1 kΩ	4	个	
9	碳膜电阻器 R4	10 kΩ	1	个	
10	碳膜电阻器 R5、R8、R9	2 kΩ	3	个	
11	碳膜电阻器 R7	12 kΩ	1	个	
12	集成运算放大器 IC	LM324	1	个	
13	集成电路插座	14 脚	1	个	
14	万能电路板		1	块	
15	镀锡裸铜丝	ϕ0. 5 mm	若干	米	
16	焊料、助焊剂		若干		

二、电路装配

1. 电路元器件布置图的确定

本任务的元器件布置示意图如图 3-1-15 所示。

2. 元器件的检测

对电路中使用的元器件进行检测与筛选。集成运算放大器 LM324 的检测方法为：用万用表 R×1 k 挡测量芯片任一引脚与接地端之间的正、反向电阻，不应为 0 或无穷大，否则表明芯片已经损坏或性能变差。

3. 元器件的成型

将所用元器件按插装工艺要求进行成型。

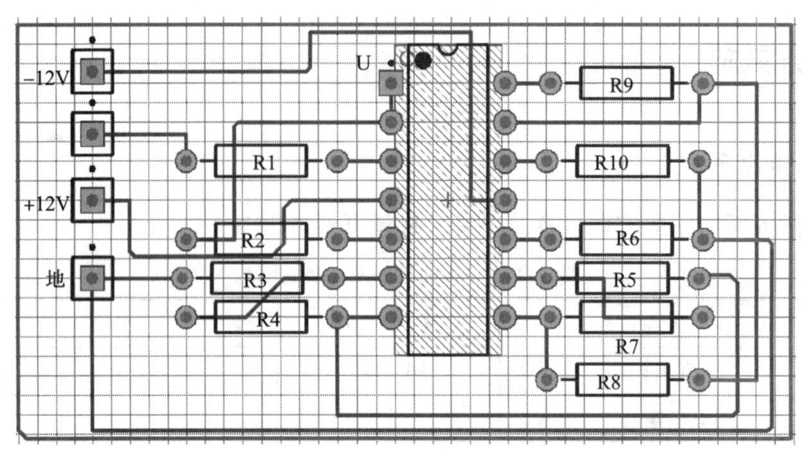

图 3-1-15　元器件布置示意图

4. 元器件的插装焊接

按顺序在万能焊接电路板上插装元器件。一般先插装集成运算放大器的管座，再按顺序从左到右、从上到下插装电阻。

集成电路的插装和分立元器件的插装方法大体一致，只是集成电路的引脚数目相对较多，因此在对集成电路进行插装或焊接时，需要更加仔细。

插装集成电路时，直接对照电路板的插孔将其插入即可，如图 3-1-16 所示。

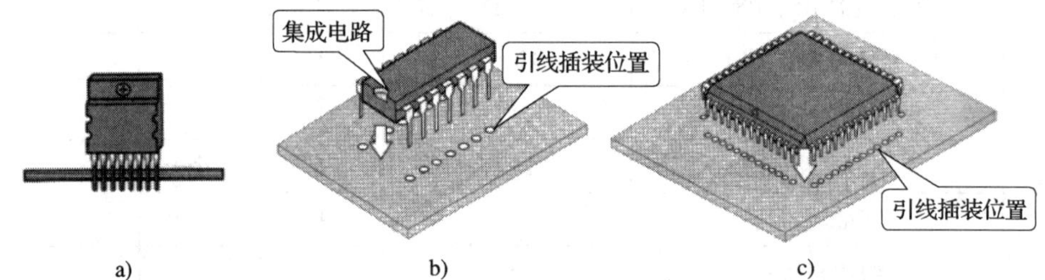

图 3-1-16　集成电路的插装

a）单列直插式　b）双无直插式　c）四列直插式

为了使集成电路更好地散热，可以在集成电路的底部安装一个集成电路插座，通过集成电路插座对集成电路进行固定。

在对集成电路进行焊接时，同样要遵循焊接操作要领，图 3-1-17 所示为集成电路的焊接方法。

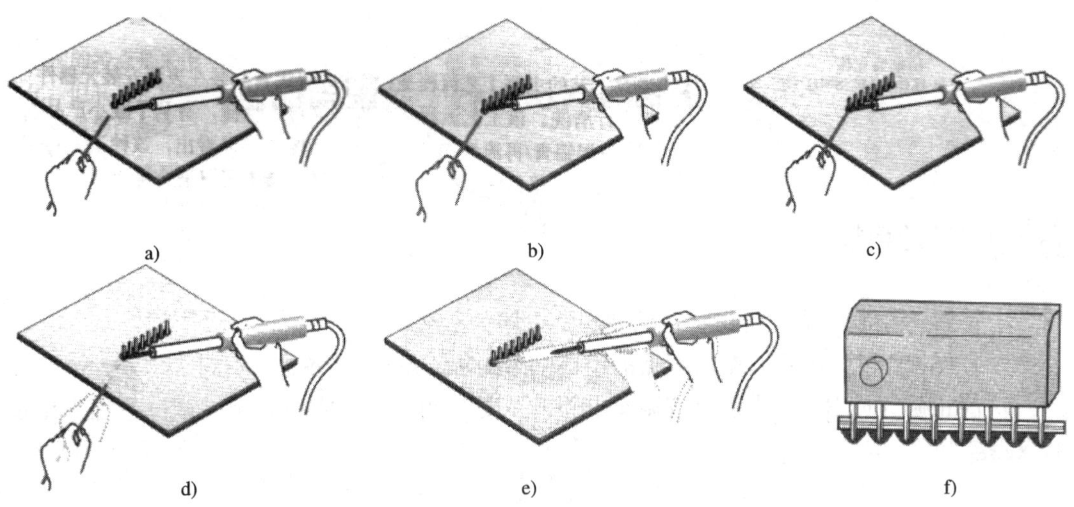

图 3-1-17　集成电路的焊接方法

a）准备施焊　b）加热焊件　c）熔化焊料　d）移开焊锡丝　e）撤离电烙铁　f）焊接完成

焊接集成电路引脚时，注意焊接时间不能超过 2 s，且不能出现引脚粘连现象。

5. 镀锡裸铜丝的焊接

根据电路原理图和元器件布置示意图进行镀锡裸铜丝的焊接。

6. 焊接检查

焊接结束后，应检查电路有无漏焊、错焊、虚焊等问题。检查时可用尖嘴钳或镊子将每个元器件拉动一下，查看有无松动，如有松动应重新焊接。

三、通电前的检查

电路安装完毕后，必须在不通电的情况下，对电路板进行认真细致的检查，以便纠正安装错误。检查中应注意以下几个问题：

1. 元器件引脚之间有无短路。
2. 集成运算放大器引脚是否接错，用万用表欧姆挡检查引脚有无短路、开路等问题。
3. 集成运算放大器输出端、电源端和接地端之间有无短路。

四、电路测试

根据学生用书中的要求，对比例运算电路进行测试，并记录测试结果。

知识拓展

扫描右侧二维码，可了解微分运算电路和积分运算电路。

任务2 正弦信号发生器的装配与调试

学习目标

1. 了解正弦波振荡的概念和正弦波振荡电路的组成。

2. 掌握 RC 桥式正弦波振荡电路的组成和 RC 串、并联网络的选频特性。

3. 能正确完成 RC 桥式正弦波振荡电路的装配与调试，并能独立排除调试过程中出现的故障。

任务引入

在电子工程、通信工程、自动控制、遥测控制、测量仪器仪表等技术领域，经常需要用到各种各样的信号波形发生器，如正弦波、三角波、方波等。随着集成电路的迅速发展，用集成电路可以很方便地组成各种信号波形发生器，与其他信号波形发生器相比，其波形质量、幅度、频率稳定性等性能指标都有了很大的提高。图 3-2-1 所示的 RC 桥式正弦波振荡电路就是用集成电路构成正弦波信号发生器的典型电路，其焊接装配实物图如图 3-2-2 所示。

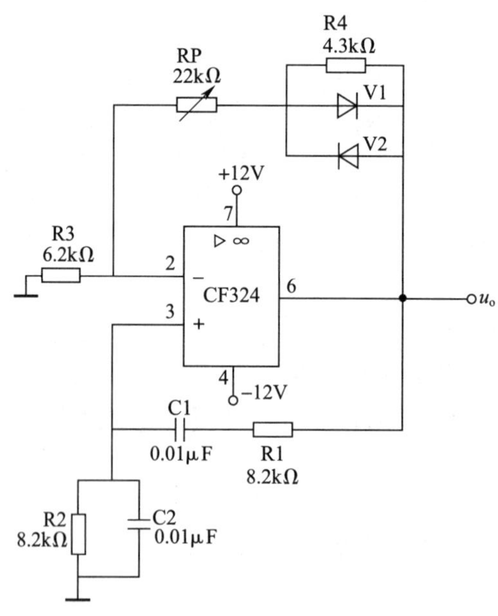

图 3-2-1 RC 桥式正弦波振荡电路图

本任务的主要内容为：根据给定的技术指标，按照电路图装配并调试正弦信号发生器电路，同时能独立解决调试过程中出现的故障。

图 3-2-2　RC 桥式正弦波振荡电路焊接装配实物图

相关知识

一、正弦波振荡的概念

在没有输入信号的情况下，放大电路接通电源就有稳定的正弦波信号输出，这种电路称为正弦波振荡电路。

二、正弦波振荡电路的组成

正弦波振荡电路一般由放大电路、反馈电路、选频电路和稳幅电路四部分组成。

1. 放大电路

放大电路是维持振荡电路连续工作的主要环节，没有放大电路，就不可能产生持续的振荡。要求放大电路必须有能量供给、结构合理、静态工作点适当且具有放大作用。

2. 反馈电路

反馈电路的作用是形成反馈（主要是正反馈）信号，使电路产生自激振荡。

3. 选频电路

选频电路的主要作用是保证电路能产生单一频率的振荡信号，一般情况下这个频率就是振荡电路的振荡频率。很多振荡电路中的选频电路和反馈电路结合在一起。

4. 稳幅电路

稳幅电路的主要作用是使振荡信号幅值稳定，以实现稳幅振荡。

三、RC 桥式正弦波振荡电路

1. 电路组成

集成运算放大器构成的 RC 桥式正弦波振荡电路如图 3-2-1 所示。在图中，RC 串、并联网络构成正反馈支路，同时兼作选频电路（由于 RC 串、并联网络构成一个四臂电桥，所以称为 RC 桥式正弦波振荡电路），R3、R4、RP 及二极管等元器件构成负反馈和稳幅电路。调整 RP 可以改变负反馈深度，以满足振荡的振幅平衡条件并改善波形。

2. RC 串、并联网络的选频特性

将图 3-2-1 中的 RC 串、并联网络单独画出，如图 3-2-3a 所示。假定幅度恒定的正弦信号电压 u_o 从 A、C 两端输入，反馈电压 u_f 从 B、C 两端输出，分析电路的幅频特性和相频特性。

（1）反馈电压的幅频特性

反馈电压的幅值随输入信号的频率变化而变化的特性称为幅频特性。当输入信号频率较低时，电容 C1、C2 的容抗均很大，在 R1、C1 串联部分，$\frac{1}{2\pi fC_1}$（C1 的容抗）$\gg R_1$，因此 R1 可忽略；在 R2、C2 并联部分，$\frac{1}{2\pi fC_2}\gg R_2$，因此 C2 可忽略。图 3-2-3a 所示电路的低频等效电路如图 3-2-3b 所示，频率越低，C1 容抗越大，R2 分压越小，反馈电压越小。

当输入信号频率较高时，电容 C1、C2 的容抗均很小。在 R1、C1 串联部分，$R_1\gg\frac{1}{2\pi fC_1}$，因此 C1 可忽略；在 R2、C2 并联部分，$R_2\gg\frac{1}{2\pi fC_2}$，因此 R2 可忽略。图 3-2-3a 所示电路的高频等效电路如图 3-2-3c 所示，频率越高，C2 容抗越小，C2 分压越小，反馈电压越小。

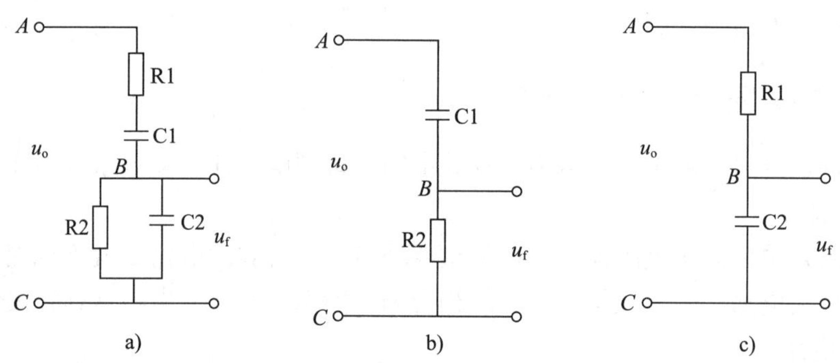

图 3-2-3　RC 串、并联网络及等效电路
a）RC 串、并联网络　b）低频等效电路　c）高频等效电路

RC 串、并联网络的幅频特性曲线如图 3-2-4 所示。从图中可以看出，在谐振频率 f_0 处，U_f 与 U_o 的比值最大，为$\frac{1}{3}$。

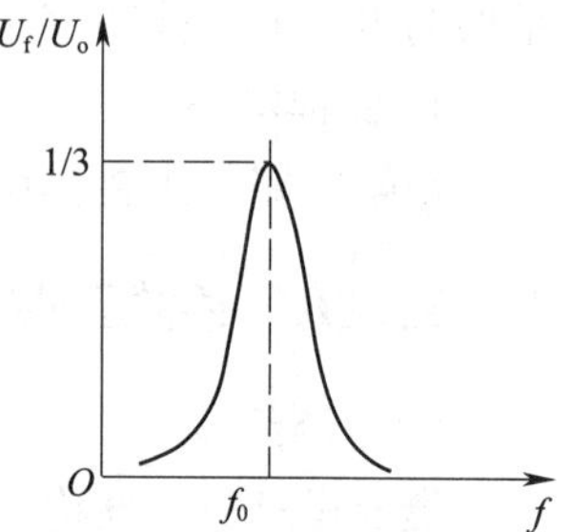

图 3-2-4　RC 串、并联网络的幅频特性曲线

（2）反馈电压的相频特性

由以上分析可知，当信号频率低到接近于零时，C1、C2 容抗很大，低频等效电路接近纯电容电路，电路中电流的相位将超前输入电压的相位 90°。因此，反馈电压的相位也将超前输入电压的相位 90°。随着信号频率的升高，相位角 φ 相应减小，当频率升高到谐振频率 f_0 时，相位角减小到零，

反馈电压与输入电压同相位。当信号频率升高到接近于无限大时，C1、C2 容抗很小，高频等效电路接近纯电阻电路，电路中的电流与输入电压同相位。因此，反馈电压的相位将滞后输入电压的相位 90°。将反馈电压与输入电压之间的相位差随频率的变化而变化的关系称为 RC 串、并联网络的相频特性，其相频特性曲线如图 3-2-5 所示。

从上述分析可以得出结论：只要为 RC 串、并联选频网络匹配一个电压放大倍数为 3 的放大电路，就可以构成正弦波振荡电路。考虑到起振条件，所选放大电路的电压放大倍数应略大于 3。

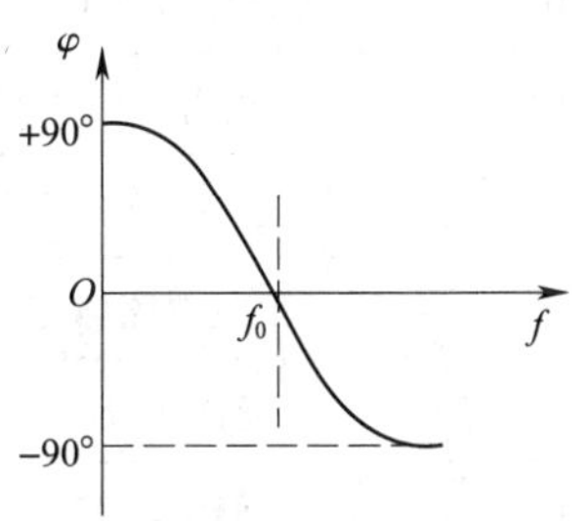

图 3-2-5 RC 串、并联网络的相频特性曲线

图 3-2-1 中，当 $R_1=R_2=R$，$C_1=C_2=C$ 时，RC 串、并联网络的谐振频率 f_0 为：

$$f_0=\frac{1}{2\pi RC}$$

振荡电路起振的幅值条件为：

$$1+\frac{R_F}{R_3}\geqslant 3，即\frac{R_F}{R_3}\geqslant 2$$

式中，$R_F=R_P+R_4//r_o$，r_o 为二极管正向导通电阻。

改变选频电路的参数 C 或 R，即可调节谐振频率。一般改变参数 C 进行谐振频率的粗调，改变参数 R 进行谐振频率的细调。

任务实施

一、任务准备

实施本任务所使用的实训设备及工具、材料可参考表 3-2-1。

表 3-2-1 实训设备及工具、材料

序号	名称	型号、规格	数量	单位	备注
1	万用表	MF47 型	1	台	
2	常用电子组装工具		1	套	
3	双踪示波器		1	台	
4	毫伏表		1	台	
5	直流稳压电源		1	台	
6	碳膜电阻器 R1、R2	8.2 kΩ	2	个	
7	碳膜电阻器 R3	6.2 kΩ	1	个	
8	碳膜电阻器 R4	4.3 kΩ	1	个	

续表

序号	名称	型号、规格	数量	单位	备注
9	电位器 RP	22 kΩ	1	个	
10	无极性电容器 C1、C2	0.01 μF	2	个	
11	二极管 V1、V2	1N4007	2	个	
12	集成运算放大器 IC	CF324	1	个	
13	集成电路插座	8 脚	1	个	
14	万能电路板		1	块	
15	镀锡裸铜丝	ϕ0.5 mm	若干	米	
16	焊料、助焊剂		若干		

二、电路装配

1. 电路元器件布置图的确定

本任务的元器件布置示意图如图 3-2-6 所示。

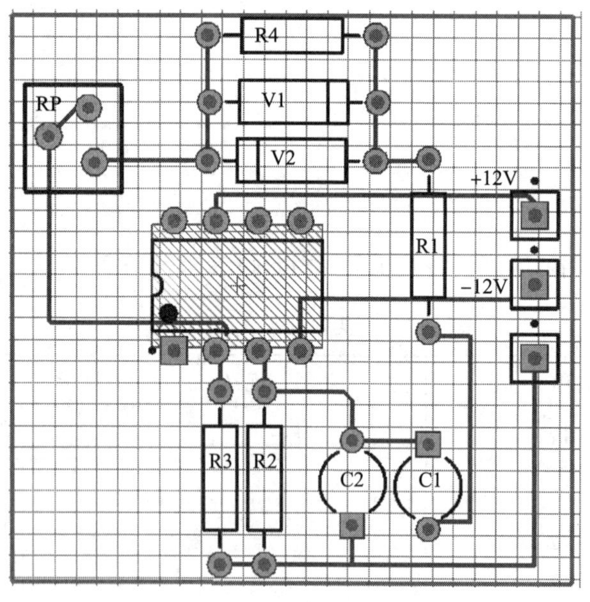

图 3-2-6　元器件布置示意图

2. 元器件的检测

对电路中使用的元器件进行检测与筛选。

3. 元器件的成型

将所用元器件按插装工艺要求进行成型。

4. 元器件的插装焊接

依据图 3-2-6 所示的元器件布置示意图，按照装配工艺要求进行元器件的插装焊接。

5. 镀锡裸铜丝的焊接

根据电路原理图和元器件布置示意图进行镀锡裸铜丝的焊接。

6. 焊接检查

焊接结束后，应检查电路有无漏焊、错焊、虚焊等问题。检查时可用尖嘴钳或镊子将每个元器件拉动一下，查看有无松动，如有松动应重新焊接。

三、通电前的检查

电路安装完毕后，必须在不通电的情况下，对电路板进行认真细致的检查，以便纠正安装错误。检查中应注意以下几个问题：

1. 元器件引脚之间有无短路。
2. 集成运算放大器引脚是否接错，用万用表欧姆挡检查引脚有无短路、开路等问题。
3. 集成运算放大器输出端、电源端和接地端之间有无短路。

四、电路测试

根据学生用书中的要求，对 RC 桥式正弦波振荡电路进行测试，并记录测试结果。

任务 3 矩形波—三角波发生器的装配与调试

学习目标

1. 掌握过零比较器和滞回比较器的工作原理及特点。
2. 了解矩形波—三角波发生器的作用、电路组成及工作原理。
3. 能正确完成矩形波—三角波发生器电路的装配与调试，并能独立排除调试过程中出现的故障。

任务引入

当集成运算放大器工作在非线性区域时，可以组成电压比较电路。电压比较电路又称为电压比较器，它是函数信号发生器电路不可缺少的组成部分。图 3-3-1 所示为用电压比较电路构成的矩形波—三角波发生器，其电路焊接装配实物图如图 3-3-2 所示。

本任务的主要内容为：根据给定的技术指标，按照原理图装配并调试矩形波—三角波发生器电路，同时能独立解决调试过程中出现的故障。

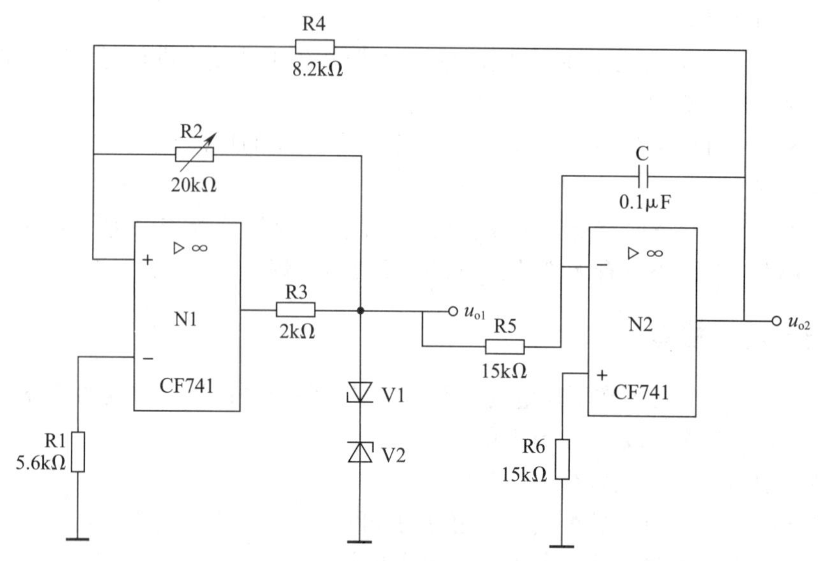

图 3-3-1　矩形波—三角波发生器电路图

图 3-3-2　矩形波—三角波发生器电路焊接装配实物图

相关知识

一、电压比较器

电压比较器能将输入电压与一个参考电压相比较，它能够鉴别输入电压的相对大小，常用于超限报警、模数转换、非正弦波产生等电路中。

集成运算放大器组成电压比较器时，常工作在开环状态。为了提高比较精度，又常在电路中引入正反馈。

1. 过零比较器

过零比较器是以 0 V 为参考电压的比较器，其电路如图 3-3-3a 所示。同相输入端接地，输入信号经电阻 R1 加至反相输入端，图中的 V1、V2 是稳压二极管。若不加稳压二极管，在理想情况下，当 $u_i>0$ 时，$u_o=-U_{om}$；当 $u_i<0$ 时，$u_o=+U_{om}$，$+U_{om}$ 和 $-U_{om}$ 分别是集成运算放大器的正、负向输出的饱和电压。接入稳压二极管的目的是将输出电压钳位在某个特定值，以满足对比较器输出电压的要求。此时，电路的输入—输出关系如图 3-3-3b 所示，其中 U_Z 为稳压二极管的稳定电压，U_D 为稳压二极管的正向导通管压降。

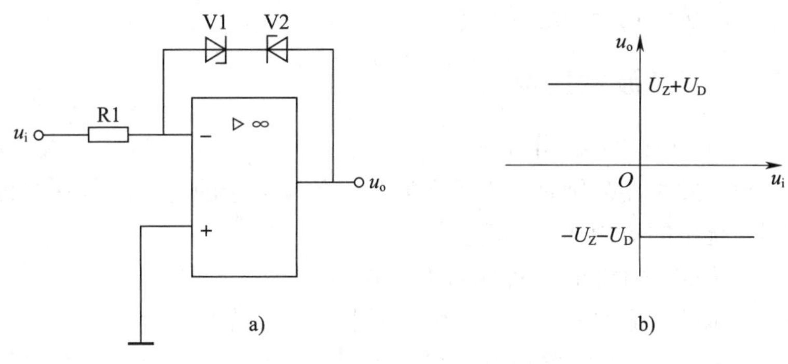

图 3-3-3　过零比较器

a）电路图　b）输入—输出关系

过零比较器的抗干扰能力较差，特别是当输入电压处于参考电压附近时，零点漂移或干扰会使输出电压在正、负最大值之间来回变化，从而造成错误输出。

2. 滞回比较器

滞回比较器也称为迟滞比较器，电路如图 3-3-4a 所示。它将输出电压经电阻反馈到同相输入端，使同相输入端的电位随输出电压的变化而变化，从而达到改变过零点的目的。

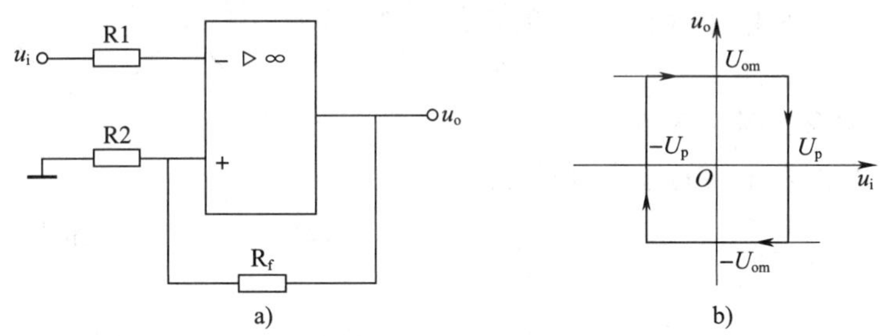

图 3-3-4　滞回比较器

a）电路图　b）输入—输出关系

当输出电压为$+U_{om}$ 时，门限电压用 U_P 表示：

$$U_P=\frac{R_2}{R_2+R_f}U_{om}$$

当 u_i 从小于 U_P 增大为大于或等于 U_P 时，输出电压立即从$+U_{om}$ 变为$-U_{om}$。

当输出电压为$-U_{om}$时，门限电压为：

$$-U_P=\frac{R_2}{R_2+R_f}(-U_{om})$$

当u_i从大于$-U_P$减小到小于或等于$-U_P$时，输出电压立即从$-U_{om}$变为$+U_{om}$。

可见，输出电压由正变负和由负变正，其参考电压是两个不同的值（U_P和$-U_P$），这就使比较器具有滞回特性，输入—输出关系具有迟滞回线的形状，如图3-3-4b所示。两个参考电压之差（$2U_P$）称为回差电压。改变电阻R2或R_f的阻值，就可以改变回差电压。回差电压越大，抗干扰能力越强。

二、矩形波—三角波发生器

1. 矩形波—三角波发生器的作用

矩形波和三角波发生器分别是产生矩形波和三角波信号的电路，是一个信号源，在计算机和自动控制系统中的应用非常广泛。

2. 矩形波—三角波发生器的电路组成及工作原理

由图3-3-1所示的矩形波—三角波发生器的电路图可知，矩形波—三角波发生器是由具有滞回特性的电压比较器和反相积分器组成的。比较器的输入信号就是积分器的输出电压u_{o2}，而比较器的输出电压u_{o1}又是积分器的输入信号。比较器产生矩形波，积分器产生三角波。其中，N1、R1、R2、R3和V1、V2构成具有滞回特性的电压比较器，N1工作在非线性区，稳压二极管起稳定输出电压的作用，N1输出矩形波信号，其幅值等于稳压二极管的稳定电压；N2、C、R5和R6构成反相积分器，N2工作在线性区，输出三角波信号。矩形波—三角波发生器的工作波形如图3-3-5所示。

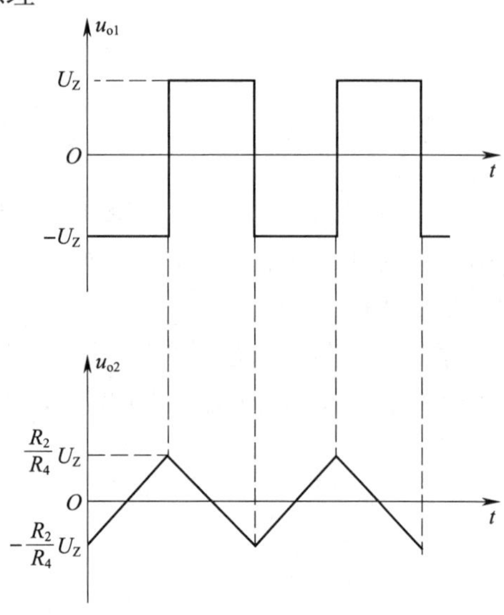

图3-3-5　矩形波—三角波发生器的工作波形

矩形波—三角波发生器的振荡周期为：

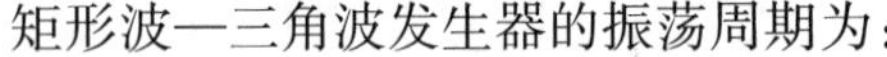

$$T=\frac{4R_4}{R_2}R_5C$$

由上式可知，改变R_4与R_2的比值或R_5C（充放电电路的时间常数）的值，就可以改变输出电压的频率。此外，改变积分电路的输入电压值也可以改变输出电压的频率。

任务实施

一、任务准备

实施本任务所使用的实训设备及工具、材料可参考表3-3-1。

表 3-3-1 实训设备及工具、材料

序号	名称	型号、规格	数量	单位	备注
1	万用表	MF47 型	1	台	
2	常用电子组装工具		1	套	
3	双踪示波器		1	台	
4	毫伏表		1	台	
5	直流稳压电源	正、负双电源	1	台	
6	碳膜电阻器 R1	5.6 kΩ	1	个	
7	电位器 R2	20 kΩ	1	个	
8	碳膜电阻器 R3	2 kΩ	1	个	
9	碳膜电阻器 R4	8.2 kΩ	1	个	
10	碳膜电阻器 R5、R6	15 kΩ	2	个	
11	无极性电容器 C	0.1 μF	1	个	
12	集成运算放大器 N1、N2	CF741	2	个	
13	稳压二极管 V1、V2	2CW53	2	个	
14	集成电路插座	8 脚	2	个	
15	万能电路板		1	块	
16	镀锡裸铜丝	ϕ0.5 mm	若干	米	
17	焊料、助焊剂		若干		

二、电路装配

1. 电路元器件布置图的确定

本任务的元器件布置示意图如图 3-3-6 所示。

2. 元器件的检测

对电路中使用的元器件进行检测与筛选。

3. 元器件的成型

将所用元器件按插装工艺要求进行成型。

4. 元器件的插装焊接

依据图 3-3-6 所示的元器件布置示意图，按照装配工艺要求进行元器件的插装焊接。

5. 镀锡裸铜丝的焊接

根据电路原理图和元器件布置示意图进行镀锡裸铜丝的焊接。

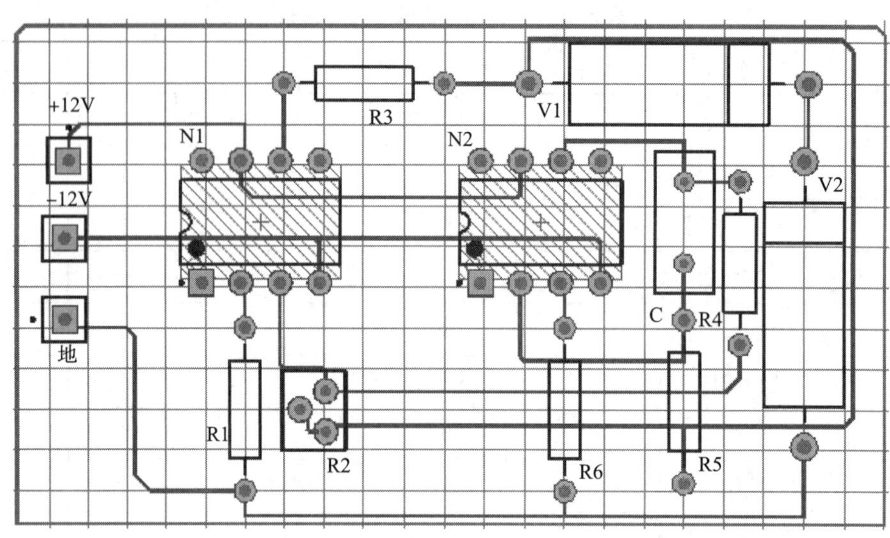

图 3-3-6　元器件布置示意图

6. 焊接检查

焊接结束后，应检查电路有无漏焊、错焊、虚焊等问题。检查时可用尖嘴钳或镊子将每个元器件拉动一下，查看有无松动，如有松动应重新焊接。

三、通电前的检查

电路安装完毕后，必须在不通电的情况下，对电路板进行认真细致的检查，以便纠正安装错误。检查中应注意以下几个问题：

1. 元器件引脚之间有无短路。
2. 集成运算放大器引脚是否接错，用万用表欧姆挡检查引脚有无短路、开路等问题。
3. 集成运算放大器输出端、电源端和接地端之间有无短路。

四、电路测试

根据学生用书中的要求，对矩形波—三角波发生器电路进行测试，并记录测试结果。

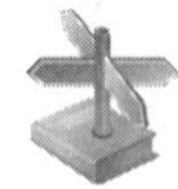

知识拓展

扫描右侧二维码，可了解集成运算放大器调零和使用过程中的保护相关知识。

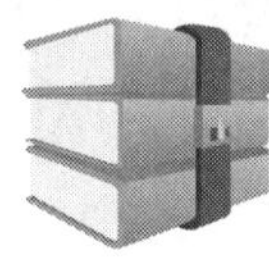

课题四　晶闸管应用电路的装配与调试

任务1　单结晶体管触发电路的装配与调试

学习目标

1. 熟悉单结晶体管的结构、工作原理、型号等基础知识。

2. 熟悉单结晶体管振荡电路和单结晶体管触发电路。

3. 能正确完成单结晶体管触发电路的装配与调试，并能独立排除调试过程中出现的故障。

任务引入

单结晶体管又称为双基极二极管，是一种在生产和生活中有着广泛应用的半导体元器件。图4-1-1所示是一个以单结晶体管为主要元器件的触发电路图，该电路的焊接装配实物图如图4-1-2所示。

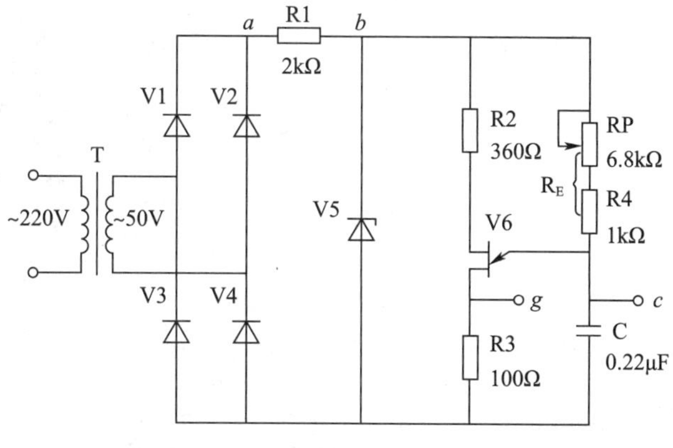

图4-1-1　单结晶体管触发电路图

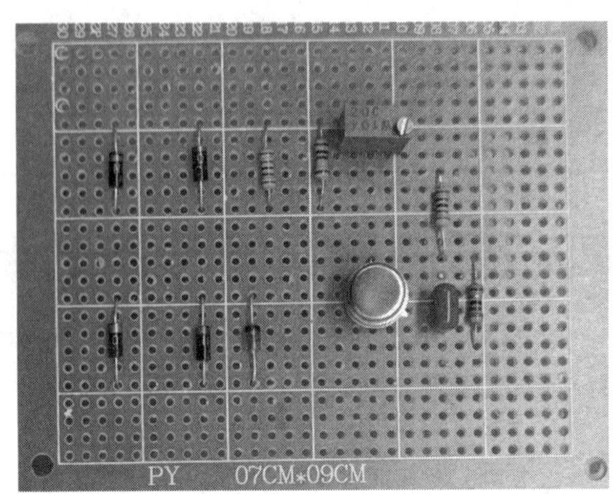

图 4-1-2　单结晶体管触发电路焊接装配实物图

本任务的主要内容为：根据给定的技术指标，按照电路图装配并调试单结晶体管触发电路，同时能独立解决调试过程中出现的故障。

相关知识

一、单结晶体管

1. 单结晶体管的结构、图形符号、等效电路和外形

在一块高电阻率的 N 型硅半导体基片的两端引出两个电极，分别为第一基极 B1 和第二基极 B2。在两个基极之间靠近 B2 处掺入 P 型杂质，并从 P 型区引出电极，称为发射极 E。这样具有三个电极、一个 PN 结的半导体元器件称为单结晶体管，其结构、等效电路、图形符号及外形如图 4-1-3 所示。

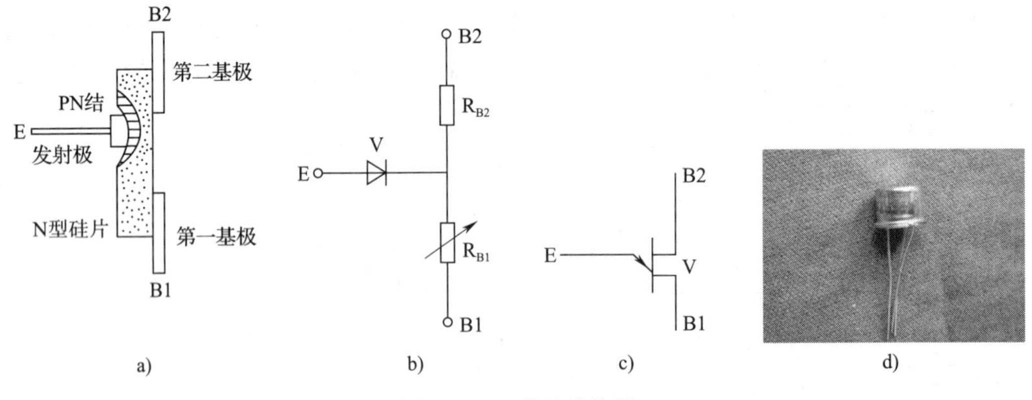

图 4-1-3　单结晶体管

a）结构　b）等效电路　c）图形符号　d）外形

2. 单结晶体管的工作原理

图 4-1-4 所示是单结晶体管的实验电路，V 接通时两个基极之间的电压 U_{BB} 由 R_{B1}、

R_{B2} 分压，单结晶体管内部 A 点电压为：

$$U_A=\frac{R_{B1}}{R_{B1}+R_{B2}}U_{BB}=\eta U_{BB}$$

式中，η 为单结晶体管的分压比，由内部结构决定，通常为 0.3~0.9。

单结晶体管的伏安特性曲线如图 4-1-5 所示。

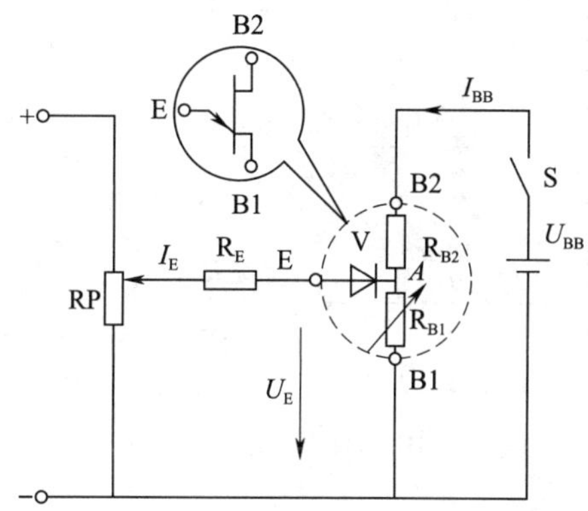

图 4-1-4　单结晶体管的实验电路

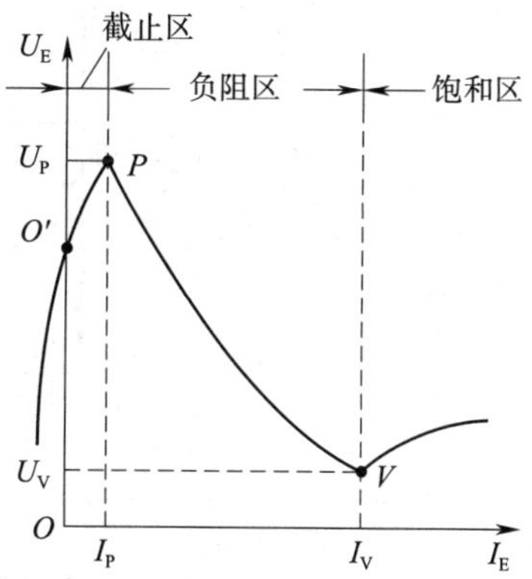

图 4-1-5　单结晶体管的伏安特性曲线

当 $U_E<U_A$ 时，PN 结反向截止，单结晶体管也截止，对应曲线中 P 点以前的区域，称为截止区。

当 $U_E \geqslant U_A$ 时，PN 结正向导通，I_E 显著增加，R_{B1} 阻值迅速减小，U_E 相应下降。电压随电流增加反而下降的特性，称为负阻特性。单结晶体管由截止区进入负阻区的临界点 P 称为峰点，与其对应的发射极电压和电流分别称为峰点电压 U_P 和峰点电流 I_P，其中 $U_P=\eta U_{BB}+U_D$，U_D 为二极管正向压降（约为 0.7 V）。

随着 I_E 上升，U_E 下降，当降到 V 点后，U_E 不再下降，V 点称为谷点，与其对应的发射极电压和电流称为谷点电压 U_V 和谷点电流 I_V。

过 V 点后，单结晶体管又恢复正阻特性，即 U_E 随 I_E 增加而缓慢上升，但变化很小，所以谷点右边的区域称为饱和区。显然，U_V 是维持单结晶体管导通的最小发射极电压，如果 $U_E<U_V$，单结晶体管会重新截止。

综上所述，单结晶体管具有以下特点：当发射极电压等于峰点电压 U_P 时，单结晶体管导通。导通后，发射极电压 U_E 减小，当发射极电压 U_E 减小到谷点电压 U_V 时，单结晶体管又由导通转变为截止。单结晶体管的谷点电压一般为 2 ~ 5 V。

3. 单结晶体管的型号

单结晶体管的型号有 BT31、BT33、BT35 等。其中，B 表示半导体，T 表示特种管，第 1 个数字“3”表示 3 个电极，第 2 个数字表示单结晶体管的耗散功率分别为 100 mW、300 mW、500 mW。

4. 单结晶体管的检测方法

单结晶体管的具体检测方法如下：

（1）将万用表的转换开关置于 R×1 k 挡，用万用表红表笔接 E 端，黑表笔接 B1 端，测量 E—B1 间的电阻，如图 4-1-6 所示。再将万用表黑表笔接 B2 端，红表笔接 E 端，测量 B2—E 间的电阻，如图 4-1-7 所示。若单结晶体管质量良好，则两次测量的电阻阻值均应为无穷大。

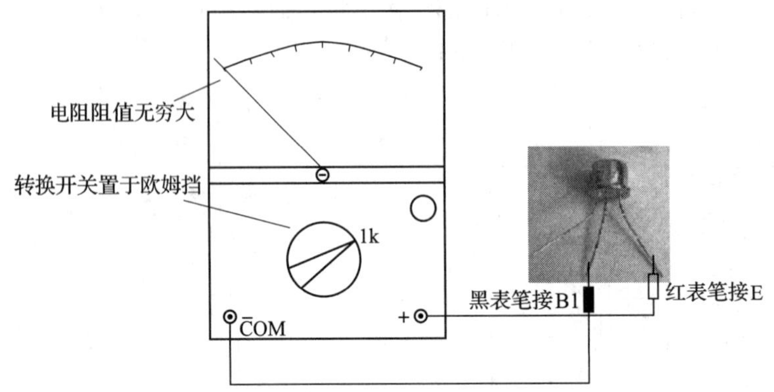

图 4-1-6　万用表红表笔接 E 端、黑表笔接 B1 端测量

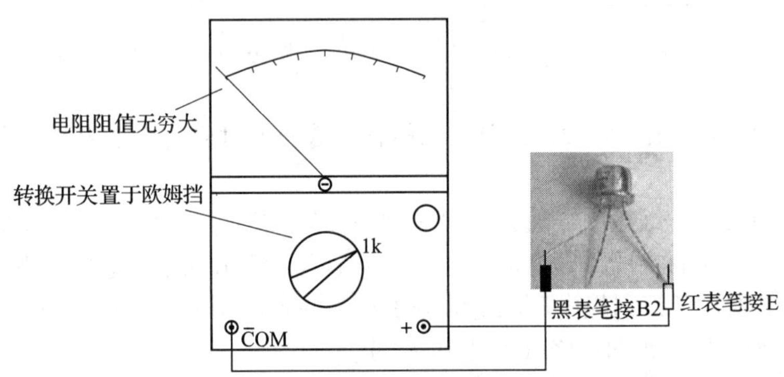

图 4-1-7　万用表红表笔接 E 端、黑表笔接 B2 端测量

（2）将万用表黑表笔接 E 端，红表笔接 B1 端，测量 B1—E 间的电阻，如图 4-1-8 所示。再将万用表黑表笔接 E 端，红表笔接 B2 端，测量 B2—E 间的电阻，如图 4-1-9 所示。若单结晶体管质量良好，则两次测量的电阻阻值均较小，通常为几十千欧，且 $R_{B1}>R_{B2}$。

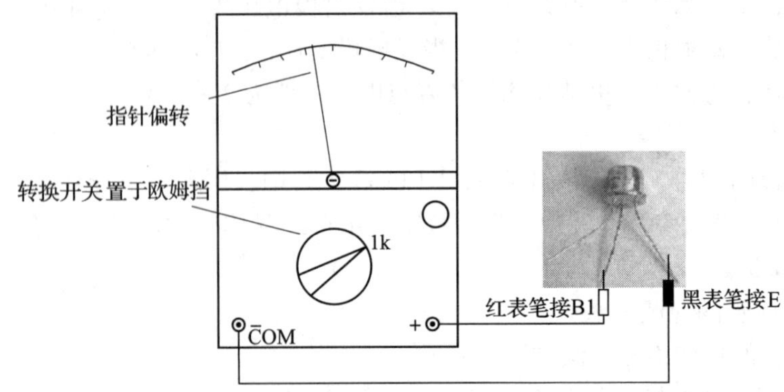

图 4-1-8　万用表黑表笔接 E 端、红表笔接 B1 端测量

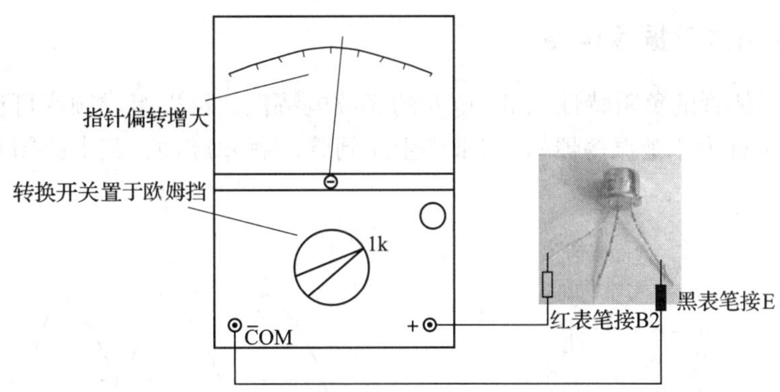

图 4-1-9　万用表黑表笔接 E 端、红表笔接 B2 端测量

（3）将万用表红表笔接 B1 端，黑表笔接 B2 端，测量 B1—B2 间的电阻，如图 4-1-10 所示。再将万用表红、黑表笔对调，若单结晶体管质量良好，则 B1—B2 间电阻 R_{BB} 应为固定值，指针偏转角度应不变，如图 4-1-11 所示。

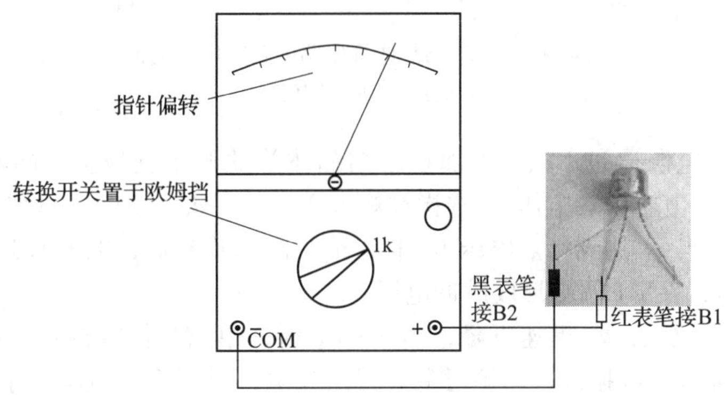

图 4-1-10　万用表红表笔接 B1 端、黑表笔接 B2 端测量

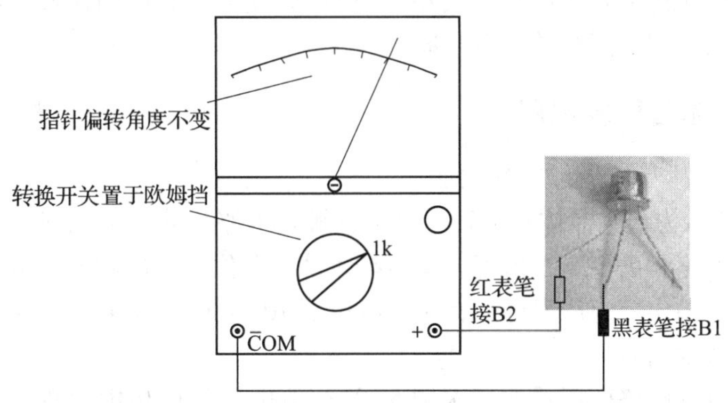

图 4-1-11　万用表黑表笔接 B1 端、红表笔接 B2 端测量

二、单结晶体管振荡电路

利用单结晶体管的负阻特性和 RC 电路的充放电特性，可以组成频率可调的单结晶体管振荡电路（也称为张弛振荡器），用来产生晶闸管的触发脉冲，其电路图和电压波形如图 4-1-12 所示。

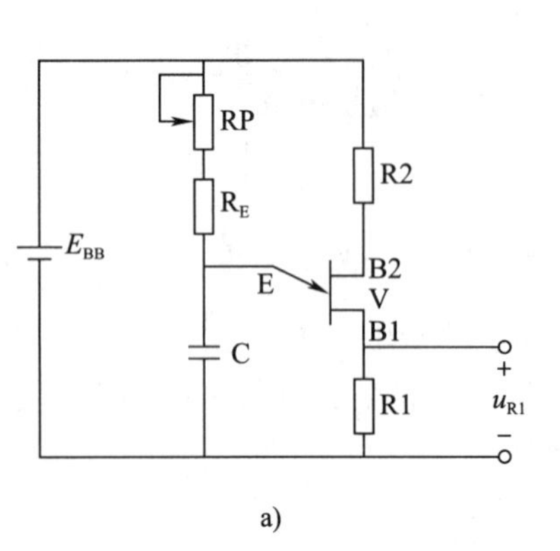

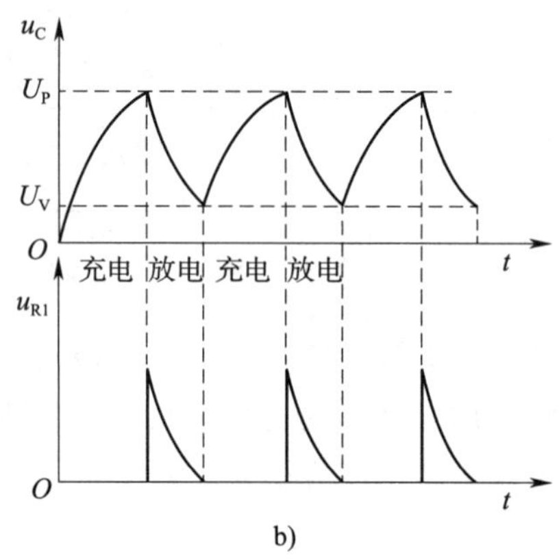

图 4-1-12　单结晶体管振荡电路及电压波形

a）电路图　b）电压波形

接通电源后，电源通过 R2、R1 加在单结晶体管的两个基极上，同时电源通过 RP、R_E 给电容 C 充电，电容两端电压 u_C 按指数规律增大。当 $u_C<U_P$ 时，单结晶体管截止，R1 两端无电压输出；当 u_C 达到峰点电压 U_P 时，单结晶体管导通，电容 C 通过单结晶体管、电阻 R1 迅速放电，在 R1 两端形成脉冲电压。

随着电容 C 的放电，u_C 迅速下降，当 $u_C<U_V$ 时，单结晶体管截止，放电结束，输出电压又降至零，完成一次振荡。电源对电容再次充电，重复上述过程，于是在 R1 两端产生一系列的脉冲电压，电压波形如图 4-1-12b 所示。

由上述分析可知，振荡过程的形成利用了单结晶体管的负阻特性和 RC 电路的充放电特性。改变 RP 的阻值（或电容 C 的大小），便可改变电容充电的快慢，使输出脉冲波形前移或后移，从而控制晶闸管的触发导通时刻。

三、单结晶体管触发电路

1. 单结晶体管触发电路的工作原理

图 4-1-1a 所示为单结晶体管触发电路图，触发电路由两部分组成，即由 4 个二极管组成的桥式整流电路和由稳压二极管、单结晶体管、电位器、电容器、电阻器组成的振荡电路。电路由 d 点输出一组触发脉冲，调节电位器 RP 可以改变第一个触发脉冲出现的时间，得到需要的触发信号。

单结晶体管触发电路变压器的二次侧 50 V 交流电压经单相桥式整流，得到脉动的直流电压，理论波形如图 4-1-13 所示。再经稳压二极管 V5 削波得到梯形波电压，理论波形如图 4-1-14 所示。

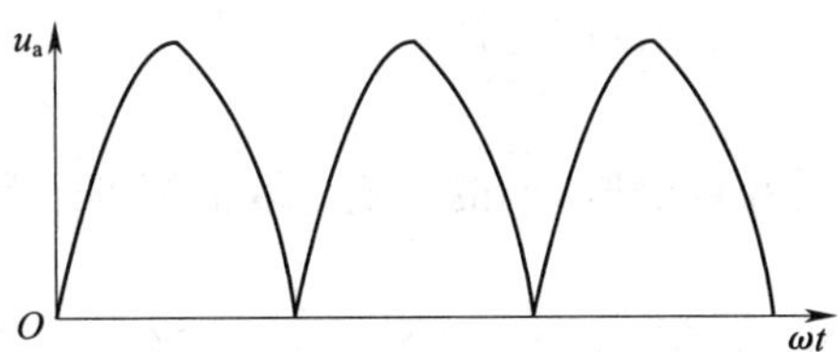

图 4-1-13 桥式整流后脉冲电压的理论波形

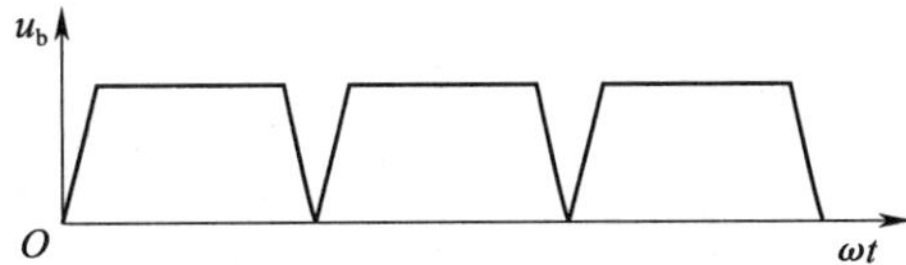

图 4-1-14 稳压二极管削波后梯形电压的理论波形

该电压既作为单结晶体管触发电路的同步电压，又作为单结晶体管的工作电源电压。该电压通过电阻 R4 与电位器 RP 给电容 C 充电。改变电位器 RP 的阻值，即改变电容 C 的充电电流大小，改变电容 C 的电压达到单结晶体管峰点电压的时间，改变第一个触发脉冲的出现时间。当电位器 RP 滑片向下调时，接入电路的电阻减小，电容 C 的充电电流增大，使第一个触发脉冲的出现时间前移。同理，当电位器 RP 滑片向上调时，接入电路的电阻增大，电容 C 的充电电流减小，使第一个触发脉冲的出现时间后移。

当电容 C 两端电压上升到单结晶体管峰点电压时，单结晶体管由截止变为导通，由电容 C 通过 E—B1、R3 放电，在电容 C 上形成锯齿波，如图 4-1-15 所示。同时，放电电流在电阻 R3 上产生一组尖脉冲电压，如图 4-1-16 所示。当电容两端电压下降至单结晶体管谷点电压时，单结晶体管重新截止，电容 C 重新充电，然后重复上述过程。输出脉冲与电源频率同步。

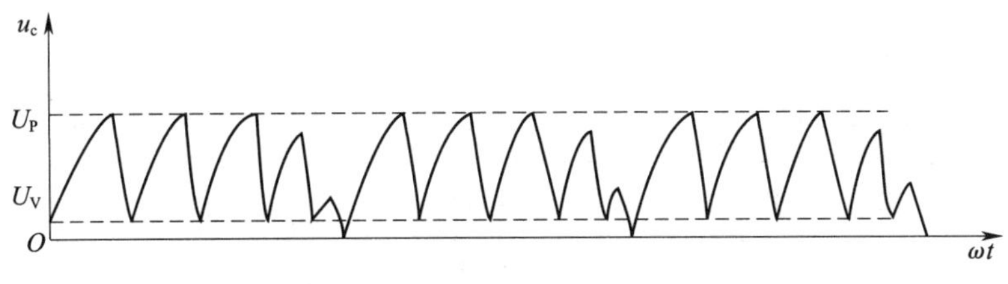

图 4-1-15 电容充放电形成的锯齿波

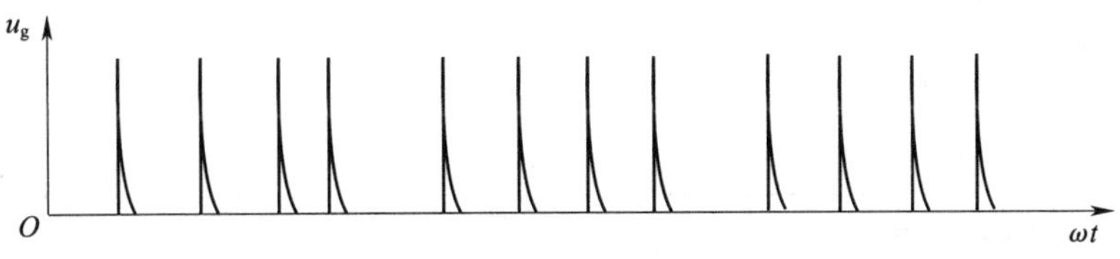

图 4-1-16 理论上的尖脉冲波形

2. 单结晶体管触发电路各元器件的选择

（1）电阻 R2 的选择

电阻 R2 用来补偿温度对峰点电压 U_P 的影响，取值范围通常为 200~600 Ω。

（2）电阻 R3 的选择

输出电阻 R3 阻值的大小将影响输出脉冲的宽度与幅值，取值范围通常为 50~100 Ω。

（3）电容 C 的选择

电容 C 的大小与脉冲宽窄和 R_E 的大小有关，取值范围通常为 0.1 μF~1 μF。

任务实施

一、任务准备

实施本任务所使用的实训设备及工具、材料可参考表 4-1-1。

表 4-1-1　实训设备及工具、材料

序号	名称	型号、规格	数量	单位	备注
1	万用表	MF47 型	1	台	
2	常用电子组装工具		1	套	
3	双踪示波器		1	台	
4	毫伏表		1	台	
5	低频信号发生器		1	台	
6	直流稳压电源		1	台	
7	二极管 V1~V4	1N4001	4	个	
8	稳压管 V5	2CW64	1	个	
9	单结晶体管 V6	BT33	1	个	
10	碳膜电阻器 R1	2 kΩ	1	个	
11	碳膜电阻器 R2	360 Ω	1	个	
12	碳膜电阻器 R3	100 Ω	1	个	
13	碳膜电阻器 R4	1 kΩ	1	个	
14	电位器 RP	6.8 kΩ	1	个	
15	无极性电容器 C	0.22 μF	1	个	
16	万能电路板		1	块	

续表

序号	名称	型号、规格	数量	单位	备注
17	镀锡裸铜丝	ϕ0. 5 mm	若干	米	
18	焊料、助焊剂		若干		

二、电路装配

1. 电路元器件布置图的确定

本任务的元器件布置示意图如图 4-1-17 所示。

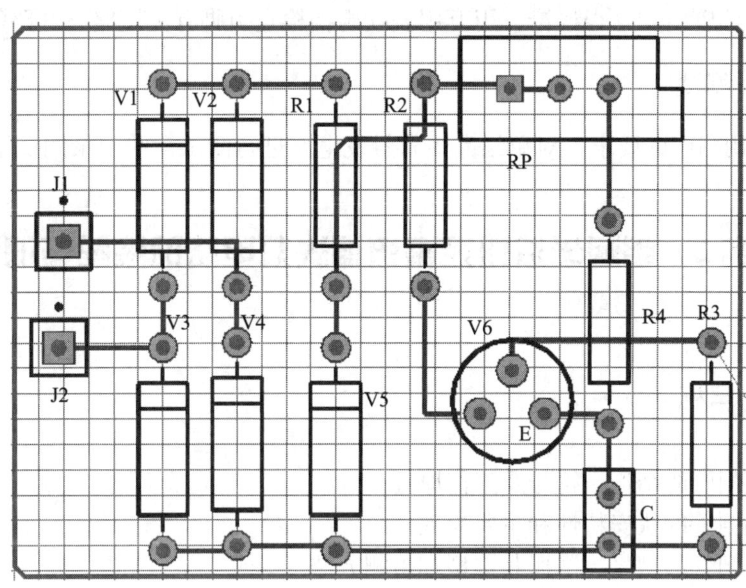

图 4-1-17 元器件布置示意图

2. 元器件的检测

对电路中使用的元器件进行检测与筛选。

3. 元器件的成型

将所用元器件按插装工艺要求进行成型。

4. 元器件的插装焊接

依据图 4-1-17 所示的元器件布置示意图，按照装配工艺要求进行元器件的插装焊接。

单结晶体管应垂直安装，注意引脚应正确。

5. 镀锡裸铜丝的焊接

根据电路原理图和元器件布置示意图进行镀锡裸铜丝的焊接。

6. 焊接检查

焊接结束后，应检查电路有无漏焊、错焊、虚焊等问题。检查时可用尖嘴钳或镊子将每个元器件拉动一下，查看有无松动，如有松动应重新焊接。

三、通电前的检查

电路安装完毕后，必须在不通电的情况下，对电路板进行认真细致的检查，以便纠正安装错误。检查中应注意以下几个问题：

1. 元器件引脚之间有无短路。
2. 单结晶体管引脚是否接错，用万用表欧姆挡检查引脚有无短路、开路等问题。

四、电路测试

根据学生用书中的要求，对单结晶体管触发电路进行测试，并记录测试结果。

任务 2　单相半波可控整流调光灯电路的装配与调试

学习目标

1. 熟悉晶闸管的结构、符号及工作原理。
2. 掌握晶闸管的伏安特性和主要参数。
3. 了解晶闸管的型号，掌握其选型和检测方法。
4. 掌握单相半波可控整流调光灯电路的工作原理。
5. 能正确完成单相半波可控整流调光灯电路的装配与调试，并能独立排除调试过程中出现的故障。

任务引入

晶闸管是一种用硅材料制成的大功率半导体元器件，可以用于整流、调压、调速、开关、变频等。图 4-2-1 所示的调光台灯就是利用晶闸管实现调光功能，其电路图如图 4-2-2 所示，焊接装配实物图如图 4-2-3 所示，调节电位器（即台灯的旋钮）即可控制小灯泡的明暗程度。

本任务的主要内容为：根据给定的技术指标，按照电路图装配并调试单相半波可控整流调光灯电路，同时能独立解决调试过程中出现的故障。

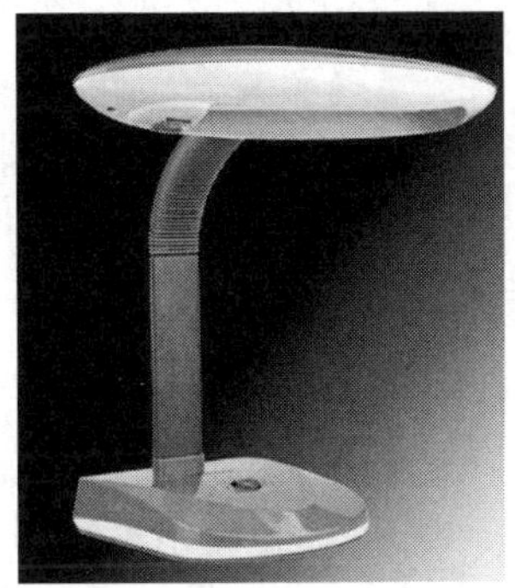

图 4-2-1　调光台灯

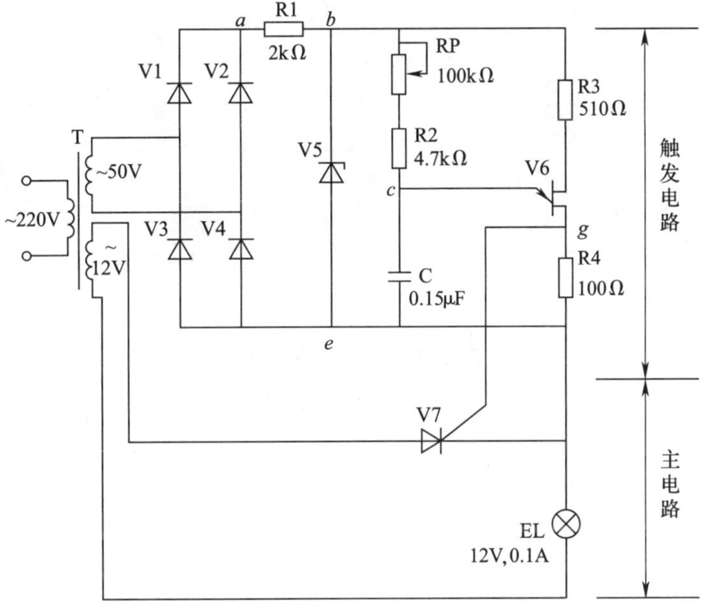

图 4-2-2　单相半波可控整流调光灯电路图

图 4-2-3　单相半波可控整流调光灯焊接装配实物图

相关知识

一、晶闸管的结构、符号及工作原理

1. 晶闸管的结构和符号

常见晶闸管如图 4-2-4 所示，晶闸管的结构和符号如图 4-2-5 所示。晶闸管具有三个 PN 结，引出三个电极：阳极 A、阴极 K 和控制极（也称门极）G。晶闸管的外形大致有三种：塑封式、螺栓式和平板式。塑封式晶闸管的额定电流多为 5 A 以下，螺栓式一般为 5~200 A，平板式一般为 200 A 以上。

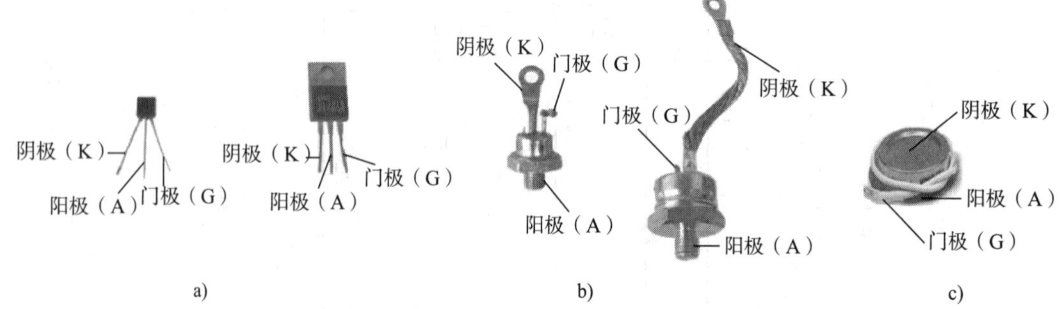

图 4-2-4　常见的晶闸管

a）塑封式　b）螺栓式　c）平板式

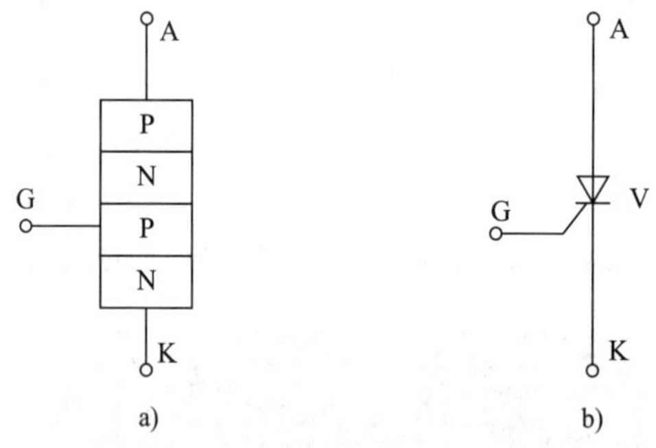

图 4-2-5　晶闸管的结构和符号

a）晶闸管的结构　b）晶闸管的符号

2. 晶闸管的工作原理

为了进一步说明晶闸管的工作原理，可把晶闸管看成由一个 PNP 型和一个 NPN 型三极管连接而成，连接形式如图 4-2-6 所示。阳极相当于 PNP 型三极管 V1 的发射极，阴极相当于 NPN 型三极管 V2 的发射极。

当晶闸管阳极承受正向电压，控制极也加正向电压时，三极管 V2 正向偏置，E_C 产生的控制极电流 I_G 就是 V2 的基极电流 I_{B2}（刚通电时 I_{C1} 为 0），V2 的集电极电流 $I_{C2}=$

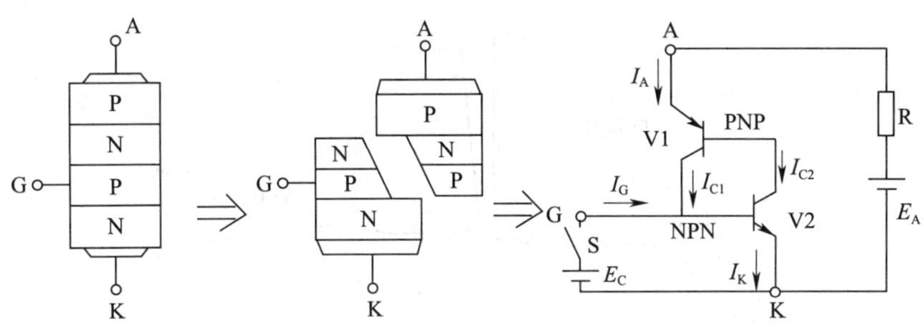

图 4-2-6 晶闸管工作原理等效电路

$\beta_2 I_G$。而 I_{C2} 又是三极管 V1 的基极电流，V1 的集电极电流 $I_{C1}=\beta_1 I_{C2}=\beta_1\beta_2 I_G$（$\beta_1$ 和 β_2 分别是 V1 和 V2 的电流放大系数）。电流 I_{C1} 又流入 V2 基极，再一次放大。这样循环下去，形成了强烈的正反馈，使两个三极管很快达到饱和导通，这就是晶闸管的导通过程。导通后，晶闸管上的压降很小，电源电压几乎全部加在负载上，晶闸管中流过的电流即为负载电流。

晶闸管导通之后，它的导通状态完全依靠管子本身的正反馈作用来维持，即使控制极电流消失，晶闸管仍处于导通状态。因此，控制极的作用仅是触发晶闸管使其导通，导通之后，控制极就失去了控制作用。要想关断晶闸管，最根本的方法是将阳极电流减小到不能维持正反馈的程度，也就是将晶闸管的阳极电流减小到小于维持电流。可采用的方法有将阳极电源断开，或将晶闸管的阳极电压降为 0，即在阳极和阴极之间加反向电压。

二、晶闸管的伏安特性和主要参数

1. 晶闸管的伏安特性

晶闸管阳极与阴极间的电压和阳极电流的关系称为晶闸管的伏安特性，其伏安特性曲线如图 4-2-7 所示。位于第一象限的是晶闸管的正向伏安特性曲线，位于第三象限的是反向伏安特性曲线。晶闸管的正向特性有阻断状态和导通状态之分（简称断态和通态）。在门极电流 $I_G=0$ 的情况下，逐渐增大晶闸管的正向阳极电压，晶闸管先是处于断态，只有很小的正向漏电流，当正向阳极电压增大到正向转折电压 U_{B0} 时，漏电流突然剧增，特性从高阻区（阻断状态）经负阻区到达低阻区（导通状态）。这样的导通称为晶闸管硬开通，这种导通方法易造成晶闸管的损坏，正常情况下是不允许的。

当门极加上正向电压后，$I_G>0$，晶闸管仍有一定的阻断能力，但此时晶闸管的正向转折电压比 $I_G=0$ 时更低，且 I_G 越大，相应的正向转折电压越低。也就是说，当晶闸管的阳极加上一定的正向电压时，在其门极再加一适当的触发电压，晶闸管便触发导通。晶闸管导通后可以通过很大的电流，而本身压降很低，所以导通后的特性曲线靠近纵坐标轴而且陡直，与二极管的正向特性曲线相似。

2. 晶闸管的主要参数

晶闸管的参数很多，表 4-2-1 给出了晶闸管的主要参数及其含义，表 4-2-2 给出了晶闸管的峰值电压等级。

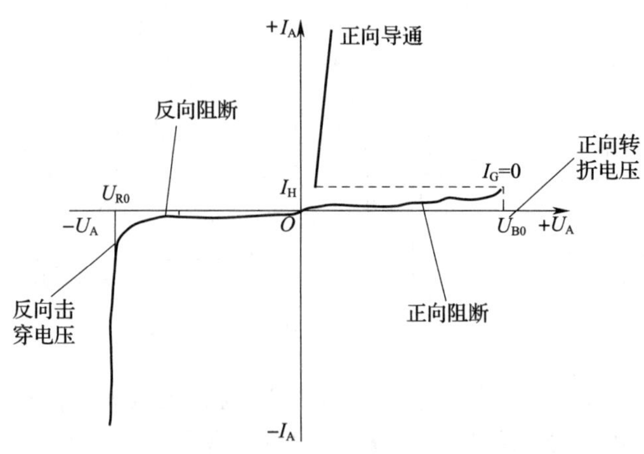

图 4-2-7　晶闸管的伏安特性曲线

晶闸管在正向工作时，可能处于导通状态，也可能处于阻断状态。晶闸管的参数中，断态和通态都是为了区分正向的两种不同状态，因此，“正向”二字可省去。

表 4-2-1　晶闸管的主要参数

<table>
<tr><th>参数</th><th>符号</th><th colspan="2">说明</th></tr>
<tr><td>断态重复峰值电压</td><td>U_{DRM}</td><td>当结温为额定值时，门极断开，允许重复加在晶闸管 A、K 间的正向峰值电压。这一电压通常比正向转折电压小 100 V</td><td rowspan="2">通常情况下，U_{DRM} 和 U_{RRM} 相差不大，统称为峰值电压，俗称额定电压。若两者不相等，则取其较小的电压</td></tr>
<tr><td>反向重复峰值电压</td><td>U_{RRM}</td><td>当结温为额定值时，门极断开，允许重复加在晶闸管 A、K 间的反向峰值电压。这一电压通常比反向击穿电压小 100 V</td></tr>
<tr><td>通态平均电流</td><td>$I_{T(AV)}$</td><td colspan="2">在规定的环境温度和散热条件下，当结温为额定值时，允许通过的工频正弦半波电流的平均值，俗称额定电流</td></tr>
<tr><td>通态平均电压</td><td>$U_{T(AV)}$</td><td colspan="2">在规定的环境温度和散热条件下，当晶闸管通以半波额定电流时，阳极与阴极间管压降的平均值，一般为 1 V 左右。此值越小越好，可降低电路损耗和减少元件发热量</td></tr>
<tr><td>维持电流</td><td>I_H</td><td colspan="2">在规定的环境温度下，当门极断路时，维持晶闸管继续导通所必需的最小电流，一般为几十到几百毫安。它是晶闸管由通到断的临界电流，要使晶闸管关断，必须使正向电流小于 I_H</td></tr>
</table>

表 4-2-2　晶闸管峰值电压等级

等级	峰值电压/V	等级	峰值电压/V	等级	峰值电压/V
1	100	8	800	20	2 000
2	200	9	900	22	2 200
3	300	10	1 000	24	2 400
4	400	12	1 200	26	2 600
5	500	14	1 400	28	2 800
6	600	16	1 600	30	3 000
7	700	18	1 800		

三、晶闸管的型号

国产普通型晶闸管的型号有 3CT 系列和 KP 系列。各部分含义如下：

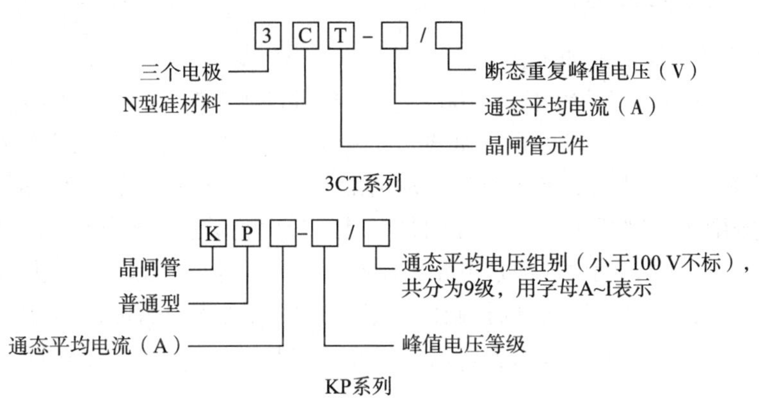

例如，3CT-5/500 表示通态平均电流为 5 A，断态重复峰值电压为 500 V 的普通型晶闸管；KP100-12G 表示通态平均电流为 100 A，峰值电压为 1 200 V，通态平均电压组别为 G 的普通反向阻断型晶闸管。常用 KP 系列晶闸管的主要参数见表 4-2-3。

表 4-2-3　常用 KP 系列晶闸管的主要参数

型号	通态平均电流 $I_{T(AV)}$/A	通态峰值电压 U_T/V	峰值电压 U_{RRM} 和 U_{DRM}/V	峰值电流 I_{RRM} 和 I_{DRM}/mA	重复平均电流 $I_{RS(AV)}$ 和 $I_{DS(AV)}$/mA	浪涌电流 I_{TSM}/kA	门极触发电流 I_{GT}/mA	门极触发电压 U_{GT}/V	断态电压临界上升率 du/dt/(V·μs^{-1})	结温范围 T_j/℃	推荐散热器型号
KP5	5	≤2.2	500～1 800	≤8	≤1.0	0.09	≤60	≤3.5	25～1 000（分挡）	-40～100	SZ13
KP20	20	≤2.2	500～1 800	≤10	≤1.0	0.36	≤100	≤3.5			SZ15
KP50	50	≤2.4	500～1 800	≤20	≤2.0	0.94	≤200	≤3.5			SZ16

续表

型号	通态平均电流 $I_{T(AV)}$/A	通态峰值电压 U_T/V	峰值电压 U_{RRM} 和 U_{DRM}/V	峰值电流 I_{RRM} 和 I_{DRM}/mA	重复平均电流 $I_{RS(AV)}$ 和 $I_{DS(AV)}$/mA	浪涌电流 I_{TSM}/kA	门极触发电流 I_{GT}/mA	门极触发电压 U_{GT}/V	断态电压临界上升率 du/dt/（V · μs^{-1}）	结温范围 T_j/℃	推荐散热器型号
KP100	100	≤2.6	500～1 800	≤40	≤4.0	1.9	≤200	≤4			SZ17
KP200	200	≤2.6	100～4 000	≤40	≤4.0	2.5	≤200	≤4			SF12
KP300	300	≤2.6	100～4 000	≤ 50	≤ 8.0	3.8	≤250	≤4		-40～125	SF12
KP500	500	≤2.6	100～4 000	≤60	≤8.0	6.3	≤350	≤5			SF15、SS11
KP1000	1 000	≤2.6	100～4 000	≤120	≤10	12	≤450	≤5			SS13

注：I_{RRM} 为反向重复峰值电流，I_{DRM} 为断态重复峰值电流，$I_{RS(AV)}$ 为反向重复平均电流，$I_{DS(AV)}$ 为断态重复平均电流。

四、晶闸管的检测方法

检测晶闸管的具体方法如下：

1. 将万用表的转换开关置于 R×100 挡，用万用表红表笔接晶闸管的阳极，黑表笔接晶闸管的阴极，观察指针摆动情况，如图 4-2-8 所示。再将万用表黑表笔接晶闸管的阳极，红表笔接晶闸管的阴极，观察指针摆动情况，如图 4-2-9 所示。若晶闸管质量良好，则正、反向电阻阻值应均为很大。其原因是，晶闸管为四层三端半导体元器件，在阳极和阴极之间有三个 PN 结，无论如何加电压，总有一个 PN 结处于反向阻断状态。

2. 将万用表红表笔接晶闸管的控制极，黑表笔接晶闸管的阴极，观察指针摆动情况，如图 4-2-10 所示。再将万用表黑表笔接晶闸管的控制极，红表笔接晶闸管的阴极，观察指针摆动情况，如图 4-2-11 所示。

若晶闸管质量良好，当红表笔接控制极、黑表笔接阴极时，阻值应为无穷大；当黑表笔接控制极、红表笔接阴极时，阻值应很小。

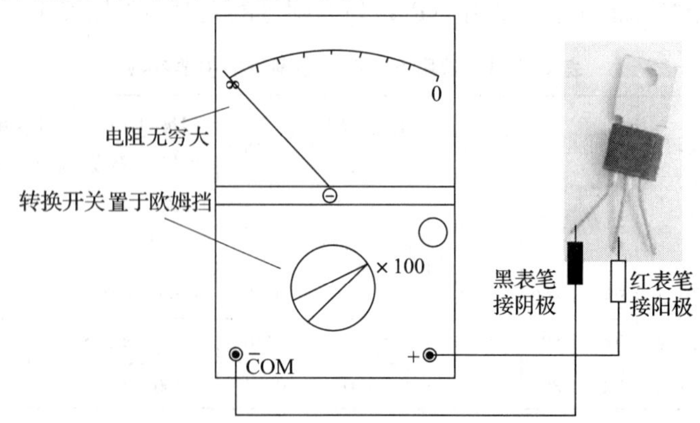

图 4-2-8　万用表红表笔接阳极、黑表笔接阴极测试

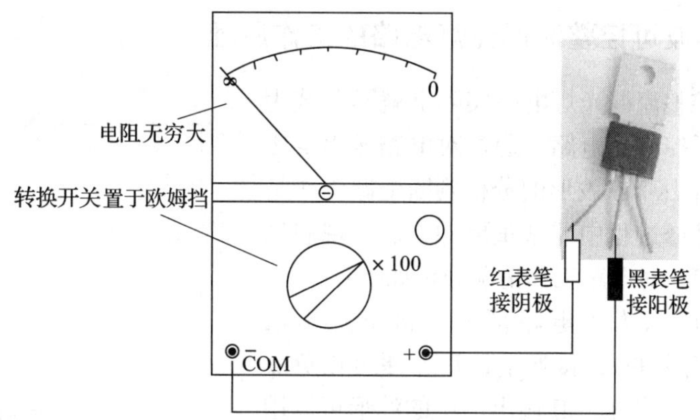

图 4-2-9 万用表黑表笔接阳极、红表笔接阴极测试

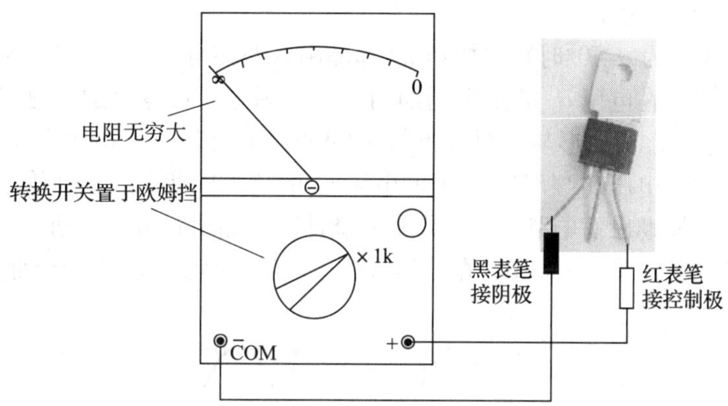

图 4-2-10 万用表红表笔接控制极、黑表笔接阴极测试

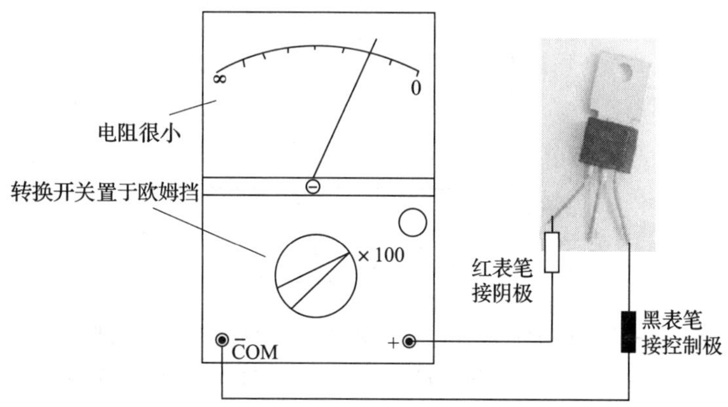

图 4-2-11 万用表黑表笔接控制极、红表笔接阴极测试

五、单相半波可控整流调光灯电路的工作原理

单相半波可控整流调光灯电路实际上就是负载为阻性的单相半波可控整流电路，通过对电路输出电压 u_d 和晶闸管两端电压 u_{V7} 波形的分析判断电路工作是否正常是调试及维修过程中非常重要的方法。现假设触发电路正常工作，对电路工作情况分析如下：

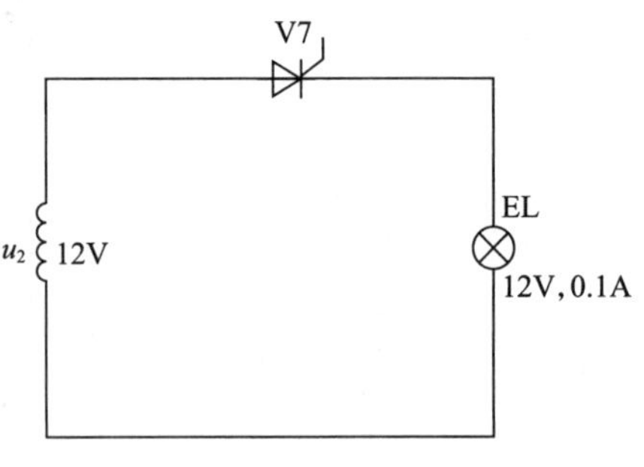

图 4-2-12 单相半波可控整流调光灯主电路

图 4-2-12 所示为主电路部分（该电路是从图 4-2-2 中分解出来的），接通电源后，便可在负载两端得到脉动的直流电压，其输出电压的波形可以用示波器进行测量。把晶闸管从开始承受正向阳极电压到触发开始导通之间的电角度称为控制角，用 α 表示。

1. $\alpha=0°$时的波形分析

图 4-2-13 所示为 $\alpha=0°$时输出电压 u_d 和晶闸管两端电压 u_{V7} 的理论波形。根据理论波形图可以分析出，在电压 u_2 的正半周期内，在电源电压过零时加入触发脉冲，晶闸管 V7 导通，输出电压 u_d 的波形与电源电压 u_2 的波形形状相同；当电源电压 u_2 过零时，晶闸管同时关断，输出电压 u_d 为零；在电源电压 u_2 的负半周期内，晶闸管承受反向电压不能导通，直到第二周期触发电路再次加入触发脉冲时，晶闸管再次导通。在晶闸管导通期间，忽略晶闸管的管压降，$u_{V7}=0$。在晶闸管截止期间，晶闸管将承受全部反向电压。

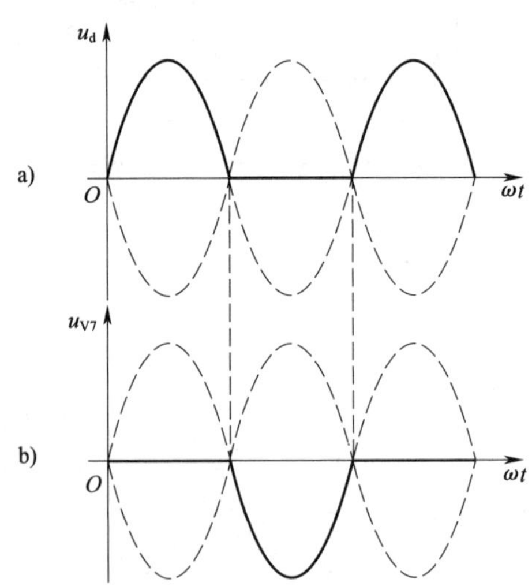

图 4-2-13 $\alpha=0°$时输出电压 u_d 和晶闸管两端电压 u_{V7} 的理论波形

a）输出电压 u_d 的理论波形 b）晶闸管两端电压 u_{V7} 的理论波形

2. $\alpha=30°$时的波形分析

改变晶闸管的触发时刻，即改变控制角 α 的大小即可改变输出电压的波形，图 4-2-14 所示为 $\alpha=30°$时输出电压 u_d 和晶闸管两端电压 u_{V7} 的理论波形。当 $wt=\alpha$ 时，晶闸管承受

正向电压，此时加入触发脉冲则晶闸管导通；同样，当电源电压 u_2 过零时，晶闸管关断，输出电压 u_d 为零；从电源电压过零到 $wt=\alpha$ 的区间内，虽然晶闸管承受正向电压，但由于没有触发脉冲，晶闸管依然处于截止状态。

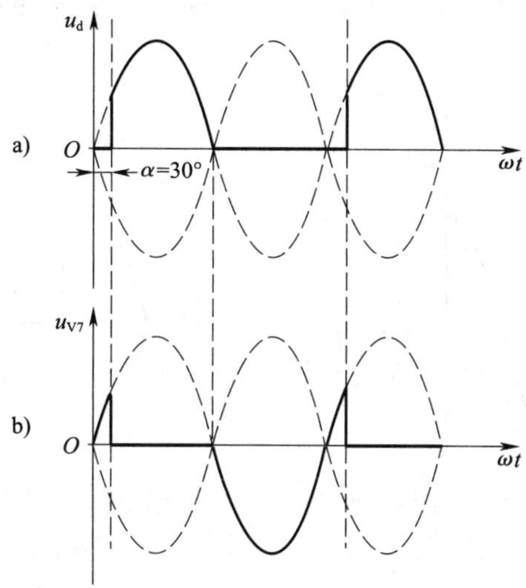

图 4-2-14　$\alpha=30°$时输出电压 u_d 和晶闸管两端电压 u_{V7} 的理论波形

a）输出电压 u_d 的理论波形　b）晶闸管两端电压 u_{V7} 的理论波形

3. 不同控制角 α 下的波形分析

继续改变触发脉冲的加入时刻，可以分别得到控制角 α 为 60°、90°、120°时输出电压和晶闸管两端电压的波形，如图 4-2-15～图 4-2-17 所示。

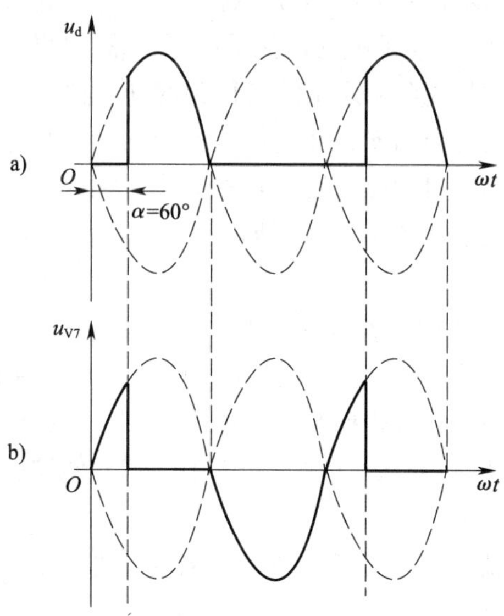

图 4-2-15　$\alpha=60°$时输出电压 u_d 和晶闸管两端电压 u_{V7} 的理论波形

a）输出电压 u_d 的理论波形　b）晶闸管两端电压 u_{V7} 的理论波形

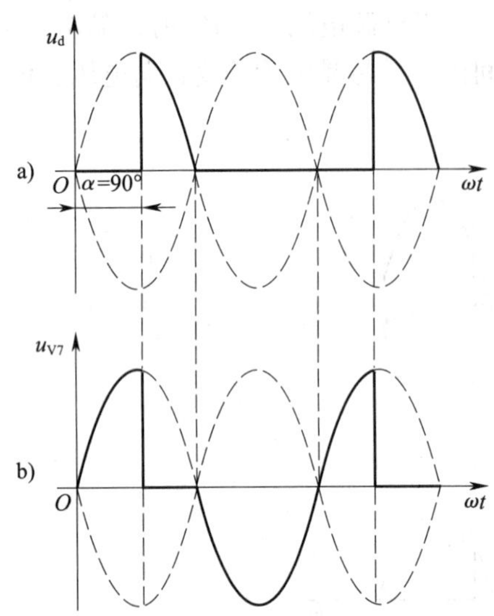

图 4-2-16　$\alpha=90°$时输出电压 u_d 和晶闸管两端电压 u_{V7} 的理论波形

a）输出电压 u_d 的理论波形

b）晶闸管两端电压 u_{V7} 的理论波形

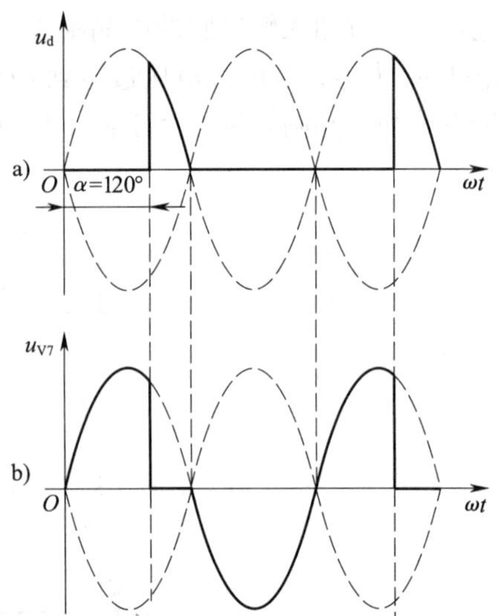

图 4-2-17　$\alpha=120°$时输出电压 u_d 和晶闸管两端电压 u_{V7} 的理论波形

a）输出电压 u_d 的理论波形

b）晶闸管两端电压 u_{V7} 的理论波形

值得提出的是，电路中晶闸管能够触发导通是因为触发脉冲在晶闸管阳极电压为正的区间内出现。因此，必须根据被触发晶闸管的阳极电位提供相应的触发电路的同步信号电压，以确保晶闸管需要脉冲的时刻触发电路能够正确送出脉冲。这种正确选择同步信号电压相位以及得到不同相位同步信号电压的方法称为晶闸管装置的同步或定相。

在本任务中，触发电路与主电路分别接在同一变压器的两套二次绕组上，这就保证了触发电路的输入电压经桥式整流和稳压削波后得到的同步梯形电压与晶闸管阳极电压的过零点一致，也就能够保证在每半周期的开始对电容器从零开始充电，触发电路每半周期送出的第一个脉冲距离过零点的时刻即控制角 α 的大小是相同的，起到同步的作用，其主电路与触发电路的相位对应关系如图 4-2-18 所示。

4. 结论

（1）在单相半波整流电路中，若改变 α 的大小，则 u_d 和 i_d 的波形也随之改变，但是直流输出电压的极性不变，其波形只在 u_2 的正半周期出现。这种通过对触发脉冲的控制来改变直流输出电压大小的控制方式称为相位控制方式，简称相控方式。

（2）理论上移相范围为 0°～180°。在本任务中，若要使移相范围为 0°～180°，则需要改进触发电路以扩大移相范围。

（3）单相半波可控整流带电阻性负载电路参数的计算如下：

1）输出电压平均值的计算公式为：

$$U_d=0.45U_2\frac{1+\cos\alpha}{2}$$

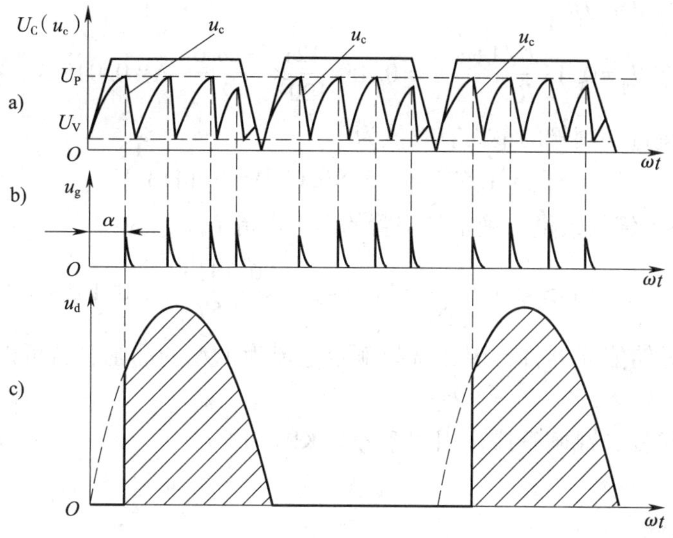

图 4-2-18　主电路与触发电路的相位对应关系

a）U_C（u_c）波形　b）u_g 波形　c）u_d 波形

2）负载电流平均值的计算公式为：

$$I_d=\frac{U_d}{R_d}=0.45\frac{U_2}{R_d}\frac{1+\cos\alpha}{2}$$

3）负载电流有效值的计算公式为：

$$I=\frac{U_2}{R_d}\sqrt{\frac{1}{4\pi}\sin2\alpha+\frac{\pi-\alpha}{2\pi}}$$

4）晶闸管承受的最大电压为：

$$U_{TM}=\sqrt{2}U_2$$

六、晶闸管的选型方法

本任务中晶闸管的型号可按以下步骤确定：

1. 单相半波可控整流调光电路晶闸管需承受的最大电压为：

$$U_{TM}=\sqrt{2}U_2=\sqrt{2}\times12\ \text{V}\approx17\ \text{V}$$

2. 考虑 1~2 倍的余量，U_{TM} 取 34~51 V。

3. 确定晶闸管的额定电压等级。因为该电路无储能元器件，因此选择电压等级为 1 的晶闸管即可满足正常工作的需要。

4. 根据白炽灯的额定值计算其阻值的大小为：

$$R_d=\frac{12}{0.1}\ \Omega=120\ \Omega$$

5. 确定流过晶闸管电流的最大有效值。在单相半波可控整流调光电路中，当 $\alpha=0°$ 时，流过晶闸管的电流最大，且电流的有效值是平均值的 1.57 倍。由前面的分析可知，流过晶闸管的平均电流为：

$$I_d = 0.45\frac{U_2}{R_d}\frac{1+\cos\alpha}{2} = 0.45\times\frac{12}{120}\times\frac{1+\cos0°}{2}\ \text{A} = 0.045\ \text{A}$$

由此可得，流过晶闸管的最大有效值为：

$$I_{Tm} = 1.57I_d = 1.57\times0.09\ \text{A} = 0.1413\ \text{A}$$

6. 考虑 0.5~1 倍的余量，确定晶闸管的额定电流 $I_{T(AV)}$ 为：

$$I_{T(AV)} \geqslant (1.5\sim2)\frac{I_{Tm}}{1.57} = (1.5\sim2)\times\frac{0.1413}{1.57}\ \text{A} = 0.135\sim0.18\ \text{A}$$

因为该电路无储能元器件，因此选择额定电流为 1 A 的晶闸管就可以满足正常工作的需要。

由以上分析可知，晶闸管应选用的型号为 KP1-1。

任务实施

一、任务准备

实施本任务所使用的实训设备及工具、材料可参考表 4-2-4。

表 4-2-4　实训设备及工具、材料

序号	名称	型号、规格	数量	单位	备注
1	万用表	MF47 型	1	台	
2	常用电子组装工具		1	套	
3	双踪示波器		1	台	
4	二极管 V1~V4	1N4001	4	个	
5	稳压二极管 V5	2CW64（18~21 V）	1	个	
6	单结晶体管 V6	BT33	1	个	
7	晶闸管 V7	KP1-1	1	个	
8	碳膜电阻器 R1	2 kΩ、1 W	1	个	
9	碳膜电阻器 R2	4.7 kΩ、1/8 W	1	个	
10	碳膜电阻器 R3	510 Ω、1/8 W	1	个	
11	碳膜电阻器 R4	100 Ω、1/8 W	1	个	
12	电位器 RP	100 kΩ、0.25 W	1	个	
13	电容器 C	0.15 μF/160 V	1	个	

续表

序号	名称	型号、规格	数量	单位	备注
14	灯泡 EL	12 V、0. 1 A	1	个	
15	电源变压器	BK-5 VA	1	个	
16	万能电路板		1	块	
17	镀锡裸铜丝	ϕ0. 5 mm	若干	米	
18	焊料、助焊剂		若干		

二、电路装配

1. 电路元器件布置图的确定

本任务的元器件布置示意图如图 4-2-19 所示。

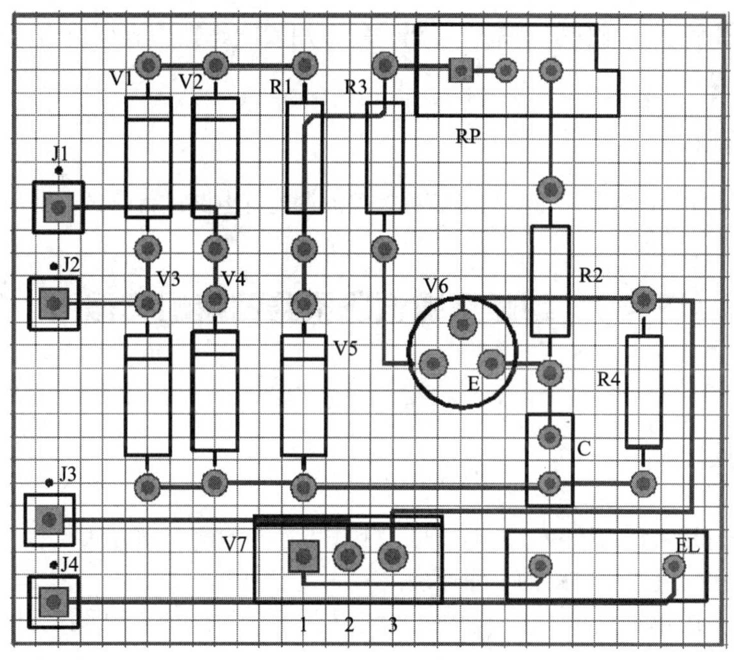

图 4-2-19　元器件布置示意图

2. 元器件的检测

对电路中使用的元器件进行检测与筛选。

3. 元器件的成型

将所用元器件按插装工艺要求进行成型。

4. 元器件的插装焊接

依据图 4-2-19 所示的元器件布置示意图，按照装配工艺要求进行元器件的插装焊接。

晶闸管应垂直安装，注意引脚应正确。

5. 镀锡裸铜丝的焊接

根据电路原理图和元器件布置示意图进行镀锡裸铜丝的焊接。

6. 焊接检查

焊接结束后，应检查电路有无漏焊、错焊、虚焊等问题。检查时可用尖嘴钳或镊子将每个元器件拉动一下，查看有无松动，如有松动应重新焊接。

三、通电前的检查

电路安装完毕后，必须在不通电的情况下，对电路板进行认真细致的检查，以便纠正安装错误。检查中应注意以下几个问题：

1. 元器件引脚之间有无短路。

2. 单结晶体管、晶闸管引脚是否接错，用万用表欧姆挡检查引脚有无短路、开路等问题。

四、电路测试

根据学生用书中的要求，对单相半波可控整流调光灯电路进行测试，并记录测试结果。

任务3　单相交流调压电路的装配与调试

学习目标

1. 掌握双向晶闸管的结构、图形符号、工作特性和检测判别方法。

2. 掌握单相交流调压电路的工作原理。

3. 能正确完成单相交流调压电路的装配与调试，并能独立排除调试过程中出现的故障。

任务引入

在调速系统中，常常要求获得幅值（大小）可调的输出信号，利用单相交流调压电路即可实现。图 4-3-1 所示的电风扇的无级调速开关就是一种典型的单相调压电路的应用，其电路图如图 4-3-2 所示，焊接装配实物图如图 4-3-3 所示。

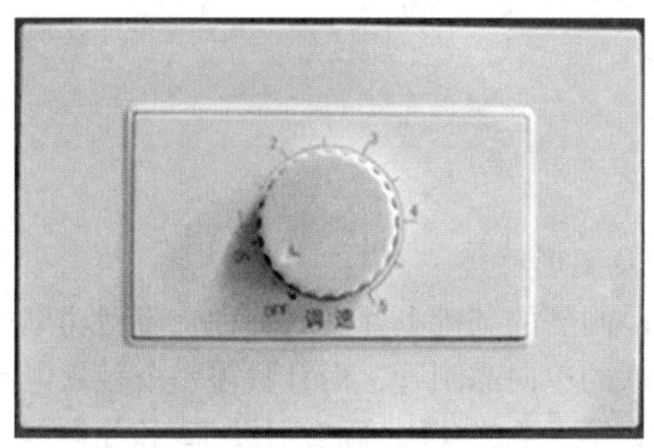

图 4-3-1　无级调速开关

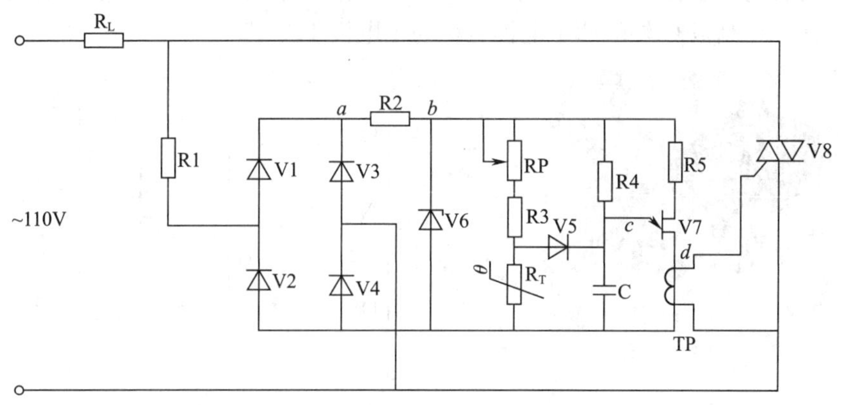

图 4-3-2　单相交流调压电路图

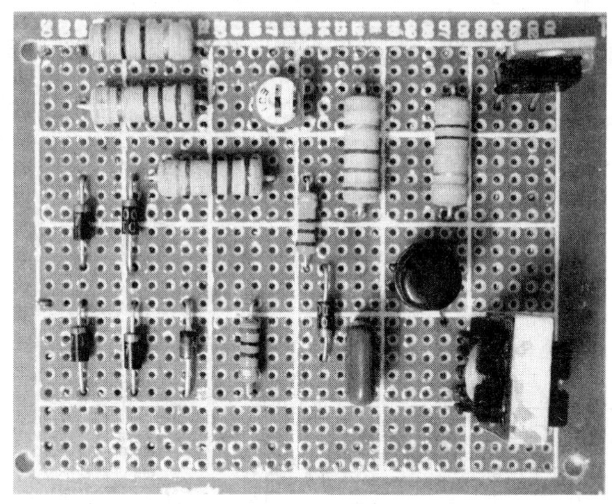

图 4-3-3　单相交流调压电路焊接装配实物图

本任务的主要内容为：根据给定的技术指标，按照电路图装配并调试单相交流调压电路，同时独立解决调试过程中出现的故障。

相关知识

一、双向晶闸管

1. 双向晶闸管的结构及图形符号

双向晶闸管是在单向晶闸管的基础上开发的一种交流型功率控制元器件。双向晶闸管不仅能够取代两个反向并联的单向晶闸管，而且只需一个触发电路，使用很方便。双向晶闸管有三个引脚，分别称为第一阳极 T1、第二阳极 T2 和控制极（门极）G，常见的双向晶闸管实物如图 4-3-4a 所示，其图形符号及等效电路分别如图 4-3-4b 和图 4-3-4c 所示。双向晶闸管的特点是可以等效为两个反向并联的单向晶闸管。双向晶闸管可以控制双向导通，因此除控制极 G 外的两个电极也称为主电极 T1、T2。

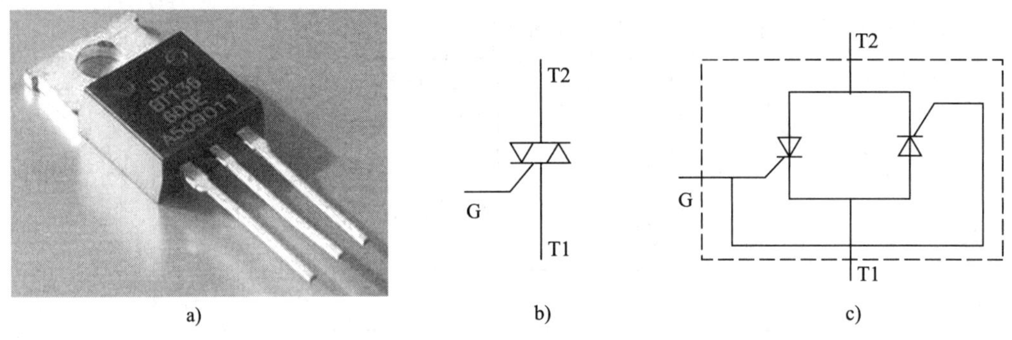

图 4-3-4　双向晶闸管实物、图形符号及等效电路

a）实物　b）图形符号　c）等效电路

双向晶闸管的外形有多种形式，其型号、外形及引脚排列如图 4-3-5 所示。

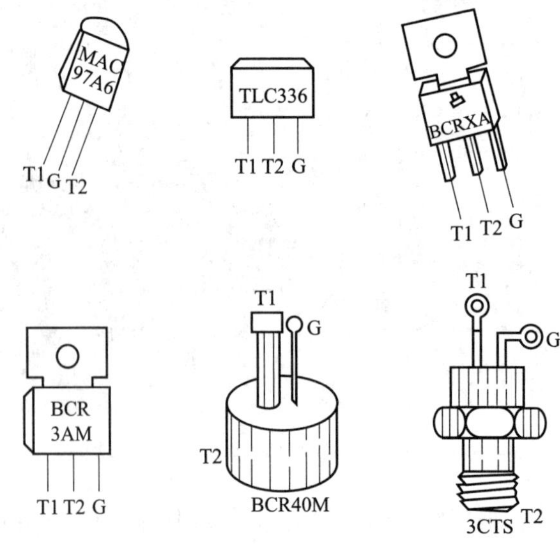

图 4-3-5　双向晶闸管的型号、外形及引脚排列

2. 双向晶闸管的工作特性

图 4-3-6 所示是双向晶闸管的导通实验电路。在电路中加上交流电压 u_1，控制极上无触发脉冲，灯泡不亮，说明双向晶闸管不导通。在控制极上加触发电压 u_2，灯泡点亮。

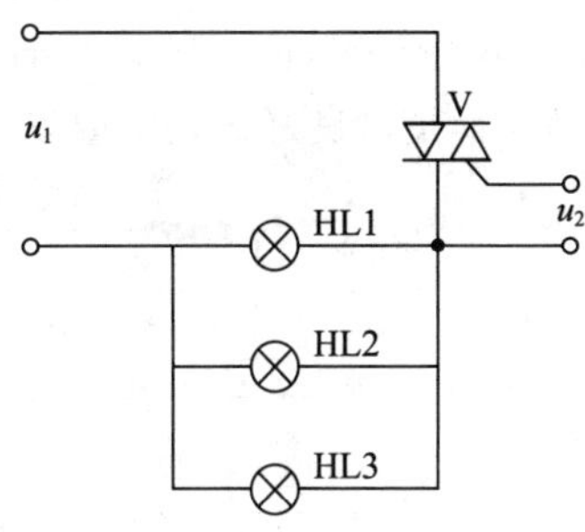

图 4-3-6　双向晶闸管的导通实验电路

通过该实验，证明双向晶闸管具有以下几个特点：

（1）当控制极上无触发电压时，双向晶闸管不导通。

（2）无论主电极电压极性如何，无论控制极的触发信号是正还是负，只要电压足够大，均可触发双向晶闸管导通。

（3）双向晶闸管一旦导通，控制极即失去控制作用。当主电极电流小于维持电流时，双向晶闸管关断。

由于双向晶闸管主电极可以双向导通，所以一般用于交流电路。

3. 双向晶闸管的检测和判别

双向晶闸管的检测和判别方法如下：

（1）用万用表的 R×100 或 R×1 k 挡，测量双向晶闸管的第一阳极 T1 和第二阳极 T2 之间的电阻，如图 4-3-7 所示。若双向晶闸管质量良好，则阻值均应为无穷大。

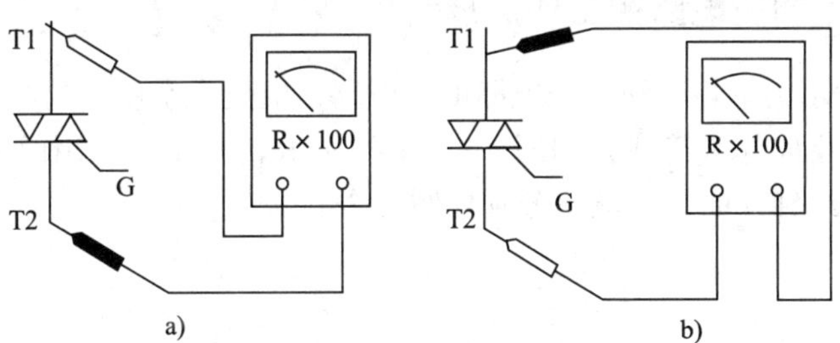

图 4-3-7　测量第一阳极 T1 和第二阳极 T2 之间的电阻

a）黑表笔接 T2、红表笔接 T1　b）黑表笔接 T1、红表笔接 T2

（2）继续测量双向晶闸管的第二阳极 T2 与控制极 G 之间的电阻，如图 4-3-8 所示。若双向晶闸管质量良好，则阻值均应很小，仅为几十欧至一百欧，黑表笔接 G、红表笔接 T2 测得的正向电阻比黑表笔接 T2、红表笔接 G 测得的反向电阻小。

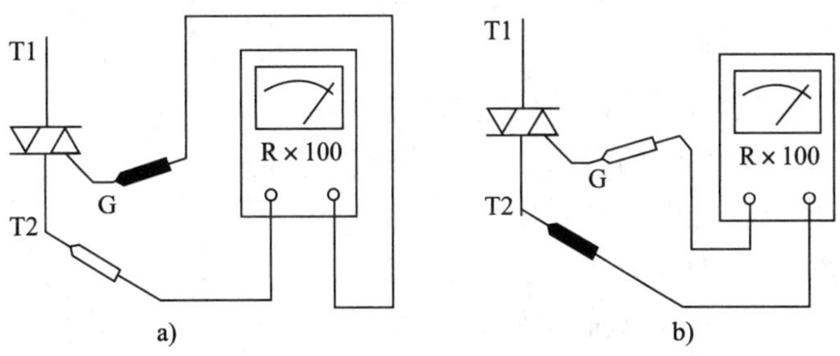

图 4-3-8　测量第二阳极 T2 与控制极 G 之间的电阻

a）黑表笔接 G、红表笔接 T2　b）黑表笔接 T2、红表笔接 G

（3）测量双向晶闸管的第一阳极 T1 和控制极 G 之间的电阻，如图 4-3-9 所示。若双向晶闸管质量良好，则阻值均应为无穷大。

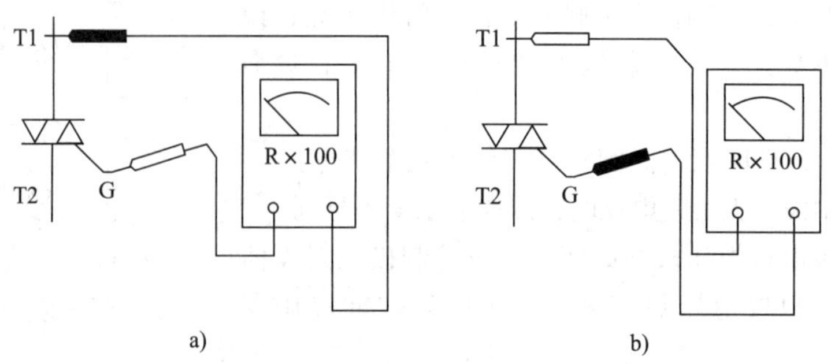

图 4-3-9　测量第一阳极 T1 和控制极 G 之间的电阻

a）黑表笔接 T1、红表笔接 G　b）黑表笔接 G、红表笔接 T1

通过以上测试可知，可使用万用表的 R×100 或 R×1 k 挡判别双向晶闸管的引脚极性，测量出阻值较小的两个引脚为控制极 G 和第二阳极 T2，另外一个引脚就是第一阳极 T1；再分别测量第二阳极 T2 与控制极 G 之间的正、反向电阻，阻值较小的一次黑表笔所接引脚为控制极 G，红表笔所接引脚为第二阳极 T2。

二、单相交流调压电路的工作原理

图 4-3-10a 所示为单相交流调压电路的主电路，电路中常用双向晶闸管。双向晶闸管也可用两个晶闸管反向并联替代，如图 4-3-10b 所示。但如果采用两个晶闸管反向并联的形式，则需要两组独立的脉冲电路分别控制两个晶闸管。

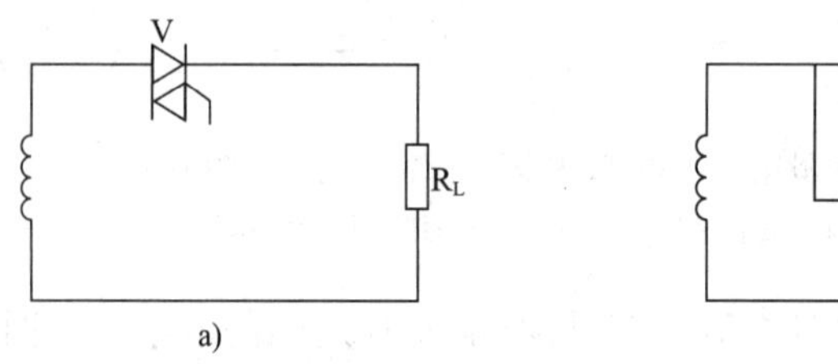

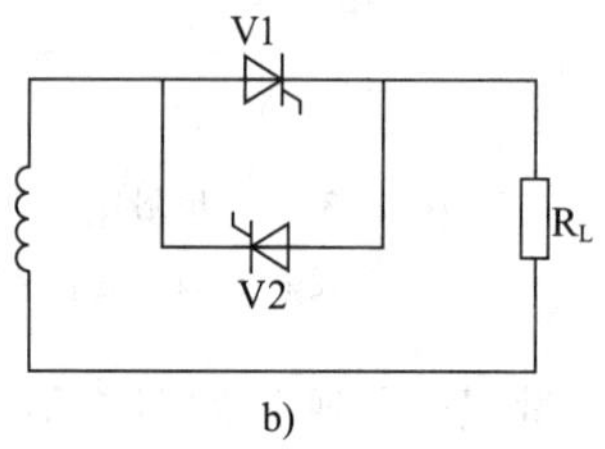

图 4-3-10　单相交流调压电路的主电路

a）使用双向晶闸管　b）使用两个晶闸管反向并联

1. $\alpha=30°$时的波形分析

改变双向晶闸管的触发时刻（改变控制角 α 的大小），即可改变输出电压的波形，图 4-3-11 所示为 $\alpha=30°$时输出电压的理论波形。

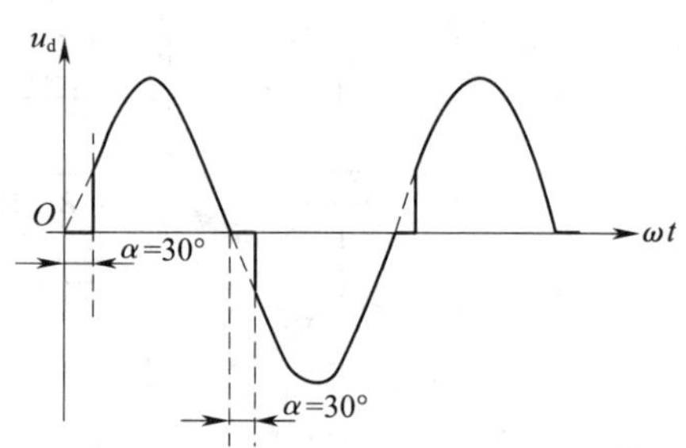

图 4-3-11　$\alpha=30°$时输出电压 u_d 的理论波形

当电源电压为正时，双向晶闸管承受正向电压，但由于没有触发脉冲，双向晶闸管依然处于截止状态；在 $wt=\alpha$ 时加入触发脉冲，双向晶闸管导通，电流方向如图 4-3-12a 所示。

当电源电压过零时，双向晶闸管关断，输出电压 u_d 为零；当电源电压为负时，双向晶闸管承受反向电压，加入触发脉冲之前，双向晶闸管依然处于截止状态；加入触发脉冲后双向晶闸管导通，电流方向如图 4-3-12b 所示。

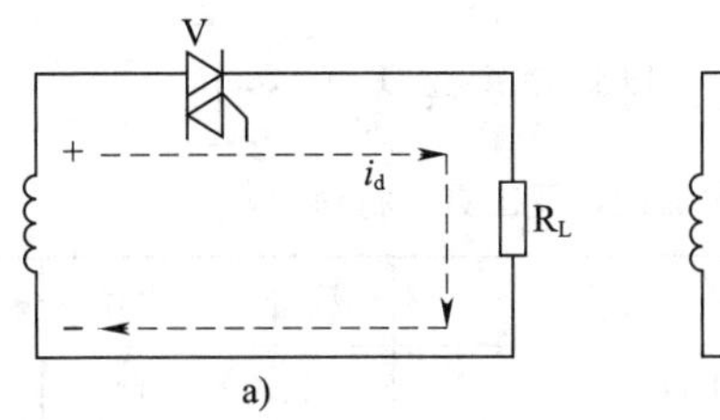

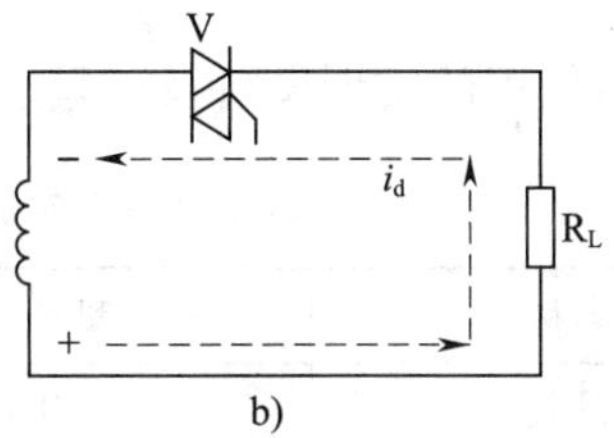

图 4-3-12 单相交流调压电路的电流方向

a）正半周期导通 b）负半周期导通

2. 不同控制角 α 下的波形分析

继续改变触发脉冲的加入时刻，可以分别得到控制角 α 为 60°、90°、120°时输出电压 u_d 的理论波形，如图 4-3-13～图 4-3-15 所示。

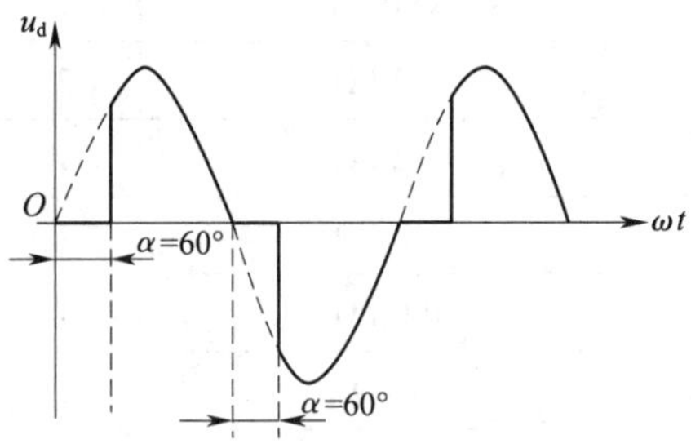

图 4-3-13 $\alpha=60°$时输出电压 u_d 的理论波形

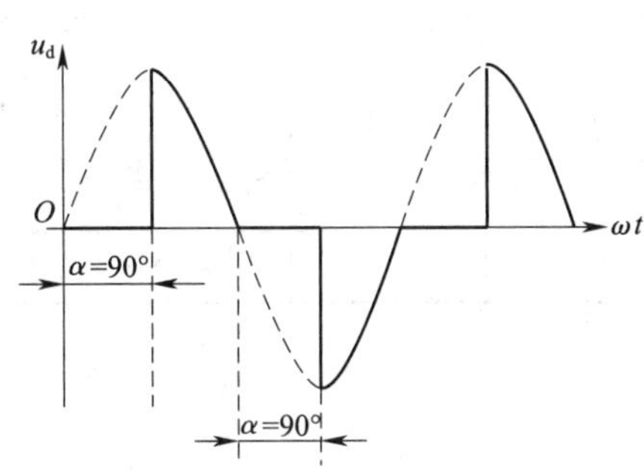

图 4-3-14 $\alpha=90°$时输出电压 u_d 的理论波形

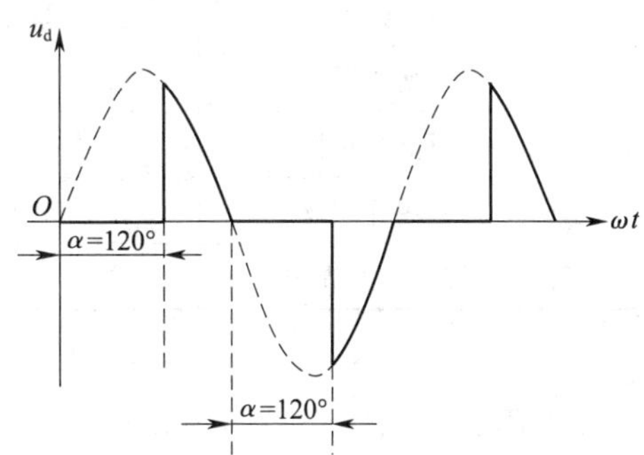

图 4-3-15 $\alpha=120°$时输出电压 u_d 的理论波形

任务实施

一、任务准备

实施本任务所使用的实训设备及工具、材料可参考表 4-3-1。

表 4-3-1　实训设备及工具、材料

序号	名称	型号、规格	数量	单位	备注
1	万用表	MF47 型	1	台	
2	常用电子组装工具		1	套	
3	双踪示波器		1	台	
4	二极管 V1～V5	2CZ13	5	个	
5	稳压二极管 V6	2CW21J	1	个	
6	单结晶体管 V7	BT35	1	个	
7	双向晶闸管 V8	KS10-4	1	个	
8	碳膜电阻器 R1、R2	2.2 kΩ	2	个	
9	碳膜电阻器 R3	2.2 kΩ	1	个	
10	碳膜电阻器 R4	2.7 kΩ	1	个	
11	碳膜电阻器 R5	100 kΩ	1	个	
12	热敏电阻器 R_T	5 kΩ	1	个	
13	电位器 RP	10 kΩ	1	个	
14	碳膜电阻器 R_L	300 Ω	1	个	
15	电容器 C	0.22 μF/160 V	1	个	
16	变压器	EE10	1	个	
17	万能电路板		1	块	
18	镀锡裸铜丝	ϕ0.5 mm	若干	米	
19	焊料、助焊剂		若干		

二、电路装配

1. 电路元器件布置图的确定

本任务的元器件布置示意图如图 4-3-16 所示。

2. 元器件的检测

对电路中使用的元器件进行检测与筛选。

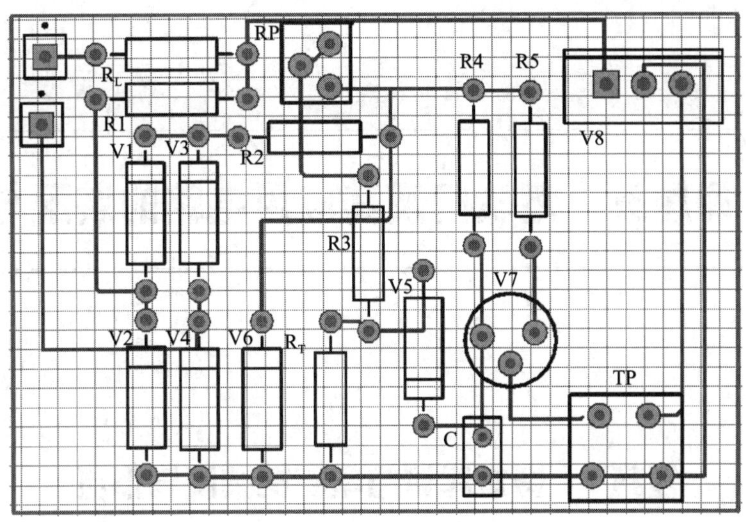

图 4-3-16　元器件布置示意图

3. 元器件的成型

将所用元器件按插装工艺要求进行成型。

4. 元器件的插装焊接

依据图 4-3-16 所示的元器件布置示意图，按照装配工艺要求进行元器件的插装焊接。

双向晶闸管应垂直安装，注意引脚应正确。

5. 镀锡裸铜丝的焊接

根据电路原理图和元器件布置示意图进行镀锡裸铜丝的焊接。

6. 焊接检查

焊接结束后，应检查电路有无漏焊、错焊、虚焊等问题。检查时可用尖嘴钳或镊子将每个元器件拉动一下，查看有无松动，如有松动应重新焊接。

三、通电前的检查

电路安装完毕后，必须在不通电的情况下，对电路板进行认真细致的检查，以便纠正安装错误。检查中应注意以下几个问题：

1. 元器件引脚之间有无短路。

2. 单结晶体管、双向晶闸管引脚是否接错，用万用表欧姆挡检查引脚有无短路、开路等问题。

四、电路测试

根据学生用书中的要求，对单相交流调压电路进行测试，并记录测试结果。

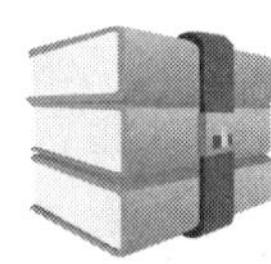

课题五　逻辑门及其应用电路的装配与调试

任务1　基本逻辑门电路的装配与调试

学习目标

1. 了解模拟信号、数字信号和数字电路的特点。
2. 掌握三种基本逻辑关系及其门电路。
3. 掌握逻辑代数的运算法则和基本定律。
4. 能正确完成基本逻辑门电路的装配与调试，并能独立排除调试过程中出现的故障。

任务引入

在工业控制中，经常会遇到开关的接通或断开、负载的通电或断电等一些相互对立的状态，这些状态可以分别用“1”或“0”来表示，这里“1”或“0”并不表示数值的大小，而是表示两种相反的逻辑状态。能实现某种逻辑功能的数字电路称为逻辑门电路，利用逻辑门电路可以实现上述控制功能。图5-1-1所示为基本逻辑门电路的原理图，其焊接装配实物图如图5-1-2所示。

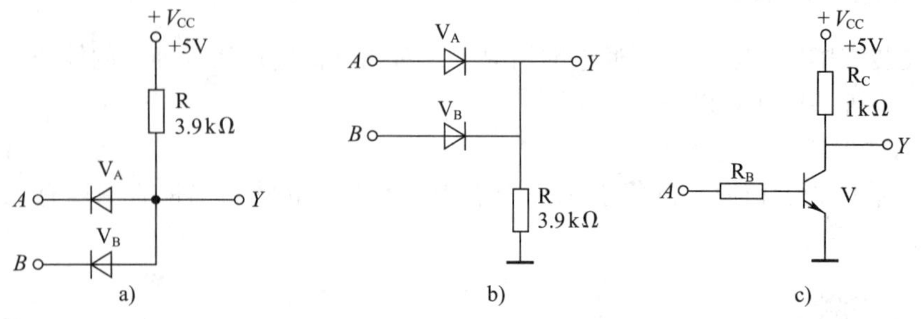

图5-1-1　基本逻辑门电路原理图

a）二极管“与”门电路　b）二极管“或”门电路　c）三极管“非”门电路

本任务的主要内容为：根据给定的技术指标，按照原理图装配并调试基本逻辑门电路，同时能独立解决调试过程中出现的故障。

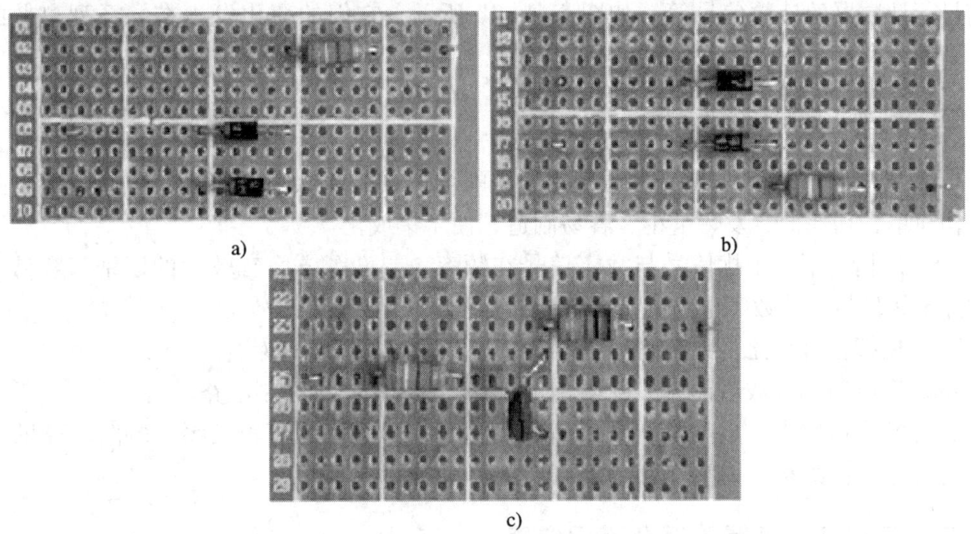

图 5-1-2　基本逻辑门电路焊接装配实物图

a）二极管“与”门电路　b）二极管“或”门电路　c）三极管“非”门电路

相关知识

一、模拟信号与数字信号

电子电路的工作信号可分为模拟信号和数字信号两种类型。

1. 模拟信号

模拟信号是指在时间和数值上都连续变化的信号。例如，由温度、压力等物理量转化的电压信号或电流信号，如图 5-1-3a 所示，处理模拟信号的电路称为模拟电路。

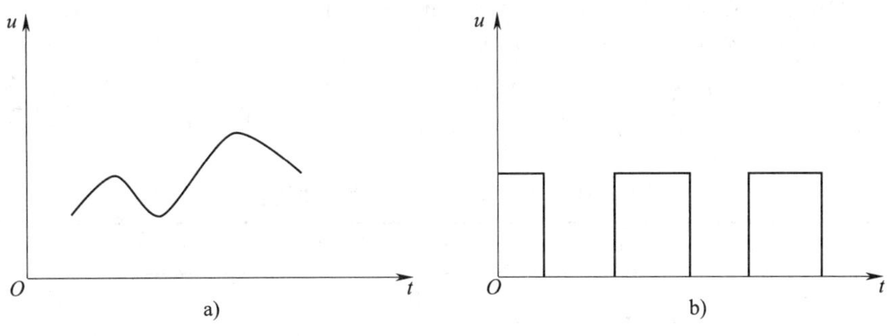

图 5-1-3　模拟信号与数字信号

a）模拟信号　b）数字信号

2. 数字信号

数字信号是一种离散信号，它的变化在时间和数值上都是不连续的。例如，电子表的秒信号、计数器的计数信号等，如图 5-1-3b 所示，它们的变化发生在一系列离散的瞬间，处理数字信号的电路称为数字电路。

二、数字电路的特点

1. 数字电路中的信号可以用电子元器件的导通或截止状态来产生，因此数字电路单元结构简单、功耗低、发热量小、容易制造、便于集成化。

2. 一般情况下，干扰信号与数字信号在频率、幅度等方面有较大的区别，容易识别和滤除干扰信号，故数字电路的抗干扰能力较强。

3. 与模拟信号相比，数字信号更容易存储、压缩、再现和传输。

4. 数字电路具有数值计算和逻辑处理能力，适用于各种控制电路。

5. 在数字电路中，重点研究输入信号和输出信号之间的逻辑关系。电路功能的表示常采用功能表、真值表、逻辑函数式、特性方程以及状态图等。

三、三种基本逻辑关系及其门电路

电路中的逻辑关系是指电路输入与输出状态之间的对应关系。

数字电路中的基本逻辑关系有“与”逻辑、“或”逻辑、“非”逻辑三种，其他任何复杂的逻辑关系都可以用这三种基本逻辑关系的组合来表示。能实现某种逻辑功能的数字电路称为逻辑门电路，逻辑门电路可以有一个或多个输入端，但只有一个输出端。当输入条件满足时，门电路开启，按一定的逻辑关系输出信号，否则门电路关闭。

1. “与”逻辑关系和“与”门电路

（1）“与”逻辑关系

只有当决定一件事情的所有条件全部具备时，这件事情才会发生，这种逻辑关系称为“与”逻辑关系。

图 5-1-4 所示的电路中，只有当开关 A 和开关 B 均闭合时，灯泡才会点亮；只要有一个开关断开，灯泡就不亮。如果把开关的通、断作为条件，把灯泡的状态作为结果，串联的开关 A、B 与灯泡 Y 则是“与”逻辑关系。“与”逻辑电路的功能表见表 5-1-1。

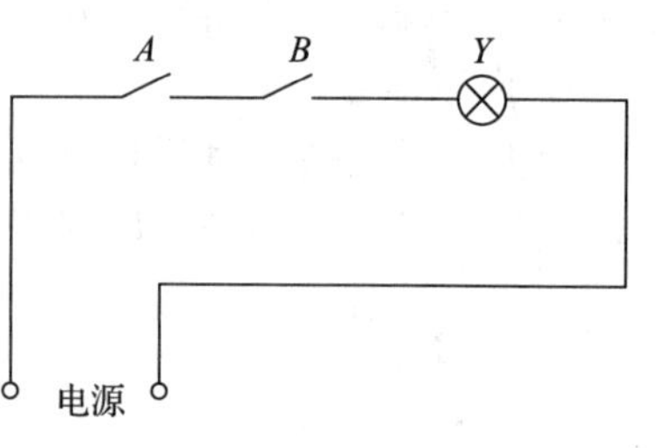

图 5-1-4　“与”逻辑电路

表 5-1-1　“与”逻辑电路的功能表

开关 A	开关 B	灯泡 Y
断开	断开	灭
断开	闭合	灭
闭合	断开	灭
闭合	闭合	亮

(2)“与”门电路

实现“与”逻辑关系的电路称为“与”门电路。

1)“与”门电路和符号。“与”门电路如图 5-1-1a 所示，其中 A、B 是输入信号，它们在低电平时为 0 V，高电平时为 3 V；Y 是输出信号。两个输入端的“与”逻辑符号如图 5-1-5 所示，A、B 是逻辑变量输入端，Y 是逻辑变量输出端。为了更清晰地表示电路的逻辑关系，门电路符号只标识具有逻辑关系的引脚，而将电源和接地引脚隐去。

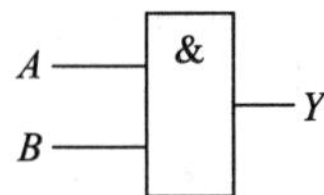

图 5-1-5 “与”逻辑符号

2）工作原理。对于二极管“与”门电路，两个输入信号有 4 种不同取值组合，相应的输出可以通过估算求出，进而得到输入与输出之间的逻辑关系。

①当 $U_A=U_B=3$ V 时，输入电压均为高电平。由于 V_A、V_B 正极均通过电阻 R 接到电源+5 V，都是正向接法，故两二极管都导通，所以输出电压为高电平，即：

$$U_Y=U_A+U_D=3\ \text{V}+0.7\ \text{V}=3.7\ \text{V}$$

式中，U_A 为 A 点的电压，U_Y 为 Y 点的电压，U_D 为 V_A、V_B 导通时的二极管电压降。

②当 $U_A=3$ V，$U_B=0$ V 时，V_B 导通，输出电压为低电平，即：

$$U_Y=U_B+U_D=0\ \text{V}+0.7\ \text{V}=0.7\ \text{V}$$

二极管 V_A 因承受反向电压而截止。

③同理，当 $U_A=0$ V，$U_B=3$ V 时，V_A 导通、V_B 截止，输出电压为低电平，即：

$$U_Y=U_A+U_D=0\ \text{V}+0.7\ \text{V}=0.7\ \text{V}$$

④当 $U_A=U_B=0$ V 时，输入电压均为低电平。由于 V_A、V_B 正极均通过电阻 R 接到电源+5 V，都是正向接法，故两二极管都导通，所以输出电压为低电平，即：

$$U_Y=U_A+U_D=0\ \text{V}+0.7\ \text{V}=0.7\ \text{V}$$

整理 4 种不同输入情况下 U_Y 的估算结果，可得到反映电路输入、输出电平对应关系的表格，简称电压功能表，见表 5-1-2。

表 5-1-2 “与”门电路的电压功能表

U_A/V	U_B/V	U_Y/V	U_A/V	U_B/V	U_Y/V
0	0	0.7	3	0	0.7
0	3	0.7	3	3	3.7

由表 5-1-2 可知，若要输出 U_Y 为高电平，U_A 与 U_B 必须全部为高电平。

3）关于高、低电平的概念。上述内容已有多处用到了高电平和低电平的概念，以后还要经常使用。其实，电平就是电位（电路中某点对参考点的电压），在数字电路中，人们习惯于用高电平、低电平来描述电位的高低。高电平是一种状态，而低电乎则是另外一种不同的状态，它们表示的是一定的电压范围，而不是一个固定不变的数值。例如，在 TTL 电路中，通常规定高电平的额定值为 3 V，低电平的额定值为 0.2 V，通常将 0~0.8 V 都视为低电平，2~5 V 都视为高电平，如图 5-1-6 所示。如果电位超出规定的范围（高电平的上限值和低电平的下限值），不仅会破坏电路的逻辑功能，还可能造成元器件性能下降，甚至损坏。

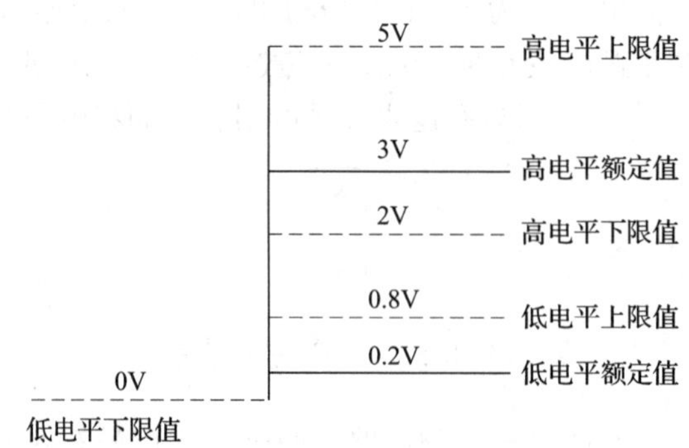

图 5-1-6　电路高、低电平的变化范围

4）“与”逻辑真值表。为了方便分析，数字电路中经常用数字“1”和“0”表示高电平和低电平。如果用“1”表示高电平，用“0”表示低电平，可以得到“与”门电路的逻辑真值表，简称真值表，见表 5-1-3。表 5-1-3 中，A、B 表示逻辑条件，又称为逻辑变量，Y 表示逻辑结果。如果把逻辑结果和逻辑变量之间的关系用函数式表示，则可得到“与”门的逻辑表达式为：

$$Y=A \cdot B$$

式中，“ · ”表示 A、B 相乘，上式不仅可读作“Y 等于 A 与 B”，也可读作“Y 等于 A 乘 B”。$Y=A \cdot B$ 也可写为 $Y=AB$。

表 5-1-3　“与”门电路的逻辑真值表

A	B	Y	A	B	Y
0	0	0	1	0	0
0	1	0	1	1	1

5）关于正逻辑和负逻辑的概念。如果用“1”表示高电平，用“0”表示低电平，则称为正逻辑；如果用“0”表示高电平，用“1”表示低电平，则称为负逻辑。如果没有特殊说明，默认为正逻辑。

2. “或”逻辑关系和“或”门电路

（1）“或”逻辑关系

在决定一件事情的全部条件中，只要具备一个或者一个以上的条件，这件事情就会发生，这种逻辑关系称为“或”逻辑关系。在图 5-1-7 所示的电路中，当开关 A 或 B 闭合时，灯泡都能点亮；只有当开关全

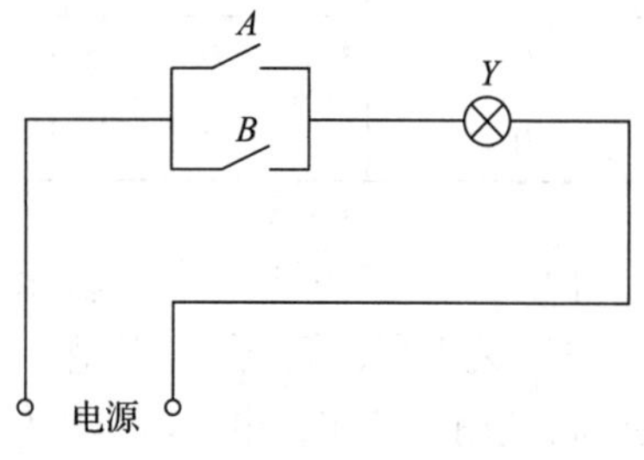

图 5-1-7　“或”逻辑电路

部断开时，灯泡才不会点亮。因此，并联的开关 A、B 和灯泡 Y 是“或”逻辑关系。“或”逻辑电路的功能表见表 5-1-4。

表 5-1-4　“或”逻辑电路的功能表

开关 A	开关 B	灯泡 Y
断开	断开	灭
断开	闭合	亮
闭合	断开	亮
闭合	闭合	亮

（2）“或”门电路

实现“或”逻辑关系的电路称为“或”门电路。

1）“或”门电路和符号。“或”门电路如图 5-1-1b 所示，其中 A、B 是输入信号，Y 是输出信号。“或”逻辑符号如图 5-1-8 所示。

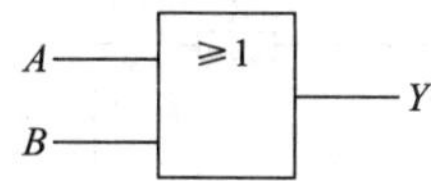

图 5-1-8　“或”逻辑符号

2）工作原理。根据“或”门电路，通过类似“与”门电路的分析估算，可以列出“或”门电路的电压功能表，见表 5-1-5。

表 5-1-5　“或”门电路的电压功能表

U_A/V	U_B/V	U_Y/V
0	0	0
0	3	2.3
3	0	2.3
3	3	2.3

由表 5-1-5 可知，输入信号 U_A 或 U_B 有一个为高电平或两者均为高电平，输出 U_Y 就是高电平。

3）“或”逻辑真值表。“或”门电路的逻辑真值表见表 5-1-6。由表 5-1-6 可以看出，输入信号 A、B 与输出信号 Y 之间的关系和算数中的加法很相似，这种关系也可用逻辑表达式表示为：

$$Y=A+B$$

式中，“+”表示 A 和 B 相加，上式不仅可以读作“Y 等于 A 或 B”，也可读作“Y 等于 A 和 B”。

值得注意的是，这里的1+1=1，因为是逻辑加，而不是一般的算数加，所以 A、B、Y 的取值都只有1和0两种可能。

表5-1-6 “或”门电路的逻辑真值表

A	B	Y	A	B	Y
0	0	0	1	0	1
0	1	1	1	1	1

3. “非”逻辑关系与“非”门电路

（1）“非”逻辑关系

决定一件事情的条件只有一个，当条件具备时，这件事情不会发生；当条件不具备时，这件事情一定会发生，这种逻辑关系称为“非”逻辑关系。图5-1-9所示的电路中，当开关 A 闭合时，灯泡不亮；当开关 A 断开时，灯泡点亮。因此，开关和灯泡是“非”逻辑关系。“非”逻辑电路的功能表见表5-1-7。

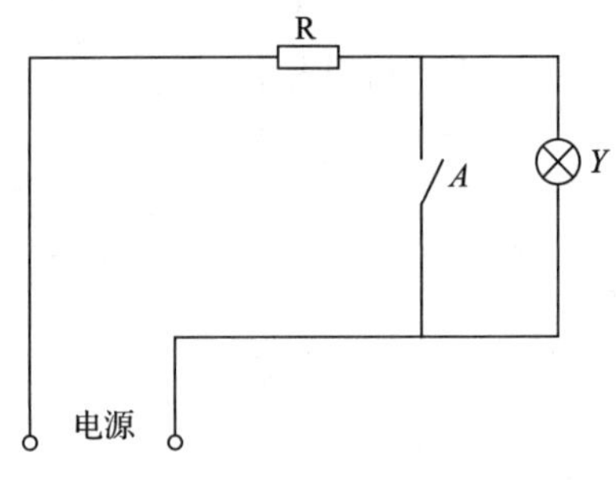

图5-1-9 “非”逻辑电路

表5-1-7 “非”逻辑电路的功能表

开关 A	灯泡 Y
断开	亮
闭合	灭

（2）“非”门电路（反相器）

实现“非”逻辑关系的电路称为“非”门电路。

1）“非”门电路和符号。“非”门电路如图5-1-1c所示，其中 A 是输入信号，Y 是输出信号。“非”逻辑符号如图5-1-10所示。

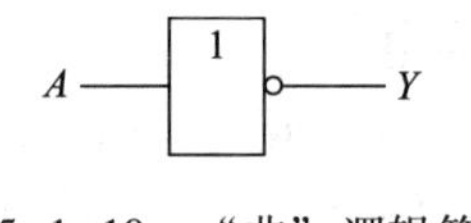

图5-1-10 “非”逻辑符号

2）工作原理。“非”门电路的工作原理如下：

①当输入为低电平即 $U_A=0$ V时，三极管截止，输出高电平 $U_Y=5$ V。

②当输入为高电平即 $U_A=3$ V时，三极管饱和导通，输出低电平 $U_Y=0.3$ V。

“非”门电路的电压功能表见表5-1-8。

3）“非”逻辑真值表。“非”门电路的逻辑真值表见表5-1-9，“非”逻辑关系表达式为：

$$Y=\overline{A}$$

式中，“-”读作“非”或“反”。$\overline{A}$读作“A非”或“A反”。

表5-1-8　“非”门电路的电压功能表

U_A/V	U_Y/V
0	5
3	0.3

表5-1-9　“非”门电路的逻辑真值表

A	Y
0	1
1	0

四、逻辑代数的运算法则和基本定律

在数字电路中，相同的逻辑功能可以用不同形式的逻辑函数式表示，而这些逻辑函数式的简繁程度往往相差甚远。逻辑函数式越简单，它所表示的逻辑关系越清晰，与之对应的逻辑电路也越简单，要利用最少的电子元器件实现某个逻辑函数，化简逻辑函数就显得十分重要。常用的化简工具是逻辑代数定律、卡诺图和相应的计算机软件。

“与或”式是最基本的逻辑函数式，最简“与或”逻辑函数式的标准为：逻辑函数式中乘积项个数最少（即与之对应的“与”门最少）；每个乘积项中逻辑变量数最少（即每个“与”门的输入端最少）。

1. 逻辑代数的运算法则

逻辑代数的运算法则见表5-1-10。

表5-1-10　逻辑代数的运算法则

逻辑乘	逻辑加	反转律
$A\cdot 0=0$	$A+0=A$	$\overline{\overline{A}}=A$
$A\cdot 1=A$	$A+1=1$	
$A\cdot A=A$	$A+A=A$	
$A\cdot\overline{A}=0$	$A+\overline{A}=1$	

2. 逻辑代数的交换律、结合律和分配律

逻辑代数的交换律、结合律和分配律见表5-1-11。

表 5-1-11　逻辑代数的交换律、结合律和分配律

交换律	$A+B=B+A$
	$AB=BA$
结合律	$A+B+C=(A+B)+C=A+(B+C)$
	$ABC=(AB)C=A(BC)$
分配律	$A(B+C)=AB+AC$
	$A+BC=(A+B)(A+C)$

3. 逻辑代数的吸收律

逻辑代数的吸收律见表 5-1-12。

表 5-1-12　逻辑代数的吸收律

吸收律	证明
$A+AB=A$	$A+AB=A(1+B)=A$
$A(A+B)=A$	$A(A+B)=AA+AB=A+AB=A(1+B)=A$
$A+\overline{A}B=A+B$	$A+B=(A+\overline{A})(A+B)=A+AB+\overline{A}B=A+\overline{A}B$

4. 逻辑代数的摩根定律（反演律）及其推广式

逻辑代数的摩根定律及其推广式见表 5-1-13。

表 5-1-13　逻辑代数的摩根定律及其推广式

摩根定律	摩根定律的推广式
$\overline{AB}=\overline{A}+\overline{B}$	$\overline{ABC\cdots}=\overline{A}+\overline{B}+\overline{C}+\cdots$
$\overline{A+B}=\overline{A}\cdot\overline{B}$	$\overline{A+B+C+\cdots}=\overline{A}\cdot\overline{B}\cdot\overline{C}\cdots$

任务实施

一、任务准备

实施本任务所使用的实训设备及工具、材料可参考表 5-1-14。

表 5-1-14　实训设备及工具、材料

序号	名称	型号、规格	数量	单位	备注
1	万用表	MF47 型	1	台	
2	常用电子组装工具		1	套	
3	直流稳压电源		1	台	

续表

序号	名称	型号、规格	数量	单位	备注
4	逻辑笔		1	支	
5	碳膜电阻器 R、R_B	3.9 kΩ	3	个	
6	碳膜电阻器 R_C	1 kΩ	1	个	
7	三极管 V	9011	1	个	
8	二极管 V_A、V_B	4003	4	个	
9	万能电路板		1	块	
10	镀锡裸铜丝	ϕ0.5 mm	若干	米	
11	焊料、助焊剂		若干		

二、电路装配

1. 电路元器件布置图的确定

本任务的元器件布置示意图如图 5-1-11 所示。

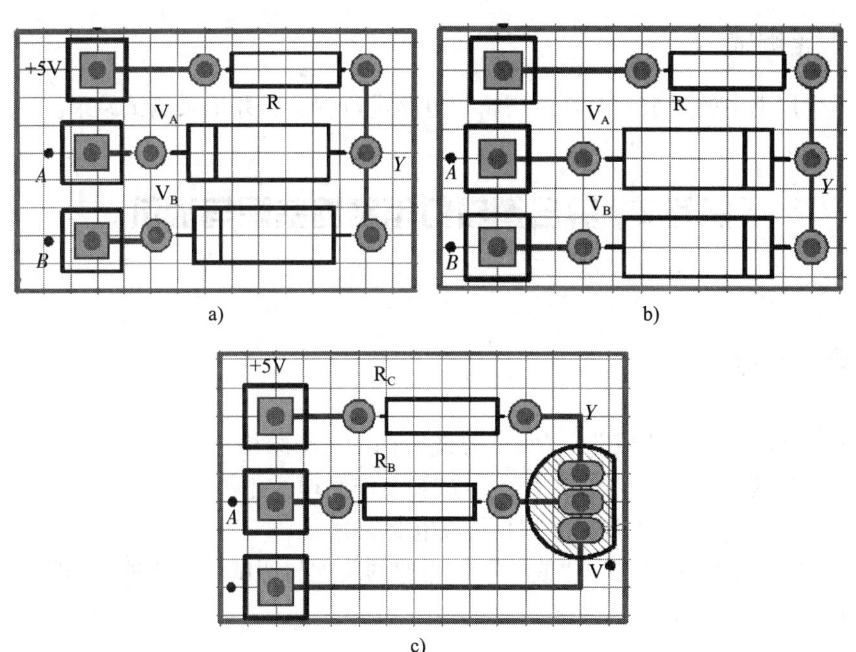

图 5-1-11　元器件布置示意图

a）二极管“与”门电路　b）二极管“或”门电路　c）三极管“非”门电路

2. 元器件的检测

对电路中使用的元器件进行检测与筛选。

3. 元器件的成型

将所用元器件按插装工艺要求进行成型。

4. 元器件的插装焊接

依据图 5-1-11 所示的元器件布置示意图，按照装配工艺要求进行元器件的插装焊接。

5. 镀锡裸铜丝的焊接

根据电路原理图和元器件布置示意图进行镀锡裸铜丝的焊接。

6. 焊接检查

焊接结束后，应检查电路有无漏焊、错焊、虚焊等问题。检查时，可用尖嘴钳或镊子将每个元器件拉动一下，查看有无松动，如有松动应重新焊接。

三、通电前的检查

电路安装完毕后，必须在不通电的情况下，对电路板进行认真细致的检查，以便纠正安装错误。检查中应注意以下几个问题：

1. 元器件引脚之间有无短路。
2. 二极管极性是否接反。
3. 三极管引脚是否接错。

四、电路测试

根据学生用书中的要求，对基本逻辑门电路进行测试，并记录测试结果。

任务 2　复合逻辑门电路的装配与调试

学习目标

1. 掌握“与非”门、“或非”门、“异或”门的逻辑结构、逻辑符号和工作原理。
2. 了解 TTL 集成“与非”门电路的组成和工作原理。
3. 了解集成电路的引脚排列和 TTL 集成电路的分类。
4. 能正确完成“与非”门、“或非”门电路的装配与调试，并能独立排除调试过程中出现的故障。

任务引入

在数字电路中，除了三种基本逻辑关系外，还有一些较为复杂的逻辑组合，如“与非”逻辑就是“与”逻辑和“非”逻辑的组合。实现“与非”逻辑关系的电路称为“与非”门电路，它是一种复合逻辑门电路。图 5-2-1 所示为“与非”门和“或非”门的电路原理图，其焊接装配实物图如图 5-2-2 所示。

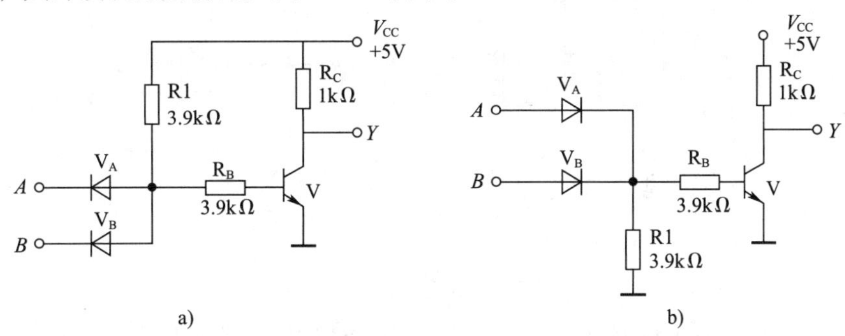

图 5-2-1　复合逻辑门电路原理图

a）“与非”门电路　b）“或非”门电路

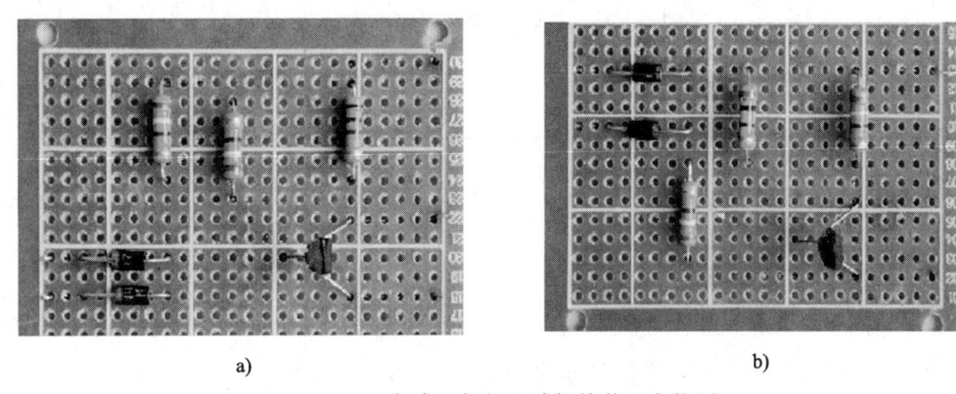

a)　　b)

图 5-2-2　复合逻辑门电路焊接装配实物图

a）“与非”门电路　b）“或非”门电路

本任务的主要内容为：根据给定的技术指标，按照原理图装配并调试“与非”门电路和“或非”门电路，同时能独立解决调试过程中出现的故障。

相关知识

一、“与非”门

“与非”逻辑是“与”逻辑和“非”逻辑的组合逻辑，其运算顺序是先“与”后“非”。

1. “与非”门的逻辑结构和逻辑符号

“与非”门的逻辑结构和逻辑符号如图 5-2-3 所示，A、B 是输入信号，Y 是输出信号。

2. “与非”门的工作原理

“与非”门由“与”门和“非”门结合而成，即在“与”门之后接一个“非门”，就构成了“与非”门。“与非”门的逻辑表达式为：

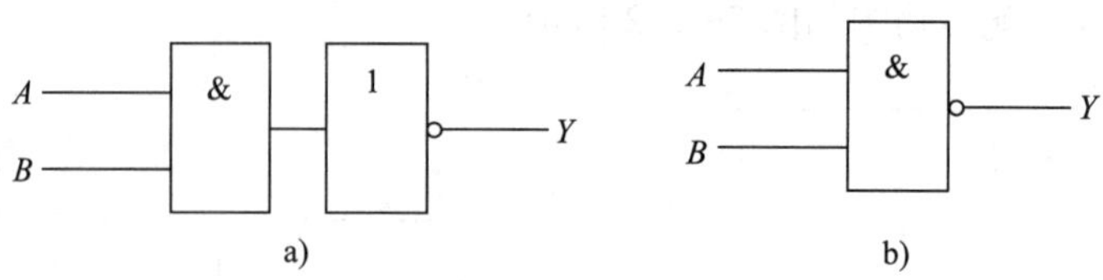

图 5-2-3 “与非”门的逻辑结构和逻辑符号
a）逻辑结构 b）逻辑符号

$$Y=\overline{AB}$$

上式读作“Y等于A与B非”。“与非”门电路的逻辑真值表见表5-2-1。

表 5-2-1 “与非”门电路的逻辑真值表

A	B	Y	A	B	Y
0	0	1	1	0	1
0	1	1	1	1	0

由表5-2-1可知，“与非”门的逻辑功能是：输入有0，输出为1；输入全1，输出为0。

3. “与非”门的特点

“与非”门带负载能力强、抗干扰能力强，应用广泛。由于任何逻辑关系都可用“与非”门实现，因此“与非”运算具有完备性。

二、“或非”门

“或非”逻辑是“或”逻辑和“非”逻辑的组合逻辑，其运算顺序是先“或”后“非”。

1. “或非”门的逻辑结构和逻辑符号

“或非”门的逻辑结构和逻辑符号如图5-2-4所示，A、B是输入信号，Y是输出信号。

2. “或非”门的工作原理

“或非”门由“或”门和“非”门结合而成，即在“或”门之后接一个“非”门，就构成了“或非”门。“或非”门的逻辑表达式为：

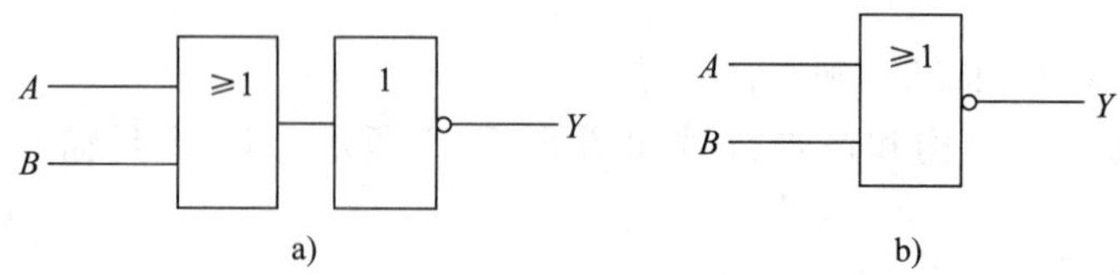

图 5-2-4 “或非”门的逻辑结构和逻辑符号
a）逻辑结构 b）逻辑符号

$$Y=\overline{A+B}$$

上式读作“Y 等于 A 或 B 非”。“或非”门电路的逻辑真值表见表 5-2-2。

表 5-2-2 “或非”门电路的逻辑真值表

A	B	Y	A	B	Y
0	0	1	1	0	0
0	1	0	1	1	0

由表 5-2-2 可知，“或非”门的逻辑功能是：输入有 1，输出为 0；输入全 0，输出为 1。

3. “或非”门的特点

“或非”门带负载能力强、抗干扰能力强，应用广泛。由于任何逻辑关系都可用“或非”门实现，因此“或非”运算具有完备性。

三、“异或”门

“异或”门有两个输入端和一个输出端，“异或”逻辑功能为：当两个输入端的电平相同时，输出端为低电平；当两个输入端的电平相异时，输出端为高电平。实现“异或”逻辑关系的电路称为“异或”门。

1. “异或”门的逻辑结构和逻辑符号

“异或”门的逻辑结构和逻辑符号如图 5-2-5 所示，A、B 是输入信号，Y 是输出信号。

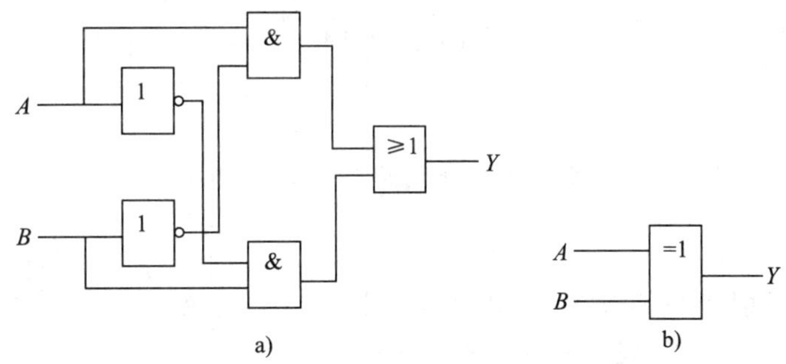

图 5-2-5 “异或”门的逻辑结构和逻辑符号

a）逻辑结构 b）逻辑符号

2. “异或”门的工作原理

“异或”门由“非”门、“与”门和“或”门组合而成。“异或”门的逻辑表达式为：

$$Y=A\overline{B}+\overline{A}B=A\oplus B$$

上式读作“Y 等于 A 异或 B”。“异或”门电路的逻辑真值表见表 5-2-3。

表 5-2-3 “异或”门电路的逻辑真值表

A	B	Y	A	B	Y
0	0	0	1	0	1
0	1	1	1	1	0

由表 5-2-3 可知，“异或”门的逻辑功能是：当输入 A、B 取值相同时，输出为 0；当输入 A、B 取值不同时，输出为 1。

四、TTL 集成“与非”门电路

数字电路中普遍使用集成电路，集成电路可以将一个完整逻辑电路中的全部元器件和连线制作在一块很小的硅片上，它具有体积小、质量小、速度快、功耗低、可靠性高等优点。常用的数字集成逻辑电路有 TTL 和 CMOS 两大类。TTL 电路的输入级和输出级均采用晶体管，所以又称为晶体管—晶体管逻辑电路。

1. 电路组成

TTL 集成“与非”门电路如图 5-2-6 所示，它由输入级、中间级和输出级三部分组成。

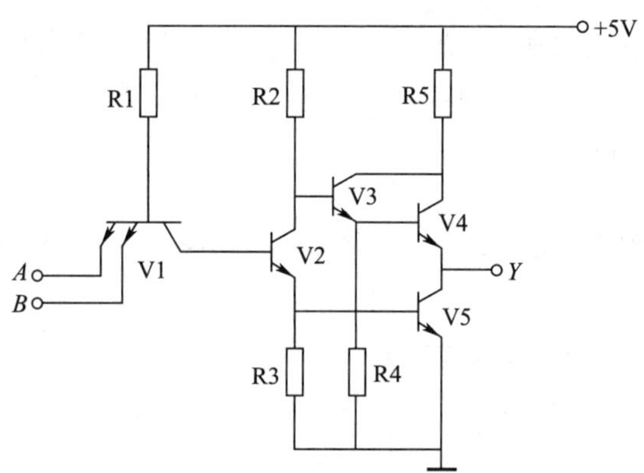

图 5-2-6 TTL 集成“与非”门电路

（1）输入级

输入级由多发射极晶体管 V1 和电阻 R1 组成，多发射极晶体管 V1 的发射极作为逻辑输入端，实现多个输入信号的“与”逻辑运算。多发射极晶体管的等效电路如图 5-2-7 所示，每一个发射极都相当于一个二极管。

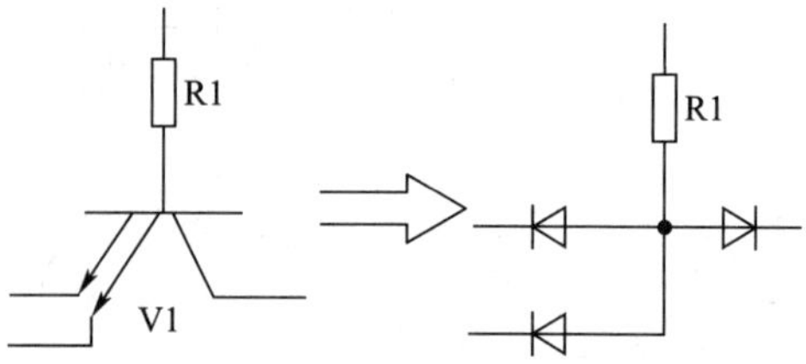

图 5-2-7 多发射极晶体管的等效电路

（2）中间级

中间级由 R2、V2、R3 组成。它的主要作用是从三极管 V2 的集电极和发射极同时输出两个相位相反的电压信号，作为 V3、V5 的驱动信号，以保证 V4 和 V5 中的一个导通时另一个截止。

（3）输出级

输出级由 V3、V4、V5、R4 和 R5 组成，其中 V3 和 V4 构成复合管。由于该复合管与 V5 的输入信号相反，所以当 V5 导通时，V4 截止；当 V4 导通时，V5 截止。这种电路结构称为推挽式结构，具有较强的带负载能力，输出级完成逻辑“非”运算。

2. 工作原理

当输入信号全为高电平（$U_{IH}=3.6\ V$）时，+5 V 电源经 R1、V1（BC 结）向 V2、V5 提供基极电流，V2、V5 导通，V4 截止，输出电压为低电平，门电路导通电压为：

$$U_Y=U_{CEO}=0.3\ V$$

当输入信号有一个或全部为低电平（$U_{IL}=0.3\ V$）时，V1 导通，V1 基极电位为 1 V（0.3 V+0.7 V=1 V），不足以向 V2、V5 提供基极电流，所以 V2、V5 截止，+5 V 电源经 R2 向 V3、V4 提供基极电流，V4 导通，输出电压为高电平，门电路截止电压为：

$$U_Y=V_{CC}-I_{B3}R_2-U_{BE3}-U_{BE4}\approx 5\ V-0.7\ V-0.7\ V=3.6\ V$$

显然，输出与输入是“全 1 出 0，有 0 出 1”的“与非”逻辑关系，其逻辑表达式为：

$$Y=\overline{AB}$$

五、集成电路引脚排列

集成电路引脚的编号多按逆时针方向排列，即将集成电路正面朝上，开口在左侧，左下方第一个引脚编号为 1。“与非”门 74LS00、“或非”门 74LS02、“非”门 74LS04、“或”门 74LS32、“与”门 74LS08 的引脚排列如图 5-2-8 所示。

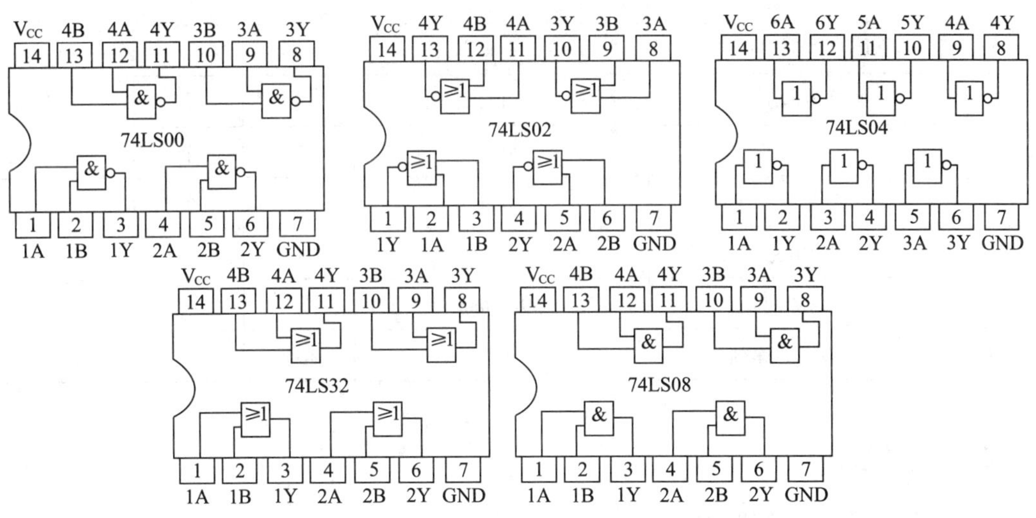

图 5-2-8　集成电路的引脚排列

六、TTL 集成电路的分类

在不同系列的 TTL 集成电路中，只要 TTL 集成电路型号的后几位数码完全相同，则它们的逻辑功能、外形尺寸和引脚排列便完全一样。74 系列 TTL 集成电路型号分类见表 5-2-4。

表 5-2-4　74 系列 TTL 集成电路型号分类

型号	名称	型号	名称
74××	标准型	74AS××	先进肖特基型
74LS××	低功耗肖特基型	74ALS××	先进低功耗肖特基型
74S××	肖特基型	74F××	高速型

任务实施

一、任务准备

实施本任务所使用的实训设备及工具、材料可参考表 5-2-5。

表 5-2-5　实训设备及工具、材料

序号	名称	型号、规格	数量	单位	备注
1	万用表	MF47 型	1	台	
2	常用电子组装工具		1	套	
3	直流稳压电源		1	台	
4	逻辑笔		1	支	
5	碳膜电阻器 R1、R_B	3.9 kΩ	4	个	
6	碳膜电阻器 R_C	1 kΩ	2	个	
7	三极管 V	9011	2	个	
8	二极管 V_A、V_B	4003	4	个	
9	万能电路板		1	块	
10	镀锡裸铜丝	ϕ0.5 mm	若干	米	
11	焊料、助焊剂		若干		

二、电路装配

1. 电路元器件布置图的确定

本任务的元器件布置示意图如图 5-2-9 所示。

2. 元器件的检测

对电路中使用的元器件进行检测与筛选。

3. 元器件的成型

将所用元器件按插装工艺要求进行成型。

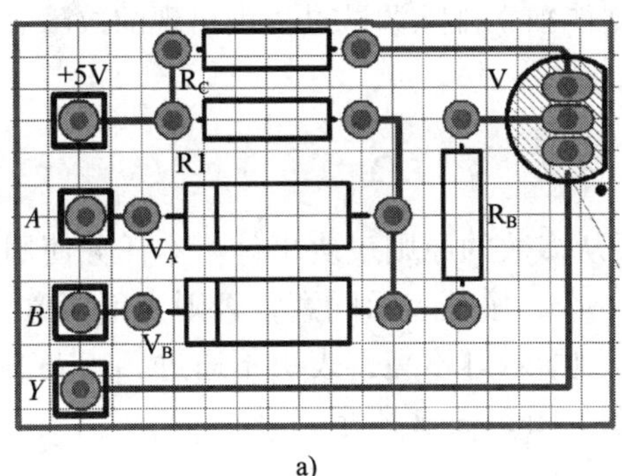

a)

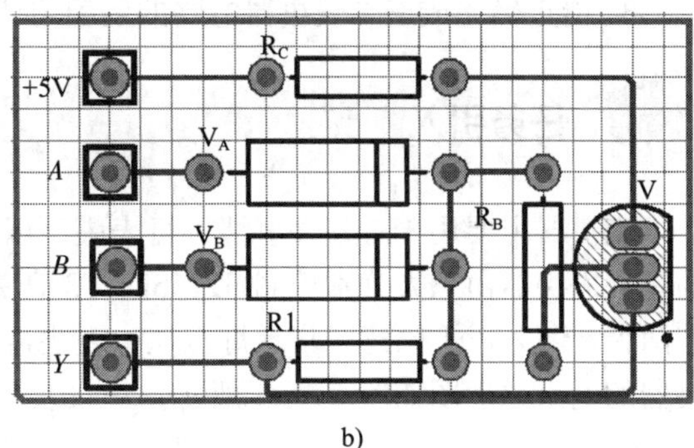

b)

图 5-2-9　元器件布置示意图

a）“与非”门电路　b）“或非”门电路

4. 元器件的插装焊接

依据图 5-2-9 所示的元器件布置示意图，按照装配工艺要求进行元器件的插装焊接。

5. 镀锡裸铜丝的焊接

根据电路原理图和元器件布置示意图进行镀锡裸铜丝的焊接。

6. 焊接检查

焊接结束后，应检查电路有无漏焊、错焊、虚焊等问题。检查时可用尖嘴钳或镊子将每个元器件拉动一下，查看有无松动，如有松动则应重新焊接。

三、通电前的检查

电路安装完毕后，必须在不通电的情况下，对电路板进行认真细致的检查，以便纠正安装错误。检查中应注意以下几个问题：

1. 元器件引脚之间有无短路。
2. 二极管极性是否接反。
3. 三极管引脚是否接错。

四、电路测试

根据学生用书中的要求，对复合逻辑门电路进行测试，并记录测试结果。

任务 3　三人表决器电路的装配与调试

学习目标

1. 掌握三人表决器电路的组成及工作原理。
2. 掌握发光二极管的极性判别与质量检测方法。

3. 能正确完成三人表决器电路的装配与调试，并能独立排除调试过程中出现的故障。

任务引入

表决器主要用于对某件事情进行表决，以少数服从多数的原则表决事件。本任务使用的三人表决器由三人分别控制 S1、S2、S3 开关中的一个，按下表示同意，否则为不同意。若两人及两人以上同意，指示灯点亮，表决通过；否则指示灯不亮，表决不通过。三人表决器的电路原理图如图 5-3-1 所示，焊接装配实物图如图 5-3-2 所示。

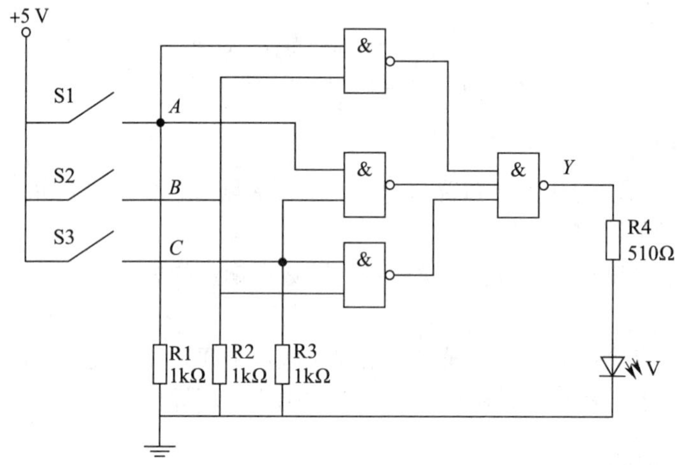

图 5-3-1　三人表决器电路原理图

图 5-3-2　三人表决器焊接装配实物图

本任务的主要内容为：根据给定的技术指标，按照原理图装配并调试三人表决器电路，同时能独立解决调试过程中出现的故障。

相关知识

一、三人表决器电路的组成及工作原理

1. 三人表决器电路的组成

三人表决器主要由选择触发电路、表决电路、状态显示电路构成。其中，开关 S1、S2、S3 和电阻 R1、R2、R3 组成选择触发电路，74LS00 二输入“与非”门和 74LS10 三输入“与非”门组成表决电路，发光二极管 V 和分压电阻 R4 组成状态显示电路，由+5 V 电源给电路供电。

2. 三人表决器电路的工作原理

接通电源后，开关 S1、S2、S3 处于断开状态，A、B、C 三点的电位均为低电位，Y 点的电位为低电位，发光二极管 V 不亮。

当按下开关 S1、S2 时，根据“与非”门的特点（全 1 出 0，有 0 出 1），Y 点的电位为高电位，发光二极管 V 点亮，表决通过。

根据电路原理图，只要按下任意两个或三个开关，那么 Y 点的电位为高电位，发光二极管 V 点亮，表决通过。

二、发光二极管的极性判别与质量检测

1. 发光二极管的极性判别

（1）目测法

发光二极管的管体一般是用透明塑料制成的，可以用目测法区分它的正、负电极：将发光二极管拿起置于较明亮处，从侧面仔细观察两条引出线在管锋内的形状，较小的一端是正极，较大的一端则是负极。发光二极管的符号和外形如图 5-3-3 所示。

（2）万用表测量法

发光二极管的开启电压略大于 2 V，而当万用表转换开关置于 R×1 k 及其以下各电阻挡时，表内电池电压仅为 1.5 V，比发光二极管的开启电压低，所以无论正向接入还是反向接入，发光二极管都不可能导通，也就无法检测判断。因此，用万用表检测发光二极管时，必须使用 R×10 k 挡。此时表内接有 9 V 高压电池，测试电压高于发光二极管的开启电压，正向接入时发光二极管导通。

检测时，将两表笔分别与发光二极管的两引脚相接，如果万用表指针向右偏转过半，同时发光二极管发出微弱光亮，表明发光二极管是正向接入，此时黑表笔所接是正极，而红表笔所接是负极，如图 5-3-4a 所示。接着，再将红、黑表笔对调后与发光二极管的两引脚相接，这时为反向接入，万用表指针应指在无穷大位置，发光二极管不亮，如图 5-3-4b 所示。

2. 发光二极管的质量检测

按图 5-3-4 所示接法进行正、反电阻测量，若无论是正向接入还是反向接入，万用表读数均较小甚至为零，或者都不偏转，则表明被测发光二极管已经损坏。

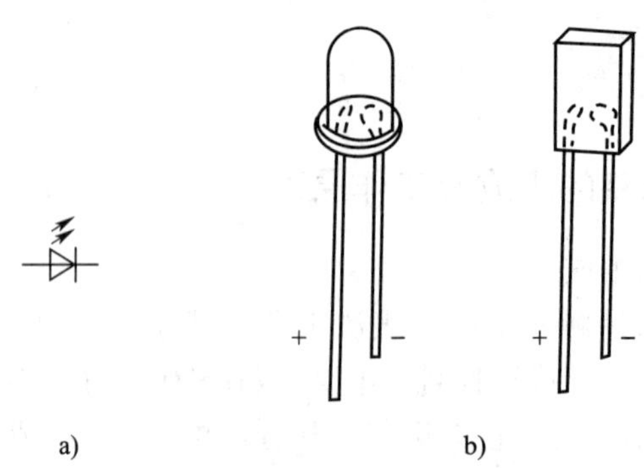

a)　　　　b)

图 5-3-3　发光二极管的符号和外形

a）符号　b）外形

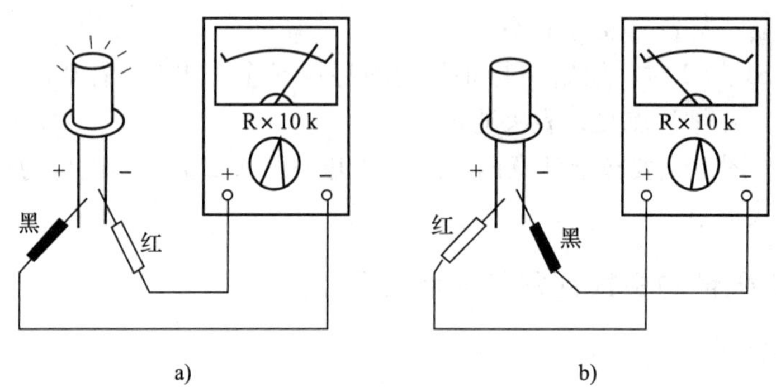

a)　　　　b)

图 5-3-4　发光二极管极性判别

a）正向接入　b）反向接入

任务实施

一、任务准备

实施本任务所使用的实训设备及工具、材料可参考表 5-3-1。

表 5-3-1　实训设备及工具、材料

序号	名称	型号、规格	数量	单位	备注
1	万用表	MF47 型	1	台	
2	常用电子组装工具		1	套	
3	直流稳压电源		1	台	
4	逻辑笔		1	支	
5	S1、S2、S3	轻触开关（自锁）	3	个	

续表

序号	名称	型号、规格	数量	单位	备注
6	发光二极管 V	5 mm 直插 LED	1	个	
7	碳膜电阻器 R1、R2、R3	1 kΩ	3	个	
8	碳膜电阻器 R4	510 Ω	1	个	
9	“与非”门 U1	74LS00	1	个	
10	“与非”门 U2	74LS10	1	个	
11	万能电路板		1	块	
12	镀锡裸铜丝	ϕ0. 5 mm	若干	米	
13	焊料、助焊剂		若干		

二、电路装配

1. 电路元器件布置图的确定

本任务的元器件布置示意图如图 5-3-5 所示。

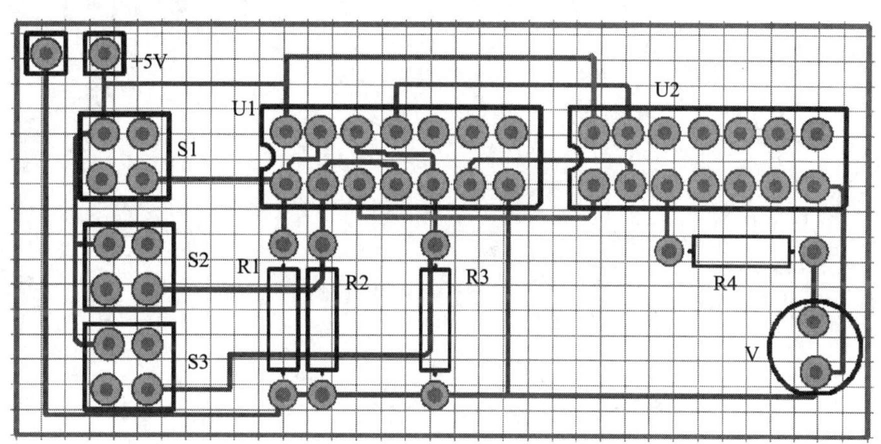

图 5-3-5　元器件布置示意图

2. 元器件的检测

对电路中使用的元器件进行检测与筛选。

3. 元器件的成型

将所用元器件按插装工艺要求进行成型。

4. 元器件的插装焊接

依据图 5-3-5 所示的元器件布置示意图，按照装配工艺要求进行元器件的插装焊接。

（1）发光二极管应垂直安装，底部贴紧电路板，注意引脚极性。

（2）按钮开关应垂直安装，底部贴紧电路板。

5. 镀锡裸铜丝的焊接

根据电路原理图和元器件布置示意图进行镀锡裸铜丝的焊接。

6. 焊接检查

焊接结束后，应检查电路有无漏焊、错焊、虚焊等问题。检查时可用尖嘴钳或镊子将每个元器件拉动一下，查看有无松动，如有松动应重新焊接。

三、通电前的检查

电路安装完毕后，必须在不通电的情况下，对电路板进行认真细致的检查，以便纠正安装错误。检查中应注意以下几个问题：

1. 元器件引脚之间有无短路。
2. 发光二极引极性是否接反。
3. 开关引脚是否接错。
4. 集成芯片引脚极性是否接错。

四、电路测试

根据学生用书中的要求，对三人表决器电路进行测试，并记录测试结果。

课题六　触发器及其应用电路的装配与调试

任务 1　触发器电路的装配与调试

学习目标

1. 了解触发器的特性。

2. 掌握基本 RS 触发器、同步 RS 触发器、JK 触发器、D 触发器的工作原理、真值表等相关知识。

3. 能正确完成 RS 触发器电路的装配与调试，并能独立排除调试过程中出现的故障。

任务引入

时序逻辑电路能够记忆电路的原状态，电路的输出状态不仅取决于当前的输入状态，还与电路原来的状态有关。触发器是构成各种时序逻辑电路的记忆单元，撤销输入信号后，触发器仍保持有信号输入时的状态，除非再输入新的信号。

根据逻辑功能的不同，触发器可分为 RS 触发器、JK 触发器、D 触发器、T 触发器和 T′ 触发器。图 6-1-1 所示是 RS 触发器的电路原理图，其焊接装配实物图如图 6-1-2 所示。

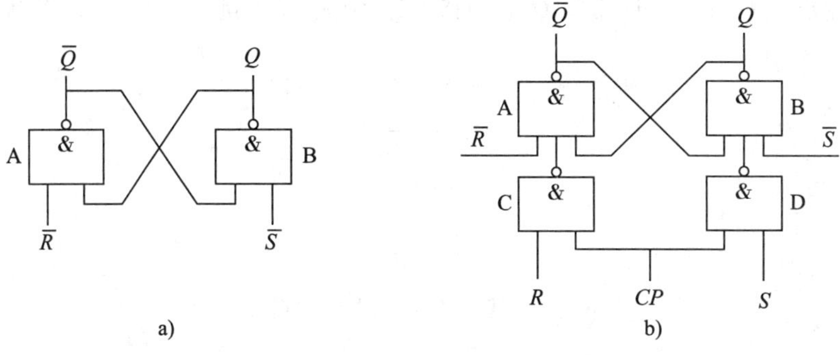

图 6-1-1　RS 触发器的电路原理图

a）基本 RS 触发器　b）同步 RS 触发器

本任务的主要内容为：根据给定的技术指标，按照原理图装配并调试 RS 触发器电路，同时独立解决调试过程中出现的故障。

a)

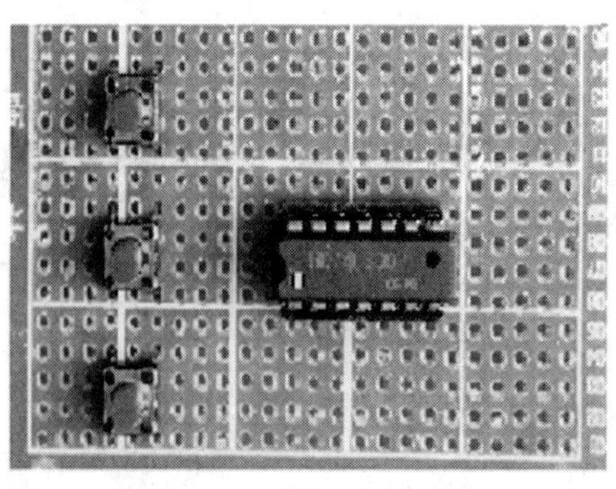

b)

图 6-1-2　RS 触发器电路焊接装配实物图

a）基本 RS 触发器　b）同步 RS 触发器

相关知识

一、触发器的特性

触发器是一种能储存一位二进制信息的双稳态存储单元，它具有以下基本特点：

1. 有两个能自行保持的稳定状态，即“0”状态或“1”状态。当输入信号撤销后，触发器仍保持有信号时的状态，除非输入新的信号，即触发器具有记忆功能。

2. 在适当信号的作用下，触发器可以从一种稳定状态转换到另一种稳定状态。

二、基本 RS 触发器

1. 逻辑电路和逻辑符号

基本 RS 触发器是一种最简单的触发器，是构成各种功能触发器的基本单元。它可以由两个“与非”门或两个“或非”门组成，由两个“与非”门组成的基本 RS 触发器的逻辑电路如图 6-1-1a 所示，其逻辑符号如图 6-1-3 所示。电路有两个信号输入端 $\overline{R}$ 和 $\overline{S}$、两个互补的输出端 Q 和 $\overline{Q}$，通常将 Q 端的状态作为触发器的状态。例如，若触发器为 1 状态，则 $Q=1$，$\overline{Q}=0$。

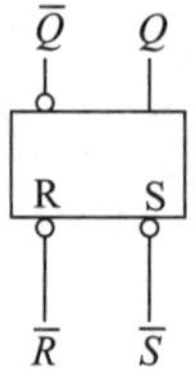

图 6-1-3　基本 RS 触发器的逻辑符号

2. 工作原理

由图6-1-1a可知，“与非”门A的输出$\overline{Q}$反馈到“与非”门B的输入端，“与非”门B的输出Q反馈到“与非”门A的输入端。假设触发器的初始状态为$Q=1$，$\overline{Q}=0$。

（1）当输入端$\overline{R}=\overline{S}=1$时，“与非”门A的输出$\overline{Q}=0$，加到“与非”门B的输入端，因为“与非”门B有一个输入端状态为0，所以输出必为1；“与非”门B的输出$Q=1$，加到“与非”门A的输入端，使得“与非”门A两个输入端状态全为1，则“与非”门A输出必为0。如果将触发器的初始状态（即接收输入信号之前的状态）称为现态，用Q^n表示；将触发器变化（又称为翻转）以后的状态（即接收输入信号之后的状态）称为次态，用Q^{n+1}表示，则有$Q^{n+1}=Q^n=1$；如果假设触发器的初始状态为$Q=0$，$\overline{Q}=1$，同理可得$Q^{n+1}=Q^n=0$。触发器维持原状态不变，即$Q^{n+1}=Q^n$。

（2）当输入端$\overline{R}=0$，$\overline{S}=1$时，因为“与非”门A有一个输入端状态为0，所以输出必为1，即$\overline{Q}=1$，加到“与非”门B的输入端，使得“与非”门B的两个输入端状态全为1，则“与非”门B的输出必为0，即$Q^{n+1}=0$。由此可见，无论触发器原来为何状态，当输入端$\overline{R}=0$，$\overline{S}=1$时，都将使触发器的次态$Q^{n+1}=0$，此时触发器被置0，也可称为触发器被复位。

（3）当输入端$\overline{R}=1$，$\overline{S}=0$时，无论触发器原来为何状态，都将使触发器的次态$Q^{n+1}=1$，此时触发器被置1，也可称为触发器被置位。

（4）当输入端$\overline{R}=\overline{S}=0$时，因为“与非”门A、B输入端都有0，所以将使输出Q和$\overline{Q}$同时为1，即$Q=\overline{Q}=1$，违背了正常工作互补输出的原则。由于难以确定此时Q端是0还是1状态，因此称此时触发器的状态为不定态。这种情况在触发器正常工作时不允许出现。

3. 真值表

由上述工作原理可列出基本RS触发器的真值表，见表6-1-1。由表6-1-1可知，基本RS触发器的逻辑功能为置0、置1和保持输出状态不变，故RS触发器也称为RS锁存器。

表6-1-1　基本RS触发器的真值表

输入		输出		逻辑功能
$\overline{R}$	$\overline{S}$	Q^n	Q^{n+1}	
0	0	0	×	不定态，应约束
		1	×	
0	1	0	0	置0
		1	0	

续表

输入		输出		逻辑功能
$\overline{R}$	$\overline{S}$	Q^n	Q^{n+1}	
1	0	0	1	置 1
		1	1	
1	1	0	0	保持
		1	1	

基本 RS 触发器的简化真值表见表 6-1-2。

表 6-1-2　基本 RS 触发器的简化真值表

$\overline{R}$	$\overline{S}$	Q^{n+1}	逻辑功能
0	0	不定态	应避免出现
0	1	0	$\overline{R}$ 有效，置 0
1	0	1	$\overline{S}$ 有效，置 1
1	1	Q^n	$\overline{R}$、$\overline{S}$ 均无效，保持（记忆）状态

4. 特性方程

基本 RS 触发器的 $\overline{R}$ 输入端称为置 0 端，$\overline{S}$ 输入端称为置 1 端；同理，输入信号 $\overline{R}$ 称为置 0 信号或复位信号，输入信号 $\overline{S}$ 称为置 1 信号或置位信号。输入信号低电平有效，即输入为 0 时输出逻辑功能有效，输入为 1 时输出逻辑功能无效。表示基本 RS 触发器输入、输出信号之间逻辑关系的特性方程为：

$$\begin{cases} Q^{n+1}=S+\overline{R}Q^n \\ \overline{R}+\overline{S}=1 \text{（约束条件）} \end{cases}$$

5. 电路特点

基本 RS 触发器的优点是电路简单，可以存放一位二进制数。缺点是输入信号直接控制输出，当输入信号出现扰动时，输出状态随之发生变化，抗干扰能力差，同时输入信号之间有约束，使用不方便。

三、同步 RS 触发器

1. 逻辑电路和逻辑符号

同步 RS 触发器的逻辑电路如图 6-1-1b 所示，逻辑符号如图 6-1-4 所示。其中，A 门、B 门组成基本 RS 触发器，C 门、D 门是控制门，*CP* 是时钟控制信号，又称为选通脉冲。为了克服基本 RS 触发器直接控制的缺点，在电路中接入两个控制门，引入一个时钟控制信号，使输入信号通过控制门传输。$\overline{R}$ 和 $\overline{S}$ 分别为异步置“0”端和异步置“1”端，在时钟脉冲工作前，预先使触发器处于某一给定状态，而在时钟脉冲工作过程中，不受时钟脉冲 *CP* 的控制。

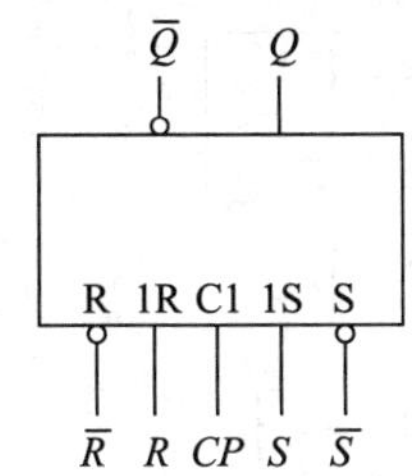

图 6-1-4　同步 RS 触发器的逻辑符号

2. 工作原理

当 $CP=0$ 时，传输门 C、D 被封锁，输入通道被切断，无论输入信号如何变化，都无法加到基本 RS 触发器的输入端，C 门、D 门输出恒等于 1，基本 RS 触发器保持原状态不变。当 $CP=1$ 时，控制门 C、D 打开，接收输入信号，C 门、D 门的输出分别为 R、S 端的取反信号，从而实现 RS 触发器的功能。同步 RS 触发器在 $CP=1$ 时的真值表见表 6-1-3。

表 6-1-3　同步 RS 触发器的真值表（$CP=1$）

R	S	Q^{n+1}	逻辑功能
0	0	Q^n	保持
0	1	1	置 1
1	0	0	置 0
1	1	不定态	应避免出现

显然，在同步 RS 触发器中，只有当时钟控制信号 *CP* 为高电平时才有效，同步 RS 触发器的输入信号为高电平有效，两个输入信号不能同时为 1，这刚好与基本 RS 触发器相反。根据真值表可得到其特性方程（$CP=1$ 时有效）为：

$$\begin{cases} Q^{n+1}=S+\overline{R}Q^n \\ RS=0 \text{（约束条件）} \end{cases}$$

3. 电路特点

（1）选通控制，提高了电路的抗干扰能力。

（2）在 $CP=1$ 期间，输入信号 R、S 不允许同时为 1，输入信号依然存在约束。

四、JK 触发器

1. 逻辑电路和逻辑符号

同步 RS 触发器的输入信号依然有约束，为了克服这个缺点，将 RS 触发器互补的两个输出 Q 和 $\overline{Q}$ 分别引回到控制门 C 和 D 的输入端，这样就可以避免 $CP=1$ 期间 C 门、D 门输出同时为 0 的情况，彻底解决了输入信号存在约束的问题。为了区别于同步 RS 触发器，将这种触发器的输入信号分别用 J、K 表示，并将其称为 JK 触发器，其逻辑电路和逻辑符号如图 6-1-5 所示。

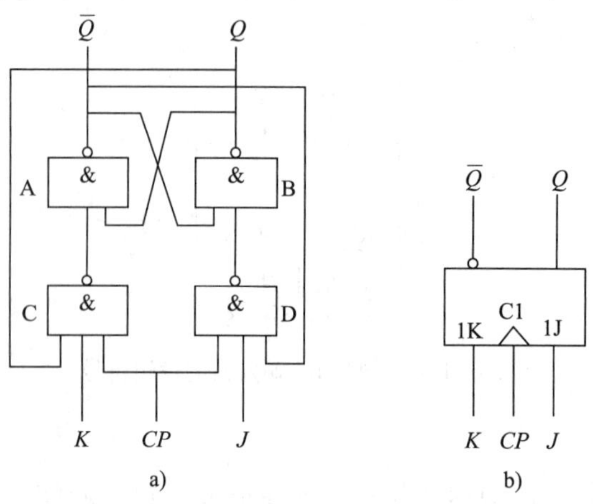

图 6-1-5　JK 触发器的逻辑电路和逻辑符号

a）逻辑电路　b）逻辑符号

2. 工作原理

（1）当输入信号 $J=K=0$ 时，时钟脉冲 CP 上升沿到来后，控制门 C、D 输出都为 1，基本 RS 触发器保持原状态不变。

（2）当输入信号 $J=1$、$K=0$ 时，时钟脉冲 CP 上升沿到来后，无论触发器的初始状态如何，基本 RS 触发器均被置 1，即 $Q^{n+1}=1$。

（3）当输入信号 $J=0$、$K=1$ 时，时钟脉冲 CP 上升沿到来后，无论触发器的初始状态如何，基本 RS 触发器均被置 0，即 $Q^{n+1}=0$。

（4）当输入信号 $J=K=1$，$Q=0$、$\overline{Q}=1$ 时，时钟脉冲 CP 上升沿到来后，C 门输入有 0，输出为 1；D 门输入全为 1，输出为 0，基本 RS 触发器被置 1，即 $Q^{n+1}=1$。同理，当输入信号 $J=K=1$，$Q=1$、$\overline{Q}=0$ 时，时钟脉冲 CP 上升沿到来后，触发器将被置 0。由此可见，当输入信号 $J=K=1$ 时，时钟脉冲 CP 上升沿每到来一次，其输出状态就改变一次，即$Q^{n+1}=\overline{Q^n}$，这种工作状态称为计数工作状态。

3. 真值表

由上述工作原理可列出 JK 触发器的真值表，见表 6-1-4。由表 6-1-4 可知，JK 触发器具有置 0、置 1、保持和计数的功能。

表 6-1-4　JK 触发器的真值表

输入			输出	逻辑功能
J	K	Q^n	Q^{n+1}	
0	0	0	0	保持
		1	1	

续表

输入			输出	逻辑功能
J	K	Q^n	Q^{n+1}	
0	1	0	0	置 0
		1	0	
1	0	0	1	置 1
		1	1	
1	1	0	1	计数
		1	0	

4. 特性方程

表示 JK 触发器输入、输出信号之间逻辑关系的特性方程为：

$$Q^{n+1}=J\overline{Q^n}+\overline{K}Q^n$$

五、D 触发器

1. 逻辑电路和逻辑符号

为了克服 RS 触发器输入信号之间有约束的缺点，将 RS 触发器的输入端 R 接至 D 门的输出端，这样在时钟脉冲 $CP=1$ 期间，$R=\overline{S}$，从而彻底解决了输入信号存在约束的问题。为了区别于同步 RS 触发器，将这种触发器的输入信号 S 改为 D，并将其称为 D 触发器，其逻辑电路和逻辑符号如图 6-1-6 所示。

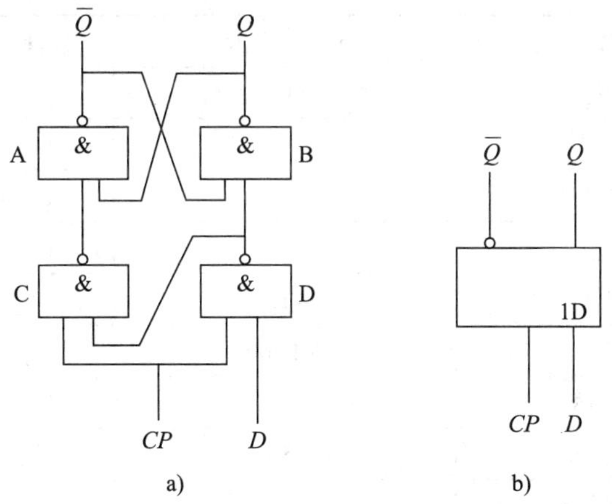

图 6-1-6　D 触发器的逻辑电路和逻辑符号

a）逻辑电路　b）逻辑符号

2. 工作原理

当 $CP=0$ 时，控制门 C 门、D 门关闭，输出都为 1，基本 RS 触发器保持原状态不变；当 $CP=1$ 时，控制门 C 门、D 门打开，接收输入信号 D。

（1）当 $D=0$ 时，D 门输出为 1，使 C 门的输入全为 1，则 C 门输出为 0，基本 RS 触发器输出为 $Q^{n+1}=0$。

（2）当 $D=1$ 时，D 门输入全为 1，则 D 门输出为 0，D 门输出的 0 加到 C 门的输入端，使 C 门的输入有 0，则 C 门输出为 1，基本 RS 触发器输出为 $Q^{n+1}=1$。

3. 真值表

由以上分析可列出 D 触发器的真值表，见表 6-1-5。由表 6-1-5 可知，D 触发器具有置 0 和置 1 功能。

表 6-1-5　D 触发器的真值表

D	Q^{n+1}	D	Q^{n+1}
0	0	1	1

4. 特性方程

D 触发器的特性方程为：

$$Q^{n+1}=D$$

任务实施

一、任务准备

实施本任务所使用的实训设备及工具、材料可参考表 6-1-6。

表 6-1-6　实训设备及工具、材料

序号	名称	型号、规格	数量	单位	备注
1	万用表	MF47 型	1	台	
2	常用电子组装工具		1	套	
3	直流稳压电源		1	台	
4	逻辑笔		1	支	
5	纽扣开关	ATE	5	个	
6	“与非”门	74LS00	2	个	
7	万能电路板		1	块	
8	镀锡裸铜丝	ϕ0.5 mm	若干	米	
9	焊料、助焊剂		若干		

二、电路装配

1. 电路元器件布置图的确定

本任务的元器件布置示意图如图 6-1-7 所示。

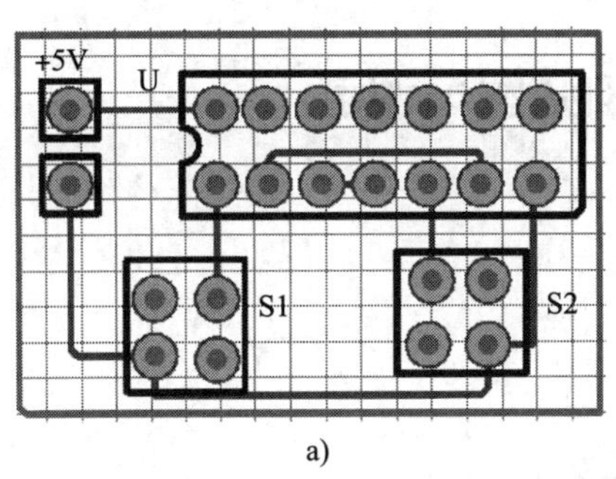

a)

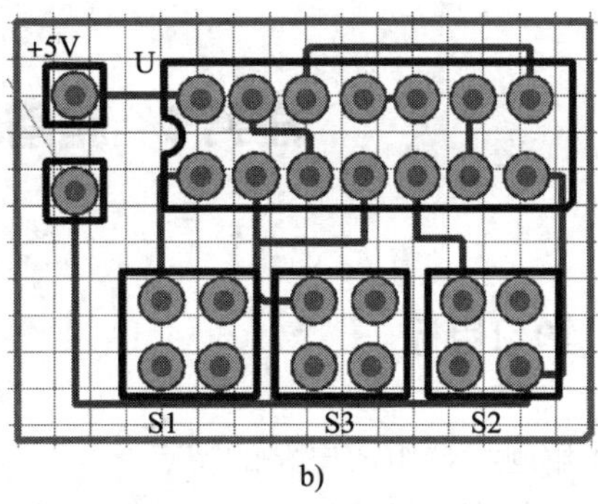

b)

图 6-1-7　元器件布置示意图

a）基本 RS 触发器　b）同步 RS 触发器

2. 元器件的检测

对电路中使用的元器件进行检测与筛选。

3. 元器件的成型

将所用元器件按插装工艺要求进行成型。

4. 元器件的插装焊接

依据图 6-1-7 所示的元器件布置示意图，按照装配工艺要求进行元器件的插装焊接。注意，集成电路底部应贴紧电路板。

5. 镀锡裸铜丝的焊接

根据电路原理图和元器件布置示意图进行镀锡裸铜丝的焊接。

6. 焊接检查

焊接结束后，应检查电路有无漏焊、错焊、虚焊等问题。检查时，可用尖嘴钳或镊子将每个元器件拉动一下，查看有无松动，如有松动应重新焊接。

三、通电前的检查

电路安装完毕后，必须在不通电的情况下，对电路板进行认真细致的检查，以便纠正安装错误。检查时，应注意集成电路引脚是否接错。

四、电路测试

根据学生用书中的要求，对 RS 触发器电路进行测试，并记录测试结果。

知识拓展

扫描右侧二维码，可了解 JK 触发器转换为 D 触发器、转换为 T 触发器和转换为 T′触发器的相关知识。

任务 2 抢答器的装配与调试

学习目标

1. 了解触发器组成电路的特点。
2. 掌握具有记忆功能的抢答器电路的组成及工作原理。
3. 能正确完成具有记忆功能的抢答器电路的装配与调试，并能独立排除调试过程中出现的故障。

任务引入

抢答器常用于各种知识竞赛，它为竞赛增添了刺激性、娱乐性，在一定程度上丰富了人们的文化生活。实现抢答器功能的方式有多种，具有记忆功能的抢答器电路原理图如图 6-2-1 所示，焊接装配实物图如图 6-2-2 所示。

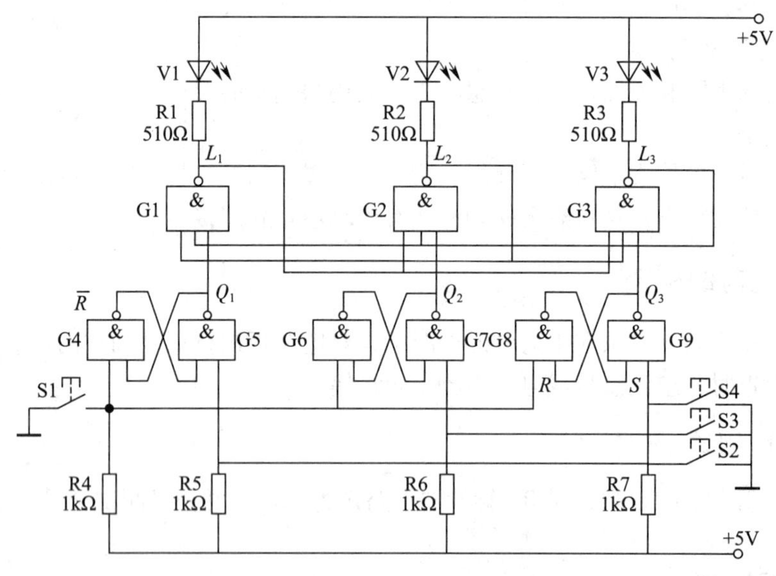

图 6-2-1 具有记忆功能的抢答器电路原理图

本任务的主要内容为：根据给定的技术指标，按照原理图装配并调试抢答器电路，同时独立解决调试过程中出现的故障。

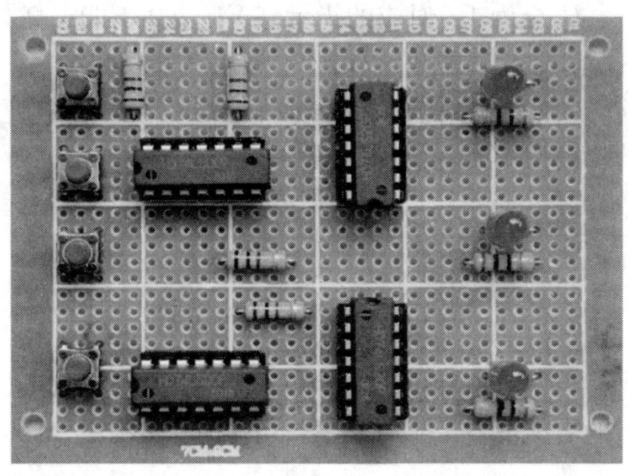

图 6-2-2 具有记忆功能的抢答器电路焊接装配实物图

相关知识

一、触发器组成电路的特点

触发器本身具有记忆功能，一个触发器可以存放一位二进制数，是一个最简单的时序电路。所以，由触发器组成的电路是一种时序电路，具有记忆功能，可以储存信息。

二、具有记忆功能的抢答器电路的组成及工作原理

1. 电路组成

具有记忆功能的抢答器电路一般由指令系统、指令接收和储存系统、反馈闭锁控制系统以及驱动显示系统 4 部分组成。图 6-2-1 中，4 个按钮（S1、S2、S3、S4）、4 个 1 kΩ 电阻（R4、R5、R6、R7）和+5 V 电源组成指令系统，6 个“与非”门（G4、G5、G6、G7、G8、G9）构成的 3 个基本 RS 触发器组成指令接收和储存系统，3 个“与非”门（G1、G2、G3）、3 个 510 Ω 电阻（R1、R2、R3）以及 3 个发光二极管（V1、V2、V3）组成反馈闭锁控制系统以及驱动显示系统。

2. 工作原理

3 名参赛选手每人控制 1 个按钮，比赛开始后，先按下按钮者对应的指示灯点亮，后按下按钮者对应的指示灯不亮，输入的指令信号不起作用。

比赛开始前，主持人先按下清零按钮 S1，对抢答器电路进行清零，发出抢答命令，此时三个基本 RS 触发器的输出 Q_1、Q_2、Q_3 全为 0，对应的“与非”门 G1、G2、G3 的输出 L_1、L_2、L_3 全为 1，指示灯 V1、V2、V3 全部熄灭。

抢答开始后，假设第三名选手的抢答开关 S4 先闭合，则 G8、G9 组成的基本 RS 触发器输出为 1，将 1 加到“与非”门 G3 输入端，使“与非”门 G3 输入全为 1，则 G3 门输出为 0，对应的指示灯 V3 点亮。与此同时，G3 门输出的 0 又加到 G1、G2 门的输入端，

使 G1、G2 门的输出 L_1、L_2 全为 1，对应的指示灯 V1、V2 不能点亮。此时，即使第一名、第二名选手按下抢答开关，此信号也不起作用。

下一轮抢答开始前，主持人必须重新按下清零按钮，若不清零则上一次抢答者的指示灯总是点亮，下一轮的抢答指令无效。

任务实施

一、任务准备

实施本任务所使用的实训设备及工具、材料可参考表 6-2-1。

表 6-2-1　实训设备及工具、材料

序号	名称	型号、规格	数量	单位	备注
1	万用表	MF47 型	1	台	
2	常用电子组装工具		1	套	
3	直流稳压电源		1	台	
4	逻辑笔		1	支	
5	按钮 S1~S4	SMD	4	个	
6	发光二极管 V1~V3	LED	3	个	
7	碳膜电阻器 R1~R3	510 Ω	3	个	
8	碳膜电阻器 R4~R7	1 kΩ	4	个	
9	“与非”门 U1、U2（G4~G9）	74LS00	2	个	
10	“与非”门 U3、U4（G1~G3）	74LS20	2	个	
11	万能电路板		1	块	
12	镀锡裸铜丝	ϕ0.5 mm	若干	米	
13	焊料、助焊剂		若干		

二、电路装配

1. 电路元器件布置图的确定

本任务的元器件布置示意图如图 6-2-3 所示。

2. 元器件的检测

对电路中使用的元器件进行检测与筛选。

3. 元器件的成型

将所用元器件按插装工艺要求进行成型。

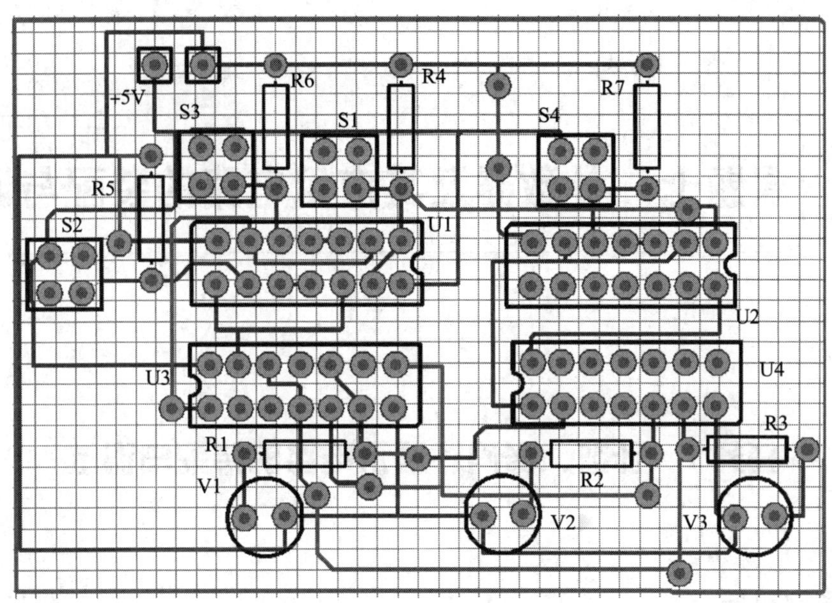

图 6-2-3　元器件布置示意图

4. 元器件的插装焊接

依据图 6-2-3 所示的元器件布置示意图，按照装配工艺要求进行元器件的插装焊接。

5. 镀锡裸铜丝的焊接

根据电路原理图和元器件布置示意图进行镀锡裸铜丝的焊接。

6. 焊接检查

焊接结束后，应检查电路有无漏焊、错焊、虚焊等问题。检查时，可用尖嘴钳或镊子将每个元器件拉动一下，查看有无松动，如有松动应重新焊接。

三、通电前的检查

电路安装完毕后，必须在不通电的情况下，对电路板进行认真细致的检查，以便纠正安装错误。检查中应注意以下几个问题：

1. 发光二极管极性是否接反。
2. 集成芯片引脚是否接错。

四、电路测试

根据学生用书中的要求，对抢答器电路进行测试，并记录测试结果。

知识拓展

扫描右侧二维码，可了解 4 人抢答器电路。

课题七　计数器及其应用电路的装配与调试

任务1　计数、译码、显示电路的装配与调试

学习目标

1. 了解计数器的功能与分类。
2. 熟悉二—十进制编码、同步十进制计数器和异步十进制计数器。
3. 熟悉集成计数器和利用集成计数器构成 N 进制计数器的方法。
4. 能正确完成计数、译码、显示电路的装配与调试，并能独立排除调试过程中出现的故障。

任务引入

计数、译码、显示电路是由计数器、译码器和显示器三部分电路组成的逻辑电路。图 7-1-1 所示为计数、译码、显示电路的原理图，其焊接装配实物图如图 7-1-2 所示。

本任务的主要内容为：根据给定的技术指标，按照电路原理图装配并调试计数、译码、显示电路，同时独立解决调试过程中出现的故障。

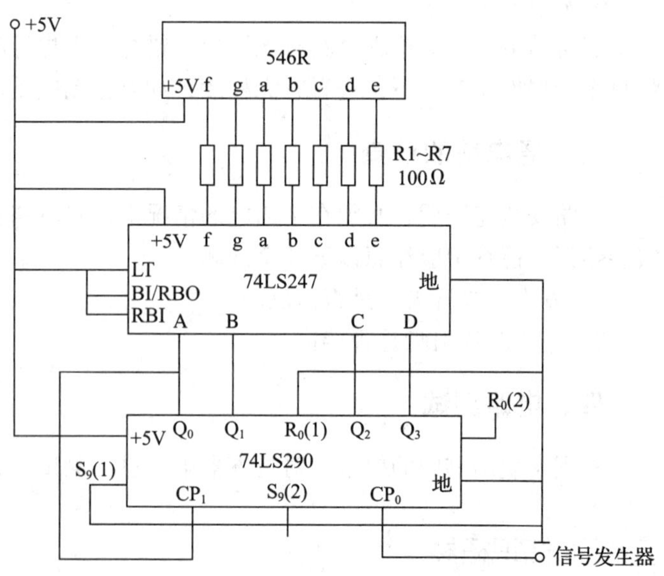

图 7-1-1　计数、译码、显示电路的原理图

图 7-1-2　计数、译码、显示电路的焊接装配实物图

相关知识

一、计数器的功能与分类

1. 计数器的功能

计数器是由触发器和门电路组成的一种时序电路，其基本功能是计算输入脉冲的个数，还可以用于定时、分频、信号产生、逻辑控制等，是数字电路中不可缺少的逻辑部件。

2. 计数器的分类

计数器的种类很多，可按不同的分类标准进行分类。

（1）根据触发器状态分类

根据计数器中各个触发器状态改变的先后次序不同，计数器可分为同步计数器和异步计数器两大类。在同步计数器中，各个触发器都受同一个时钟脉冲的控制，输出状态的改变是同时的，所以称为同步计数器。异步计数器则不同，各触发器不受同一个时钟脉冲的控制，触发器状态的改变有先有后，所以称为异步计数器。

（2）根据进位数制分类

根据进位数制的不同，计数器可分为二进制计数器、十进制计数器和 N 进制（即任意进制）计数器。

（3）根据数值的增减分类

根据计数器中数值增减情况的不同，计数器可分为加法计数器、减法计数器和可逆计数器。随着计数脉冲的输入进行加法计数的计数器称为加法计数器，进行减法计数的计数器称为减法计数器，可增可减的计数器称为可逆计数器。

二、十进制计数器

按照十进制运算规律进行计数的计数器称为十进制计数器。十进制计数的特点是有0~9十个数字，逢十进位。十进制计数器的特点是电路有10种状态，分别用来表示十进制数字0~9，且满足逢十进位的要求。

1. 二—十进制编码

在数字电路中，十进制数是用二进制代码表示的。表示十进制数字0~9的二进制代码称为二—十进制码或BCD码。十进制数字0~9需用4位二进制代码表示，4位二进制代码共有16种状态，可用其中的任意10种状态表示十进制数字0~9。这样的编码方式很多，最常用的是8421BCD码，8421BCD码及其代表的十进制数见表7-1-1。

表7-1-1　8421BCD码及其代表的十进制数

8421BCD码	十进制数	8421BCD码	十进制数	8421BCD码	十进制数
0000	0	0100	4	1000	8
0001	1	0101	5	1001	9
0010	2	0110	6		
0011	3	0111	7		

这里的8、4、2、1，是指4位二进制数各位的“权”。例如，二进制数0111转换成十进制数为：

$$(0111)_2=(0\times2^3+1\times2^2+1\times2^1+1\times2^0)=(7)_{10}$$

$$\downarrow\quad\downarrow\quad\downarrow\quad\downarrow$$

$$8\quad 4\quad 2\quad 1$$

2. 同步十进制计数器

（1）同步十进制加法计数器

1）电路组成

按照十进制加法运算规律递增计数的计数器称为十进制加法计数器。十进制计数器每位有0~9十个数字，即每位应有10种状态，所以十进制计数器每位应由4个触发器构成。图7-1-3所示是由4个JK触发器和进位门组成的同步十进制加法计数器，*CP*是计数脉冲，*C*是向高位输出的进位信号。

2）工作原理

开始计数前，假设4个触发器的初始状态为0000，即电路从0开始计数。由图7-1-3可知，触发器F_1的同步输入信号$J_1=K_1=1$（因为对应端子处于悬空状态），所以F_1工作在计数状态，每来一个计数脉冲，触发器的状态就改变一次。当第一个计数脉冲到来时，F_1的输出状态由0翻转为1。而第一个计数脉冲到来之前，F_1的输出端Q_1输出为0，即$Q_1=0$，Q_1输出的0分别加到触发器F_2、F_3、F_4的同步输入端，使得$J_2=K_2=0$、$J_3=K_3=0$、$J_4=K_4=0$。因此，当第一个计数脉冲到来时，触发器F_2、F_3、F_4保持输出为0不变。所以，第一个计数脉冲到来后，4个触发器的状态就由0000翻转成0001，计数器就记忆

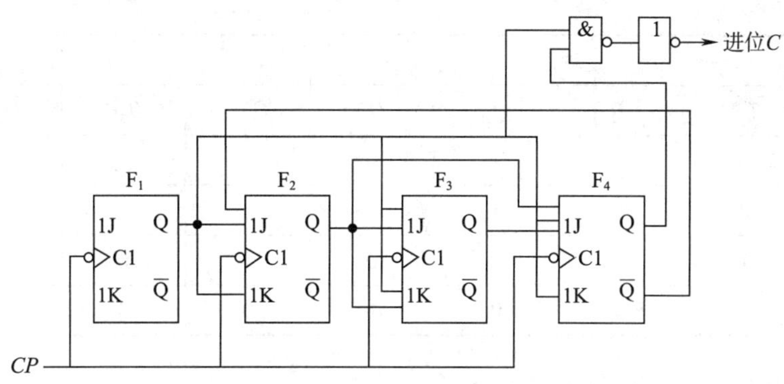

图 7-1-3　同步十进制加法计数器

了一个输入计数脉冲。

当第二个计数脉冲到来时，F_1 的输出状态由 1 翻转为 0。而第二个计数脉冲到来之前，F_1 的输出端 Q_1 输出为 1，即 $Q_1=1$，Q_1 输出的 1 加到触发器 F_2 的同步输入端 J_2 和 K_2，此时触发器 F_4 的输出 $Q_4=0$、$\overline{Q_4}=1$，$\overline{Q_4}$ 输出端输出的 1 也加到触发器 F_2 的同步输入端 J_2，这样 J_2 的两个输入全为 1，所以此时有 $J_2=K_2=1$。因此，F_2 工作在计数状态，第二个计数脉冲到来后，触发器 F_2 的状态就由 0 翻转成 1。而第二个计数脉冲到来前，由于触发器 F_2 的输出为 0，即 $Q_2=0$，使得 $J_3=K_3=0$、$J_4=K_4=0$，因此，当第二个计数脉冲到来时，触发器 F_3、F_4 保持输出为 0 不变。这样，第二个计数脉冲到来后，4 个触发器的状态就由 0001 翻转成 0010，计数器就记忆了两个输入计数脉冲。

如此进行下去，输入九个计数脉冲后，4 个触发器的输出状态为 1001。当第十个计数脉冲到来时，触发器 F_1 的状态由 1 翻转成 0，由于第十个计数脉冲到来之前，触发器 F_2、F_3、F_4 的同步输入 $J_2=J_3=J_4=0$、$K_2=K_3=K_4=1$，所以，第十个计数脉冲到来后，触发器 F_2、F_3、F_4 的输出状态也都为 0，即 4 个触发器的输出状态由 1001 翻转成 0000，同时进位输出端 C 由 1 翻转成 0，输出一个进位脉冲。

同步十进制加法计数器的状态表见表 7-1-2。

表 7-1-2　同步十进制加法计数器的状态表

CP	现态				次态			
	Q_4^n	Q_3^n	Q_2^n	Q_1^n	Q_4^{n+1}	Q_3^{n+1}	Q_2^{n+1}	Q_1^{n+1}
1	0	0	0	0	0	0	0	1
2	0	0	0	1	0	0	1	0
3	0	0	1	0	0	0	1	1
4	0	0	1	1	0	1	0	0
5	0	1	0	0	0	1	0	1
6	0	1	0	1	0	1	1	0

续表

CP	现态				次态			
	Q_4^n	Q_3^n	Q_2^n	Q_1^n	Q_4^{n+1}	Q_3^{n+1}	Q_2^{n+1}	Q_1^{n+1}
7	0	1	1	0	0	1	1	1
8	0	1	1	1	1	0	0	0
9	1	0	0	0	1	0	0	1
10	1	0	0	1	0	0	0	0

（2）同步十进制减法计数器

1）电路组成

按照十进制减法运算规律递减计数的计数器称为十进制减法计数器。图 7-1-4 所示是由 4 个 JK 触发器和借位门组成的同步十进制减法计数器，*CP* 是计数脉冲，*B* 是向高位输出的借位信号。

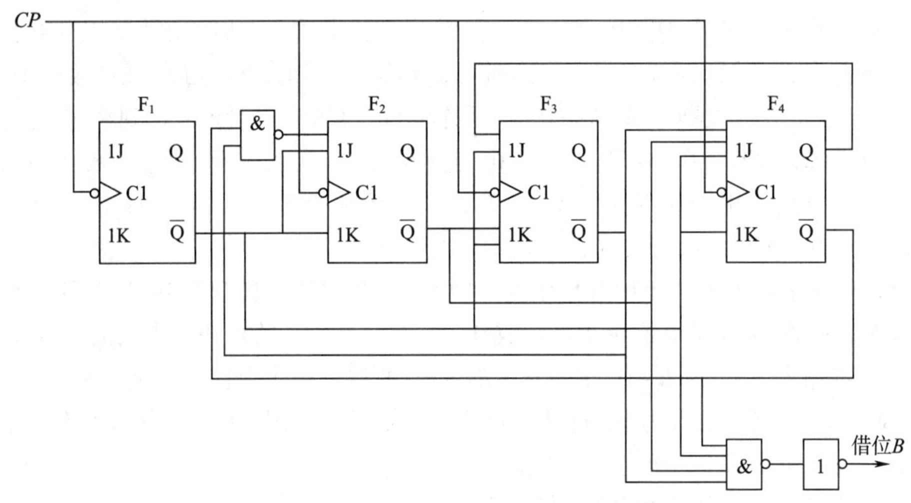

图 7-1-4　同步十进制减法计数器

2）工作原理

同步十进制减法计数器电路的工作原理比较简单，分析方法与同步十进制加法计数器相同，读者可自行分析，电路的状态表见表 7-1-3。

表 7-1-3　同步十进制减法计数器的状态表

CP	现态				次态			
	Q_4^n	Q_3^n	Q_2^n	Q_1^n	Q_4^{n+1}	Q_3^{n+1}	Q_2^{n+1}	Q_1^{n+1}
1	0	0	0	0	1	0	0	1
2	1	0	0	1	1	0	0	0

续表

CP	现态				次态			
	Q_4^n	Q_3^n	Q_2^n	Q_1^n	Q_4^{n+1}	Q_3^{n+1}	Q_2^{n+1}	Q_1^{n+1}
3	1	0	0	0	0	1	1	1
4	0	1	1	1	0	1	1	0
5	0	1	1	0	0	1	0	1
6	0	1	0	1	0	1	0	0
7	0	1	0	0	0	0	1	1
8	0	0	1	1	0	0	1	0
9	0	0	1	0	0	0	0	1
10	0	0	0	1	0	0	0	0

3. 异步十进制计数器

（1）异步十进制加法计数器

1）电路组成

图 7-1-5 所示是由 4 个 JK 触发器和两个进位门组成的异步十进制加法计数器，*CP* 是计数脉冲，*C* 是向高位输出的进位信号。

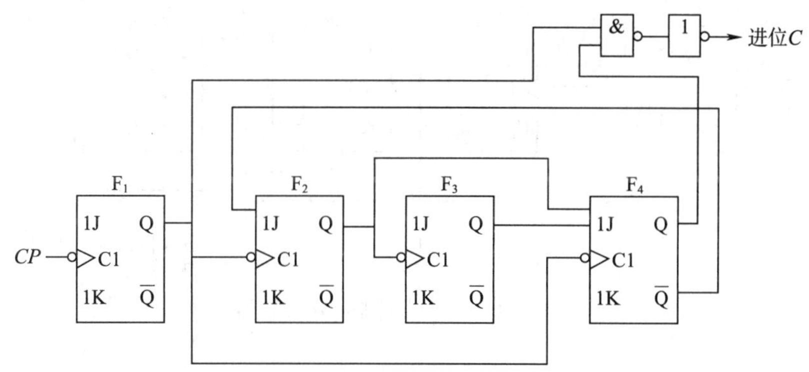

图 7-1-5 异步十进制加法计数器

2）工作原理

假设计数器从零开始计数，即 $Q_4=Q_3=Q_2=Q_1=0$，因此，$\overline{Q_4}$ 为 1。计数器从 0000 起，到 0111 止，触发器 F_1、F_2、F_3 的同步输入信号 $J=K=1$，所以触发器 F_1、F_2、F_3 都工作在计数状态，每当满足时钟条件时，触发器状态就发生改变。当第一个计数脉冲到来时，触发器 F_1 的状态由 0 翻转为 1，由于 F_1 的 Q_1 端输出为 1，所以 F_2、F_4 不满足时钟条件，保持状态不变，F_3 没有获得触发脉冲，输出状态也保持不变。这样，第一个计数脉冲到来后，计数器的状态就翻转为 0001。

当第二个计数脉冲到来时，F_1 的状态由 1 翻转为 0，Q_1 端输出的负脉冲触发 F_2 翻转，

使 F_2 的状态由 0 翻转为 1，F_3 不满足时钟条件保持 0 状态不变，由于 F_4 的同步输入 $J_4=Q_2Q_3=0$，所以依然保持 0 状态不变。这样，第二个计数脉冲到来后计数器的状态就翻转为 0010。

按此分析，当计数器状态为 0111 时，Q_1、Q_2、Q_3 为 1，因此 $J_4=Q_2Q_3=1$。由于此时 $J_4=K_4=1$，所以 F_4 工作在计数状态。当第八个计数脉冲到来时，$F_1 \sim F_3$ 先后由 1 翻转为 0；同时，Q_1 的负跳变触发 F_4，使 F_4 由 0 翻转为 1，计数器的状态为 1000。当第九个计数脉冲到来时，F_1 翻转为 1。Q_1 的正跳变对其他触发器的状态无影响，计数器的状态翻转为 1001。此时，因为 $\overline{Q_4}=0$，则 F_2 的 J 端为 0，F_2 保持 0 态；同时，因为 Q_2、Q_3 为 0，使 F_4 的 J 端为 0，这将使它在下降沿脉冲的作用下转换为 0 态。按此分析，第十个计数脉冲到来后，F_1 的状态由 1 变为 0，它输出的下降沿脉冲使 F_4 由 1 变为 0，F_2、F_3 保持 0 态不变。计数器的状态恢复为 0000，同时由进位端 C 向高一位输出一个下降沿进位脉冲，其状态表与同步十进制加法计数器相同。

（2）异步十进制减法计数器

1）电路组成

图 7-1-6 所示是由 4 个 JK 触发器和两个借位门组成的异步十进制减法计数器，CP 是计数脉冲，B 是向高位输出的借位信号。

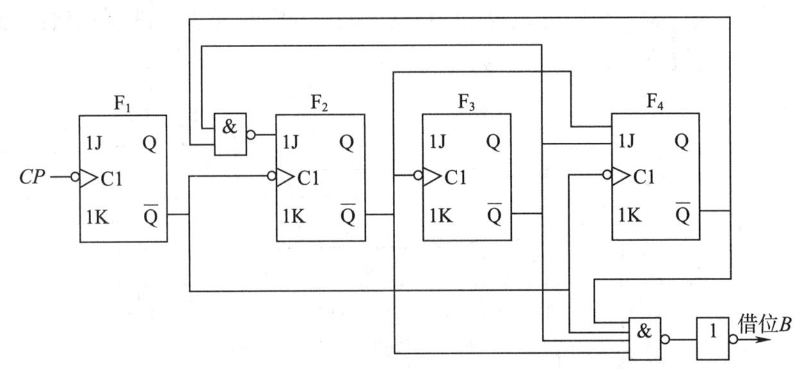

图 7-1-6　异步十进制减法计数器

2）工作原理

异步十进制减法计数器工作原理的分析方法与异步十进制加法计数器相同，读者可自行分析。异步十进制减法计数器与异步十进制加法计数器的不同之处在于，异步十进制减法计数器的借位信号是从 $\overline{Q}$ 端输出的，而异步十进制加法计数器的进位信号则是从 Q 端输出的。

由以上分析可知，当需要接成多位异步十进制计数器时，只要将低位的进位或借位端接到高位的时钟控制端即可。

三、集成计数器

1. 同步十进制计数器 74LS192

74LS192 计数器的引脚排列如图 7-1-7 所示。74LS192 是一个时钟脉冲上升沿触发的同步十进制可逆计数器。该计数器既可以进行加法计数，也可以进行减法计数。它有两个时钟输入端：CU 端是加法计数时钟脉冲输入端，CD 端是减法计数时钟脉冲输入端。$\overline{C}$ 端是向高位进位的输出端，低电平有效；$\overline{B}$ 端是向高位借位的输出端，低电平有效。它有独立的置 0 输入端 R_D，高电平有效，还可以独立对加法或减法计数进行预置数，D_3、D_2、D_1、D_0 是预置数端。$\overline{LD}$ 是预置数控制端，低电平有效。Q_3、Q_2、Q_1、Q_0 是输出端。

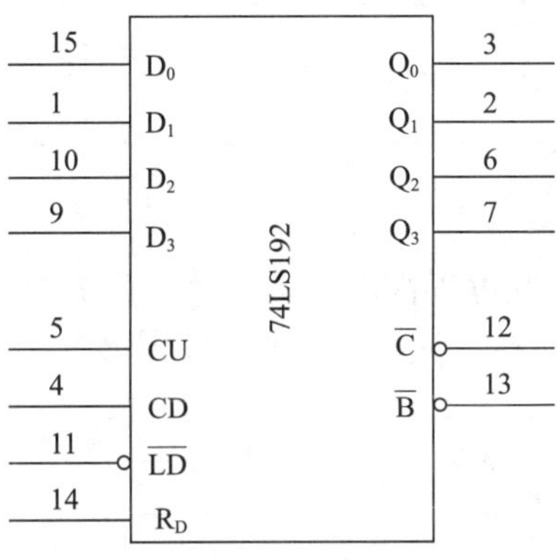

图 7-1-7　74LS192 计数器的引脚排列

（1）74LS192 计数器的功能表

74LS192 计数器的功能表见表 7-1-4，其功能特点如下：

1）置 0。74LS192 计数器有异步置 0 端 R_D，无论计数器其他输入端是什么状态，只要在 R_D 端加高电平，则所有触发器均被置 0，计数器复位。

2）预置数码。74LS192 计数器的预置是异步的。当 R_D 端和 $\overline{LD}$ 端为低电平时，无论时钟端的状态如何，输出端 $Q_3 \sim Q_0$ 状态与 $D_3 \sim D_0$ 状态一致，计数器以预置数为起点进行计数。

3）加法计数和减法计数。进行加法计数时 R_D 端为低电平，$\overline{LD}$、CD 端为高电平，计数脉冲从 CU 端输入。当计数脉冲的上升沿到来时，计数器按 8421BCD 码进行加法计数。

进行减法计数时，R_D 端为低电平，$\overline{LD}$、CU 端为高电平，计数脉冲从 CD 端输入。当计数脉冲的上升沿到来时，计数器按 8421BCD 码进行减法计数。

4）进位输出。当计数器进行十进制加法计数时，CU 端第九个输入脉冲上升沿作用后，计数状态为 1001，当其下降沿到来时，$\overline{C}$ 端产生一个负的进位脉冲。第十个脉冲上升沿作用后，计数器复位。若将 $\overline{C}$ 端与后一级的 CU 端相连，可实现多位计数器级联。

5）借位输出。当计数器进行十进制减法计数时，假设初始状态为 1001。CD 端第九个输入脉冲上升沿作用后，计数状态为 0000，其下降沿到来时，$\overline{B}$ 端产生一个负的借位脉冲。第十个脉冲上升沿作用后，计数状态恢复为 1001。同样，将 $\overline{B}$ 端与后一级的 CD 端相连，可实现多位计数器级联。

表 7-1-4　74LS192 计数器的功能表

输入								输出			
$\overline{LD}$	R_D	CU	CD	D_0	D_1	D_2	D_3	Q_0	Q_1	Q_2	Q_3
0	0	×	×	d_0	d_1	d_2	d_3	d_0	d_1	d_2	d_3
1	0	↑	1	×	×	×	×	加计数			
1	0	1	↑	×	×	×	×	减计数			
1	0	1	1	×	×	×	×	保持			
×	1	×	×	×	×	×	×	0	0	0	0

（2）计数器的级联

将多个 74LS192 计数器级联可以构成高位计数器。例如，用两个 74LS192 计数器可以组成 100 进制计数器，如图 7-1-8 所示，其工作原理如下：

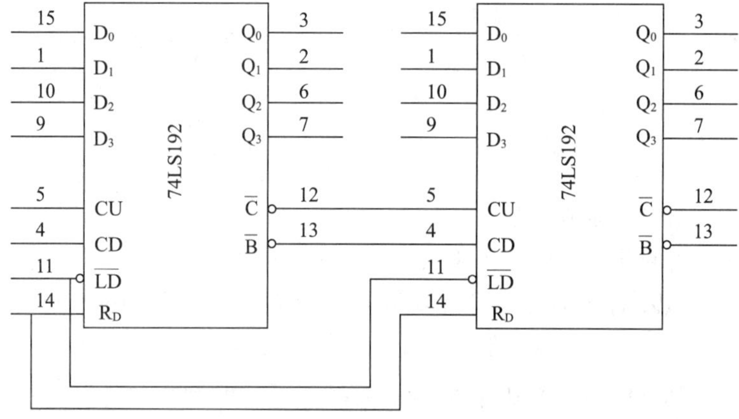

图 7-1-8　两个 74LS192 计数器组成的 100 进制计数器

计数开始时，先在 R_D 端输入一个正脉冲，此时两个计数器均被置为 0 状态。此后在 $\overline{LD}$ 端输入 1、R_D 端输入 0，则计数器处于计数状态。个位的 74LS192 计数器的 CU 端逐个输入计数脉冲 CP，个位的 74LS192 计数器开始进行加法计数。第十个 CP 脉冲上升沿到来后，个位 74LS192 计数器的状态为 1001→0000，同时其进位输出 $\overline{C}$ 为 0→1，此脉冲上升沿使十位 74LS192 计数器从 0000 开始计数，直到第 100 个脉冲作用后，计数器状态由 1001 1001 恢复为 0000 0000，完成一次循环。

2. 异步十进制计数器 74LS290

74LS290 是二—五—十进制计数器，其逻辑电路如图 7-1-9 所示，引脚排列如图 7-1-10 所示。图 7-1-9 中 F_0 构成二进制计数器，F_1、F_2、F_3 构成异步五进制加法计数器。若将输入时钟脉冲接于 CP_0 端，并将 CP_1 端与 Q_0 端相连，便构成了 8421BCD 编码异步十进制加法计数器。74LS290 计数器还具有置 0 和置 9 功能，其功能表见表 7-1-5。

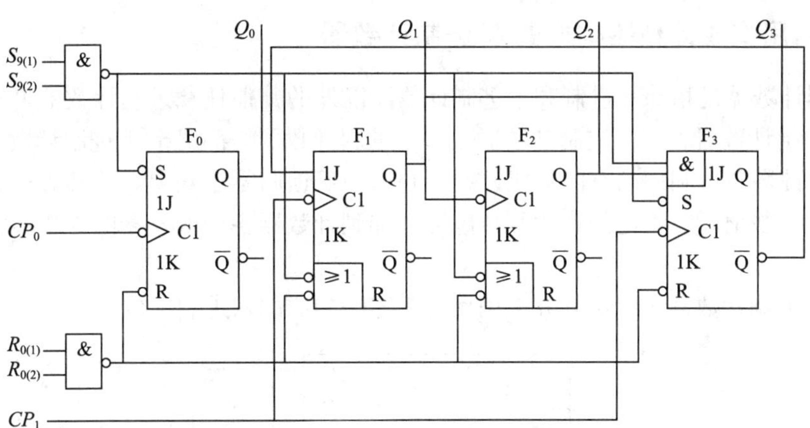

图 7-1-9　74LS290 计数器逻辑电路

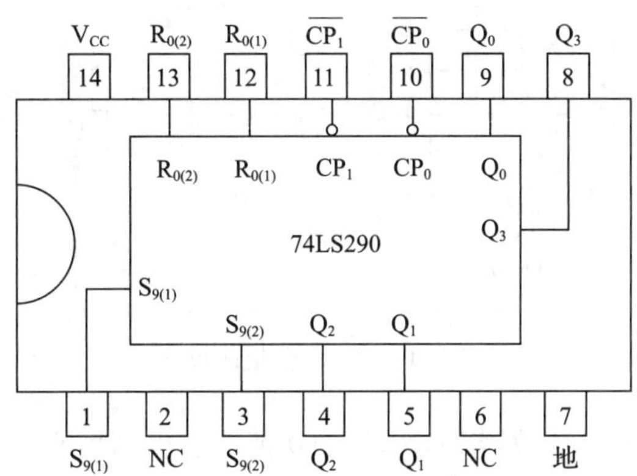

图 7-1-10　74LS290 计数器的引脚排列

表 7-1-5　74LS290 计数器的功能表

输入				输出			
$R_{0(1)}$	$R_{0(2)}$	$S_{9(1)}$	$S_{9(2)}$	Q_3	Q_2	Q_1	Q_0
1	1	0	×	0	0	0	0
1	1	×	0	0	0	0	0
×	0	1	1	1	0	0	1
0	×	1	1	1	0	0	1
×	0	0	×	计数			
0	×	×	0				
×	0	×	0				
0	×	0	×				

四、利用集成计数器构成的 N 进制计数器

N 进制计数器是指除二进制和十进制计数器以外的其他任意进制计数器。五进制计数器、二十进制计数器、三十进制计数器、六十进制计数器等都属于 N 进制计数器。

N 进制计数器可利用已有的集成计数器并采用反馈归零法获得。这种方法是，当计数器计数到某一数值时，由电路产生复位脉冲，加到计数器各个触发器的异步清零端，使计数器复位。

利用十进制计数器 74LS160 并采用反馈归零法构成的六进制计数器如图 7-1-11 所示。

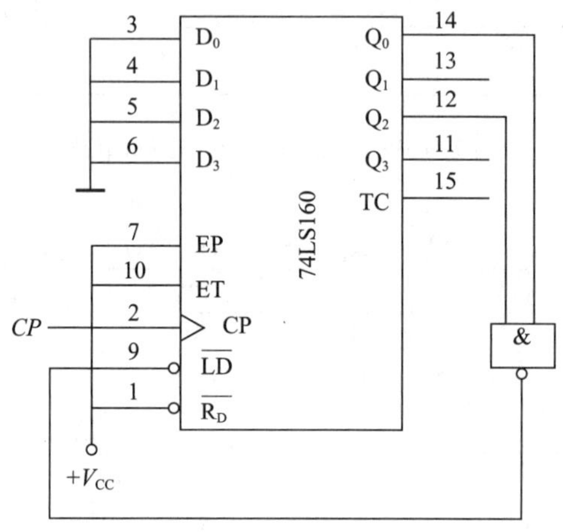

图 7-1-11　六进制计数器

其中，同步十进制加法计数器 74LS160 的功能表和引脚功能说明见表 7-1-6。

表 7-1-6　74LS160 计数器的功能表和引脚功能说明

输入									输出				引脚功能说明
$\overline{R_D}$	$\overline{LD}$	ET	EP	CP	D_3	D_2	D_1	D_0	Q_3	Q_2	Q_1	Q_0	D_0 ~ D_3 为并行数据输入端 $\overline{R_D}$ 为异步清零端 $\overline{LD}$ 为预置数控制端 C 为进位输出端 CP 为时钟输入端 Q_0 ~ Q_3 为数据输出端
0	×	×	×	×	×	×	×	×	0	0	0	0	
1	0	×	×	↑	d_3	d_2	d_1	d_0	d_3	d_2	d_1	d_0	
1	1	1	1	↑	×	×	×	×	计数				
1	1	0	×	×	×	×	×	×	保持				
1	1	×	0	×	×	×	×	×					

六进制计数器电路的计数过程是 0000→0001→0010→0011→0100→0101，当计数器计数到 5 时，Q_2 和 Q_0 为 1，“与非”门输出为 0，即 $\overline{LD}$ 端为 0，于是当下一个计数脉冲到来时，将 D_3 ~ D_0 端的数据 0 送入计数器，使计数器又从 0 开始计数，一直计到 5，又重复上

述过程。由此可见，N 进制计数器可以在状态（N-1）时将$\overline{LD}$端置 0，以实现重新计数。

图 7-1-12 所示是利用直接置 0 端$\overline{R_D}$进行复位的六进制计数器。其工作顺序为 0000→0001→0010→0011→0100→0101，当计数到 0110 时（该状态持续时间极短，称为过渡状态），Q_2 和 Q_1 均为 1，使$\overline{R_D}$端置 0，计数器立即被复位，然后开始新的循环。这种方法的缺点是工作可靠性低，其原因是在许多情况下各触发器的复位速度不一致，复位快的触发器复位后，复位信号立即撤销，复位慢的触发器来不及复位，因而造成误动作。改进的方法是加一个基本 RS 触发器，如图 7-1-13 所示，将$\overline{R_D}$=0 的置 0 信号暂存一下，从而保证复位信号有足够的作用时间，使计数器可靠置 0。

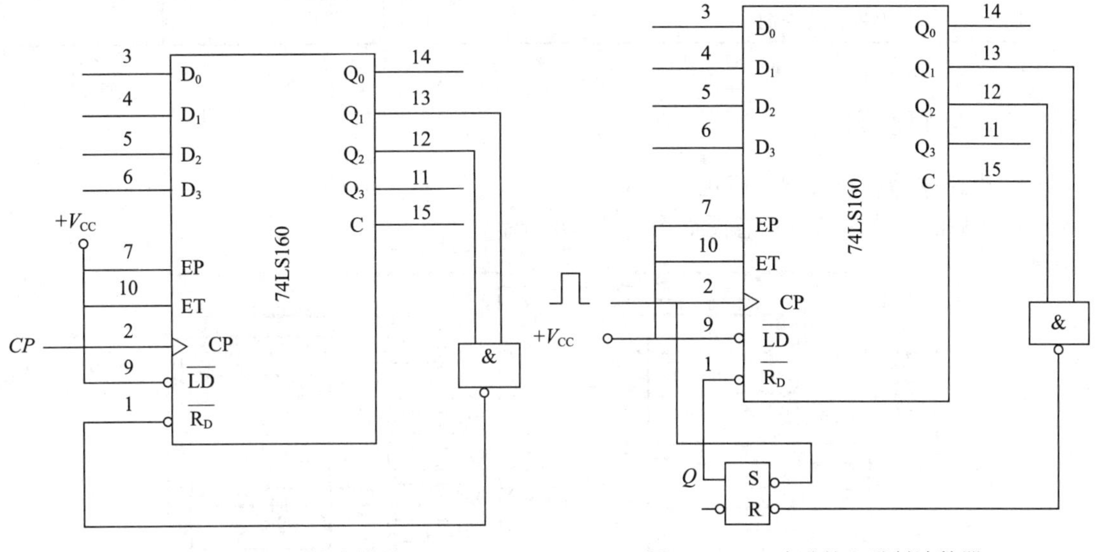

图 7-1-12　六进制计数器　　　图 7-1-13　改进的六进制计数器

任务实施

一、任务准备

实施本任务所使用的实训设备及工具、材料可参考表 7-1-7。

表 7-1-7　实训设备及工具、材料

序号	名称	型号、规格	数量	单位	备注
1	万用表	MF47 型	1	台	
2	常用电子组装工具		1	套	
3	直流稳压电源		1	台	
4	低频信号发生器		1	台	

续表

序号	名称	型号、规格	数量	单位	备注
5	计数器	74LS290	1	个	
6	译码器	74LS47	1	个	
7	数码管	546R	1	个	
8	碳膜电阻器 R1~R7	100 Ω	7	个	
9	万能电路板		1	块	
10	镀锡裸铜丝	ϕ0.5 mm	若干	米	
11	焊料、助焊剂		若干		

二、电路装配

1. 电路元器件布置图的确定

本任务的元器件布置示意图如图 7-1-14 所示。

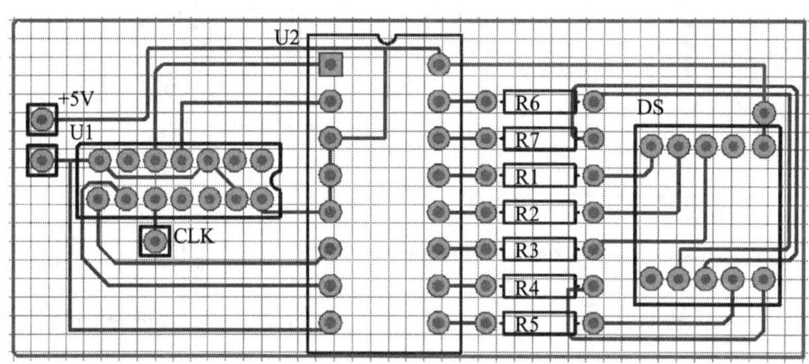

图 7-1-14　元器件布置示意图

2. 元器件的检测

对电路中使用的元器件进行检测与筛选。

3. 元器件的成型

将所用元器件按插装工艺要求进行成型。

4. 元器件的插装焊接

依据图 7-1-14 所示的元器件布置示意图，按照装配工艺要求进行元器件的插装和焊接。

5. 镀锡裸铜丝的焊接

根据电路原理图和元器件布置示意图进行镀锡裸铜丝的焊接。

6. 焊接检查

焊接结束后，应检查电路有无漏焊、错焊、虚焊等问题。检查时，可用尖嘴钳或镊子将每个元器件拉动一下，查看有无松动，如有松动应重新焊接。

三、通电前的检查

电路安装完毕后，必须在不通电的情况下，对电路板进行认真细致的检查，以便纠正安装错误。检查中应注意以下几个问题：

1. 数码管引脚是否接错。
2. 集成电路引脚是否接错。

四、电路测试

根据学生用书中的要求，完成计数、译码、显示电路的测试，并记录测试结果。

任务 2　十字路口交通灯控制电路的装配与调试

学习目标

1. 了解十字路口交通灯控制电路的工作原理。
2. 了解十字路口交通灯控制电路各组成部分的工作原理。
3. 能正确完成十字路口交通灯控制电路的装配与调试，并能独立排除调试过程中出现的故障。

任务引入

有一个主干道和支干道的十字路口如图 7-2-1 所示。红灯亮表示禁止通行，绿灯亮表示可以通行；绿灯即将变为红灯时，要求黄灯先亮 5 s。因主干道车辆多，所以允许通车时间较长，设为 30 s；支干道车辆较少，允许通车时间设为 20 s。主干道和支干道按规定时间交替通行，十字路口交通灯控制电路原理图如图 7-2-2 所示。

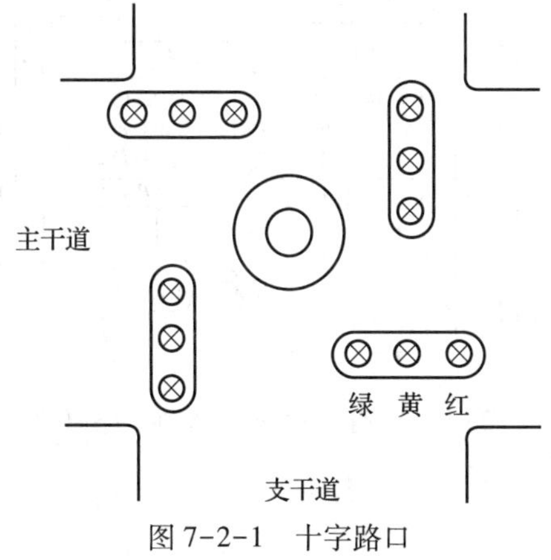

图 7-2-1　十字路口

本任务的主要内容为：根据给定的技术指标，按照原理图装配并调试十字路口交通灯控制电路，同时独立解决调试过程中出现的故障。

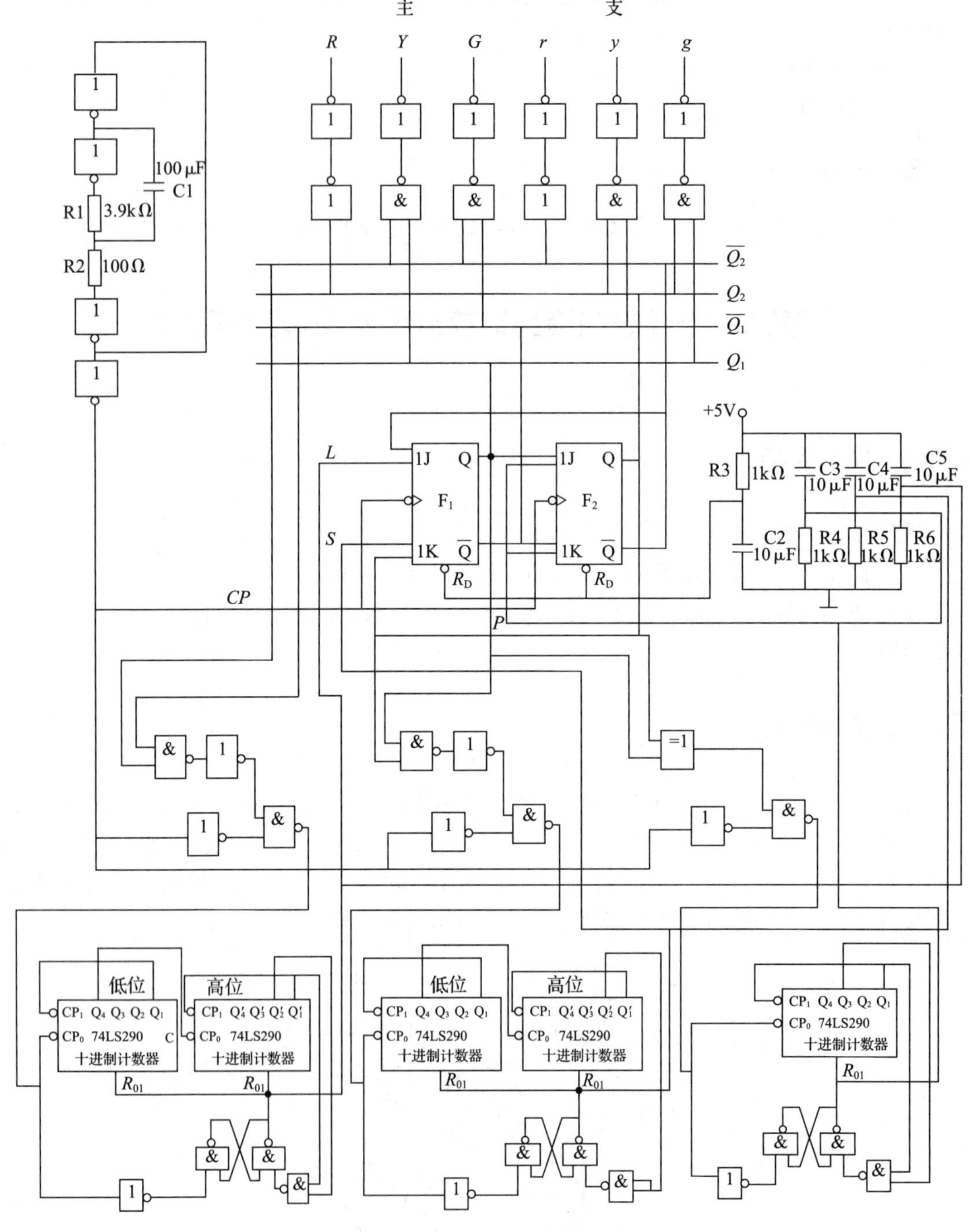

图 7-2-2　十字路口交通灯控制电路原理图

相关知识

一、十字路口交通灯控制电路的工作原理

十字路口交通灯控制电路由时钟信号发生器、计数器、主控制器、译码驱动电路和信号灯组成，其自动控制原理框图如图 7-2-3 所示。

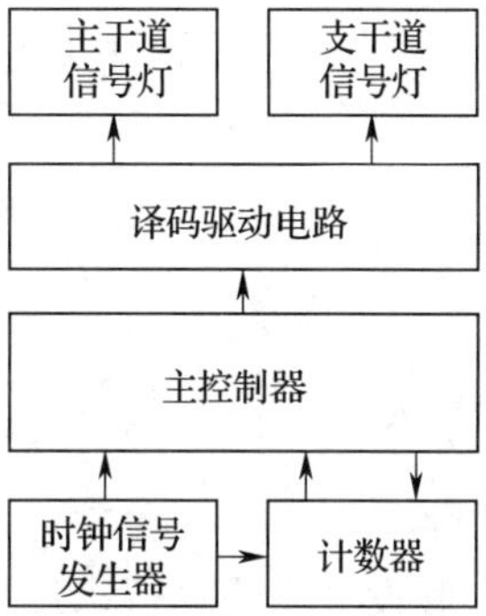

主干道信号灯　支干道信号灯
译码驱动电路
主控制器
时钟信号发生器　计数器

图 7-2-3　十字路口交通灯控制电路自动控制原理框图

1. 时钟信号发生器

时钟信号发生器的主要作用是产生稳定的秒脉冲（f= 1 Hz）信号，以确保整个电路装置同步工作和实现定时控制。

2. 计数器

计数器的主要作用是按要求累计秒脉冲的数目，完成计时任务，并向主控制器发出相应的定时信号，以控制主、支干道通车时间。

3. 主控制器

主控制器的主要作用是根据计数器送来的信号，保持或改变电路的状态，以实现对主、支干道车辆运行状态的控制。

4. 译码驱动电路

译码驱动电路的作用是根据主控制器所处的状态进行译码，再驱动相应的信号灯，指挥主、支干道车辆的通行。

由于十字路口车辆运行情况有 4 种可能：主干道通行，支干道不通行；主干道停车，支干道不通行；主干道不通行，支干道通行；主干道不通行，支干道停车。所以，主控制器应有 4 种状态，分别设为 S_1、S_2、S_3、S_4。

当主控制器处于 S_1 状态时，主干道通行、支干道不通行。译码驱动电路应使主干道绿灯和支干道红灯点亮，此状态保持 30 s。30 s 后，30 s 计数器向主控制器发出状态转换信号，使主控制器的状态由 S_1 转到 S_2，同时主控制器向 5 s 计数器发出计时开始信号，5 s 计数器开始计数。此时主干道停车且支干道不通行，译码驱动电路应使主干道黄灯和支干道红灯点亮，此状态保持 5 s。计数器计满 5 s 后，5 s 计数器又向主控制器发出状态转换信号，使主控制器的状态由 S_2 转到 S_3，同时主控制器向 20 s 计数器发出计时开始信号，20 s 计数器开始计数。此时主干道不通行、支干道通行，译码驱动电路应使主干道红灯和支干道绿灯点亮，此状态保持 20 s。计数器计满 20 s 后，20 s 计数器向主控制器发出状态转换信号，使主控制器的状态由 S_3 转到 S_4，同时主控制器向 5 s 计数器发出计时开始信号，5 s 计数器开始计数。此时主干道不通行、支干道停车，此状态保持 5 s。计数器计满 5 s 后，5 s 计数器又向主控制器发出状态转换信号，使主控制器的状态由 S_4 转到 S_1，同时主控制器向 30 s 计数器发出计时开始信号，30 s 计数器开始计数。上述 4 种状态按顺序不断转换，从而保证主、支干道车辆按规定的时间交替通行。电路的状态转换图如图 7-2-4 所示。

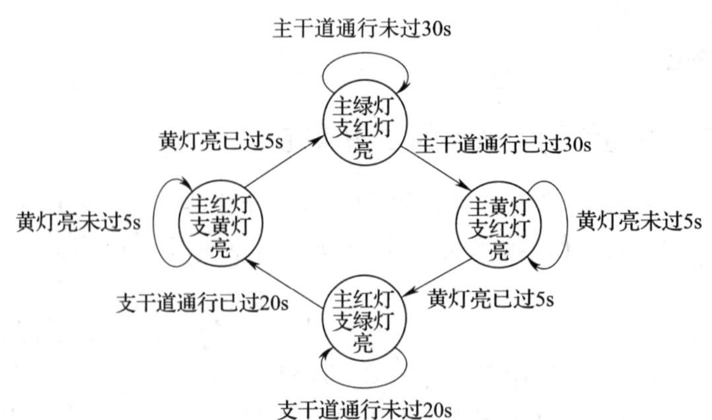

图 7-2-4　电路的状态转换图

假设主干道通行未过 30 s，则 $L=0$；已过 30 s，则 $L=1$。支干道通行未过 20 s，则 $S=0$；已过 20 s，则 $S=1$。黄灯亮未过 5 s，则 $P=0$；已过 5 s，则 $P=1$。主干道通行状态为 S_0，主干道停车状态为 S_1，支干道通行状态为 S_2，支干道停车状态为 S_3，则状态转换图如图 7-2-5 所示。

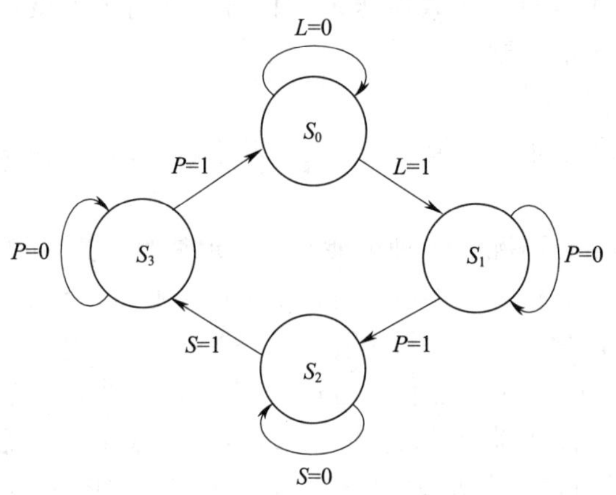

图 7-2-5　状态转换图

假设 $S_0=00$、$S_1=01$、$S_2=11$、$S_3=10$，则十字路口交通信号灯状态转换表见表 7-2-1。

表 7-2-1　十字路口交通信号灯状态转换表

L	S	P	Q_2^n	Q_1^n	Q_2^{n+1}	Q_1^{n+1}
0	×	×	0	0	0	0
1	×	×	0	0	0	1
×	×	0	0	1	0	1
×	×	1	0	1	1	1

续表

L	S	P	Q_2^n	Q_1^n	Q_2^{n+1}	Q_1^{n+1}
×	0	×	1	1	1	1
×	1	×	1	1	1	0
×	×	0	1	0	1	0
×	×	1	1	0	0	0

二、30 s、20 s、5 s 计数器

根据主干道和支干道通车时间以及黄灯切换时间的要求，十字路口交通灯控制电路分别需要 30 s、20 s 和 5 s 计数器。这些计数器除需要秒脉冲作为时钟信号外，还应受主控制器的控制。例如，30 s 计数器应在主控制器进入 S_0 状态（主干道通行）时开始计数，30 s 后向主控制器送出信号（$L=1$），复位脉冲使该计数器复位。同样，20 s 计数器必须在主控制器进入 S_2 状态时开始计数，而 5 s 计数器则要在进入 S_1 或 S_3 状态时开始计数，达到规定时间后分别输出 $S=1$、$P=1$ 的信号，并使计数器复位。

30 s、20 s 计数器由两个 74LS290 集成计数器组成，5 s 计数器由一个 74LS290 集成计数器组成，并以 $f=1$ Hz 的秒信号作为时钟信号。为使复位信号有足够的宽度，采用基本 RS 触发器组成反馈归零电路。为保证当 $\overline{Q_2}\,\overline{Q_1}=1$ 时 30 s 计数器开始计数，时钟脉冲应通过一个控制门后再加到计数器输入端，该控制门由 $\overline{Q_2}$ 和 $\overline{Q_1}$ 控制。当 $\overline{Q_2}\,\overline{Q_1}=1$ 时，控制门打开，计数器开始计数，电路原理图如图 7-2-6 所示。

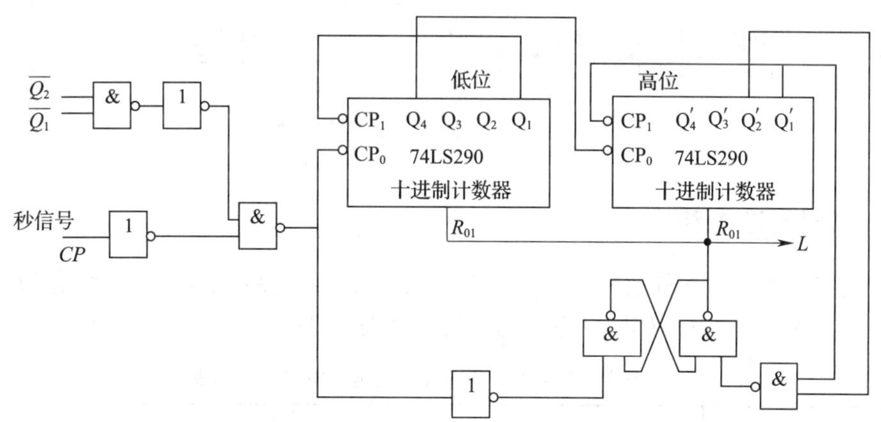

图 7-2-6　30 s 计数器电路原理图

按同样的方法，20 s 计数器由 Q_1Q_2 控制，当 $Q_1Q_2=1$ 时，控制门打开，20 s 计数器开始计数，电路原理图如图 7-2-7 所示。

5 s 计数器也由 Q_1 和 Q_2 控制，当 $Q_1 \oplus Q_2=1$ 时，控制门打开，5 s 计数器开始计数，电路原理图如图 7-2-8 所示。

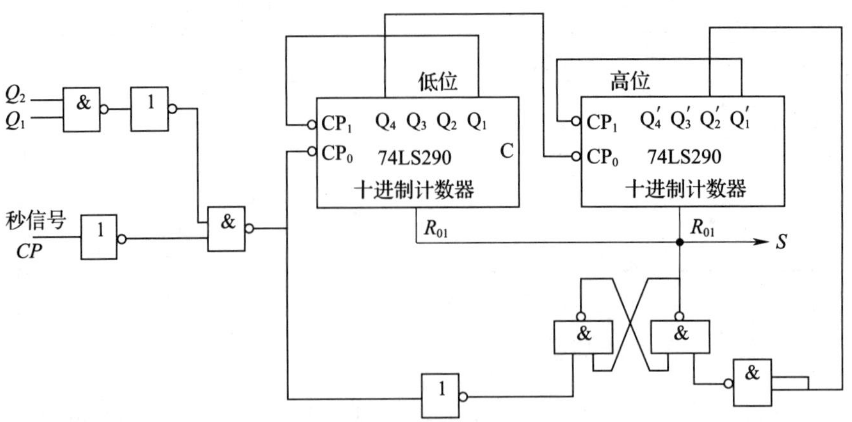

图 7-2-7 20 s 计数器电路原理图

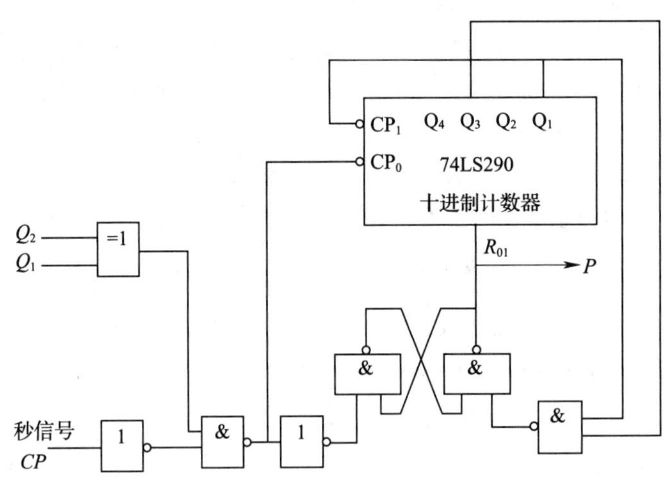

图 7-2-8 5 s 计数器电路原理图

三、译码驱动电路

主控制器的 4 种状态分别控制主、支干道红、黄、绿灯的亮与灭。令灯亮为 1，灯灭为 0，则十字路口交通灯译码驱动电路的真值表见表 7-2-2。

表 7-2-2 十字路口交通灯译码驱动电路的真值表

控制器状态		主干道			支干道		
Q_2	Q_1	红灯 R	黄灯 Y	绿灯 G	红灯 r	黄灯 y	绿灯 g
0	0	0	0	1	1	0	0

续表

控制器状态		主干道			支干道		
Q_2	Q_1	红灯 R	黄灯 Y	绿灯 G	红灯 r	黄灯 y	绿灯 g
0	1	0	1	0	1	0	0
1	1	1	0	0	0	0	1
1	0	1	0	0	0	1	0

由真值表可分别写出主、支干道各个信号灯状态的逻辑表达式为：

$$R=Q_2Q_1+Q_2\overline{Q_1}=Q_2$$

$$Y=\overline{Q_2}Q_1$$

$$G=\overline{Q_2}\,\overline{Q_1}$$

$$r=\overline{Q_2}\,\overline{Q_1}+\overline{Q_2}Q_1=\overline{Q_2}$$

$$y=Q_2\overline{Q_1}$$

$$g=Q_2Q_1$$

译码驱动电路的逻辑图如图 7-2-9 所示。

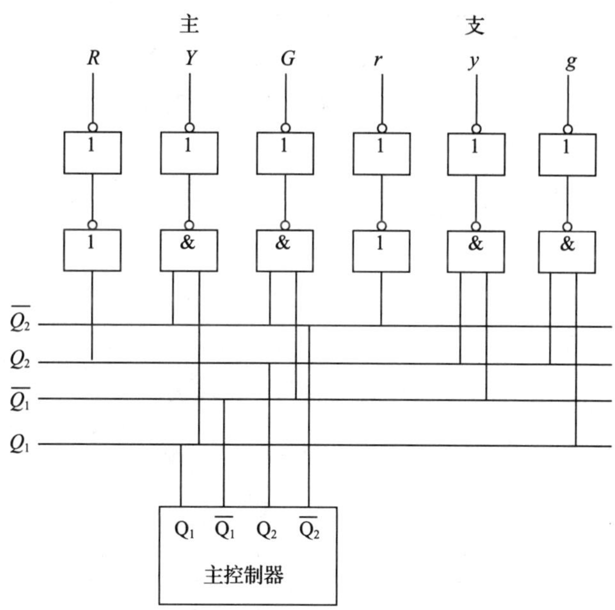

图 7-2-9　译码驱动电路的逻辑图

四、时钟信号发生器

本任务中的时钟信号发生器为秒脉冲信号发生器，采用 RC 环形多谐振荡器，其电路原理图如图 7-2-10 所示。

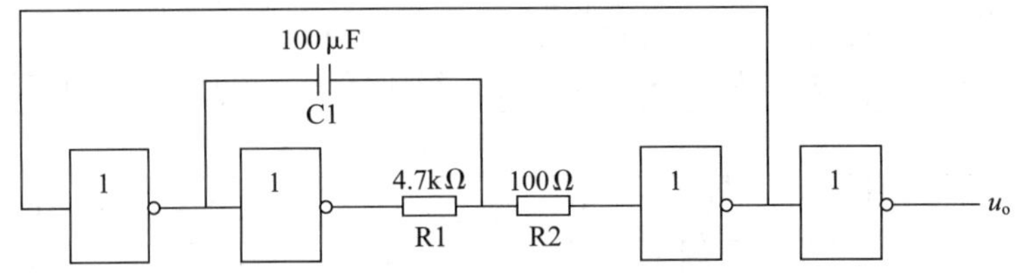

图 7-2-10　秒脉冲发生器电路原理图

五、主控制器

主控制器是电路的控制中心，它根据计数器送来的信号保持或改变电路的状态，以实现对主、支干道车辆运行状态的控制，其电路原理图如图 7-2-11 所示。

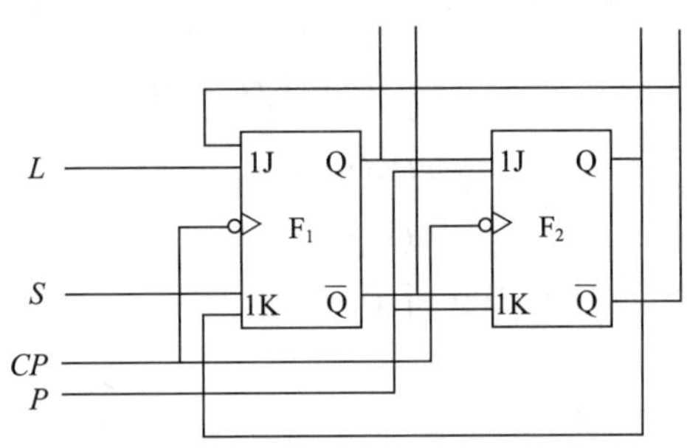

图 7-2-11　主控制器电路原理图

任务实施

一、任务准备

实施本任务所使用的实训设备及工具、材料可参考表 7-2-3。

表 7-2-3　实训设备及工具、材料

序号	名称	型号、规格	数量	单位	备注
1	万用表	MF47 型	1	台	
2	常用电子组装工具		1	套	
3	直流稳压电源		1	台	
4	双踪示波器		1	台	
5	计数器	74LS290	5	个	
6	JK 触发器	74LS112	2	个	

续表

序号	名称	型号、规格	数量	单位	备注
7	“与非”门	74LS00	5	个	
8	“非”门	74LS04	4	个	
9	“异或”门	74LS86	1	个	
10	碳膜电阻器 R1	4.7 kΩ	1	个	
11	碳膜电阻器 R2	100 Ω	1	个	
12	碳膜电阻器 R3~R6	1 kΩ	4	个	
13	电解电容器 C1	100 μF/10 V	1	个	
14	电解电容器 C2~C5	10 μF/10 V	4	个	
15	发光二极管	红色 LED	2	个	
16	发光二极管	黄色 LED	2	个	
17	发光二极管	绿色 LED	2	个	
18	纽扣开关	ATE	4	个	
19	万能电路板		1	块	
20	镀锡裸铜丝	ϕ0.5 mm	若干	米	
21	焊料、助焊剂		若干		

二、电路装配

1. 电路元器件布置图的确定

根据图 7-2-2 所示的电路原理图确定本任务的元器件布置示意图。

2. 元器件的检测

对电路中使用的元器件进行检测与筛选。

3. 元器件的成型

将所用元器件按插装工艺要求进行成型。

4. 元器件的插装焊接

依据元器件布置示意图，按照装配工艺要求进行元器件的插装焊接。

5. 镀锡裸铜丝的焊接

根据电路原理图和元器件布置示意图进行镀锡裸铜丝的焊接。

6. 焊接检查

焊接结束后，应检查电路有无漏焊、错焊、虚焊等问题。检查时，可用尖嘴钳或镊子将每个元器件拉动一下，查看有无松动，如有松动应重新焊接。

三、通电前的检查

电路安装完毕后，必须在不通电的情况下，对电路板进行认真细致的检查，以便纠正安装错误。检查中应注意以下几个问题：

1. 电容器引脚是否接反。
2. 集成芯片引脚是否接反。

四、电路测试

根据学生用书中的要求，完成十字路口交通灯控制电路的测试，并记录测试结果。

课题八　555 定时器及其应用电路的装配与调试

任务 1　555 定时器构成施密特触发器的装配与调试

学习目标

1. 掌握 555 定时器的组成和功能。

2. 掌握由 555 定时器构成的施密特触发器的工作原理和应用。

3. 能正确完成由 555 定时器构成的施密特触发器的装配与调试，并能独立排除调试过程中出现的故障。

任务引入

555 定时器成本低、性能可靠，只需要外接几个电阻、电容，就可以构成多谐振荡器、单稳态触发器及施密特触发器等脉冲产生与变换电路。图 8-1-1 所示为由 555 定时器构成的施密特触发器的电路原理图，其焊接装配实物图如图 8-1-2 所示。

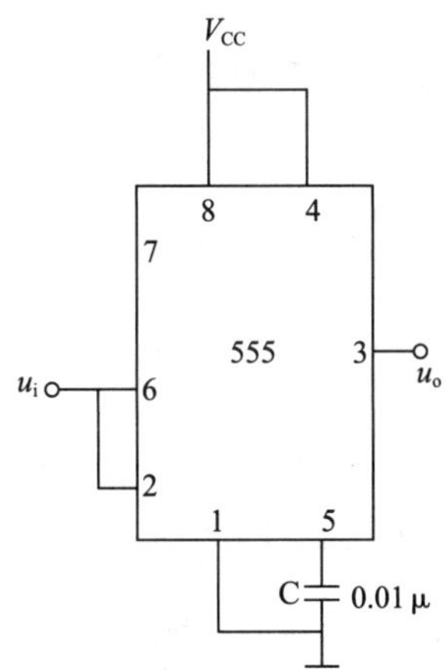

图 8-1-1　由 555 定时器构成的施密特触发器的电路原理图

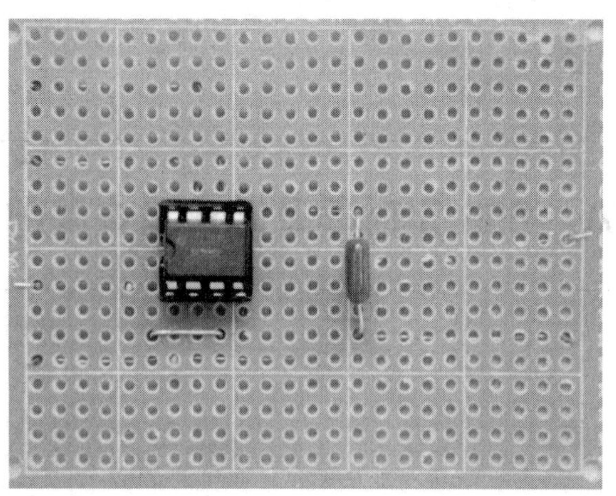

图 8-1-2　由 555 定时器构成的施密特触发器的焊接装配实物图

本任务的主要内容为：根据给定的技术指标，按照电路原理图装配并调试由 555 定时器构成的施密特触发器电路，同时能独立解决调试过程中出现的故障。

相关知识

一、555 定时器的组成与功能

555 定时器是一种多用途的数字—模拟混合集成电路。由于它具有使用灵活、性能优越、价格低廉等优点，因此在波形产生与变换、测量与控制等许多领域都得到了广泛的应用。

555 定时器的外形、内部电路结构和外部引脚如图 8-1-3 所示，其内部包括两个电压比较器、一个基本 RS 触发器、一个三极管、一个输出缓冲器以及一个由三个阻值为 5 kΩ 的电阻组成的分压器。

图 8-1-3b 中，比较器 C1 的输入端 u_6（接引脚 6）称为阈值输入端，手册上用 *TH* 标注；比较器 C2 的输入端 u_2（接引脚 2）称为触发输入端，手册上用$\overline{TR}$ 标注。C1 和 C2 的参考电压（电压比较的基准电压）U_{R1} 和 U_{R2} 由电源电压 V_{CC} 经三个 5 kΩ 的电阻分压得到。当控制电压端*CO* 悬空时，$U_{R1}=\frac{2}{3}V_{CC}$，$U_{R2}=\frac{1}{3}V_{CC}$；若 *CO* 端外接固定电压，则 $U_{R1}=U_{CO}$，$U_{R2}=\frac{1}{2}U_{CO}$。改变控制电压 U_{CO}，就可改变 C1、C2 的参考电压。

$\overline{R_D}$ 为复位端，只要在$\overline{R_D}$ 端加入低电平，输出就为低电平，平时$\overline{R_D}$ 处于高电平。

定时器的主要功能取决于两个比较器对 RS 触发器和三极管状态的控制。

1. 当 $u_6>\frac{2}{3}V_{CC}$、$u_2>\frac{1}{3}V_{CC}$ 时，比较器 C1 输出为 0，C2 输出为 1，基本 RS 触发器被

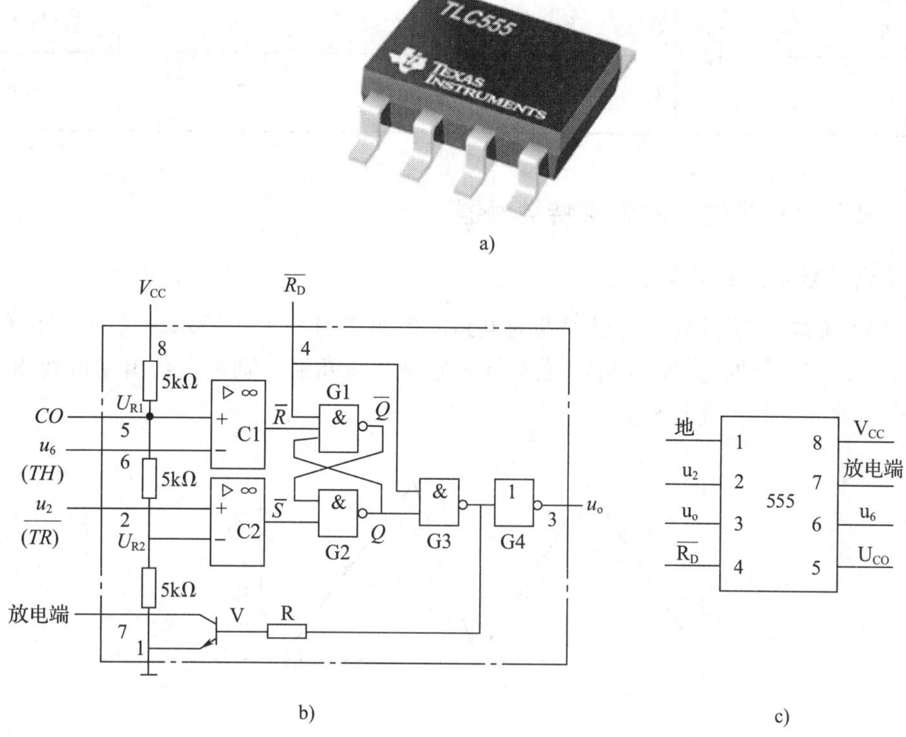

图 8-1-3　555 定时器

a）外形　b）内部电路结构　c）外部引脚

置 0，三极管 V 导通，u_o 输出为低电平。

2. 当 $u_6<\frac{2}{3}V_{CC}$、$u_2<\frac{1}{3}V_{CC}$ 时，比较器 C1 输出为 1，C2 输出为 0，基本 RS 触发器被置 1，三极管 V 截止，u_o 输出为高电平。

3. 当 $u_6<\frac{2}{3}V_{CC}$、$u_2>\frac{1}{3}V_{CC}$ 时，比较器 C1 和 C2 输出均为 1，基本 RS 触发器的状态保持不变，三极管 V 和 u_o 输出状态也维持不变。

因此，可以归纳出 555 定时器的功能表，见表 8-1-1。

表 8-1-1　555 定时器的功能表

$\overline{R_D}$	u_6（TH）	u_2（$\overline{TR}$）	u_o	三极管 V 状态
0	×	×	0	导通
1	$<\frac{2}{3}V_{CC}$	$<\frac{1}{3}V_{CC}$	1	截止
1	$>\frac{2}{3}V_{CC}$	$>\frac{1}{3}V_{CC}$	0	导通

续表

$\overline{R_D}$	u_6（TH）	u_2（$\overline{TR}$）	u_o	三极管 V 状态
1	$<\frac{2}{3}V_{CC}$	$>\frac{1}{3}V_{CC}$	不变	不变

二、555 定时器构成的施密特触发器

1. 施密特触发器的工作原理

由 555 定时器构成的施密特触发器的电路原理图如图 8-1-1 所示。其中，TH 和$\overline{TR}$ 端直接连在一起作为触发电平输入端。若在输入端加入三角波，则可在输出端得到图 8-1-4 所示的矩形脉冲。其工作过程如下：

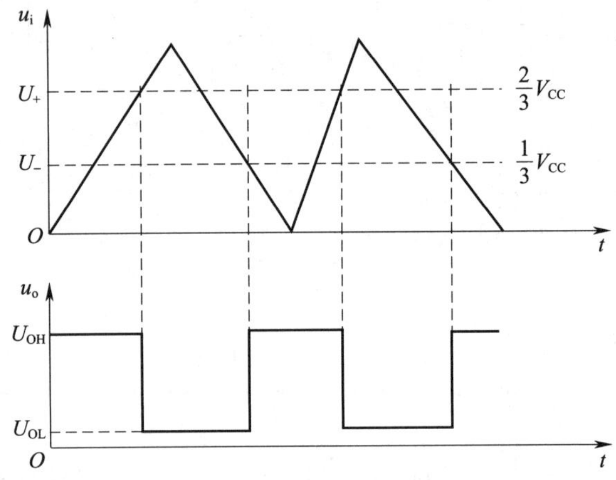

图 8-1-4　由 555 定时器构成的施密特触发器的输入和输出波形

u_i 从 0 开始增大，当 $u_i \leqslant \frac{1}{3}V_{CC}$ 时，RS 触发器置 1，故 $u_o = U_{OH}$；当$\frac{1}{3}V_{CC}<u_i<\frac{2}{3}V_{CC}$ 时，RS 触发器状态保持不变，故 $u_o=U_{OH}$ 保持不变；当 $u_i=\frac{2}{3}V_{CC}$ 时，RS 触发器置 0，u_o 从 U_{OH} 变为 U_{OL}，此时的 u_i（$\frac{2}{3}V_{CC}$）称为上触发电平 U_+。

u_i 达到 U_+后继续增大，随后减小，在 u_i 下降到$\frac{1}{3}V_{CC}$ 之前，由于 RS 触发器置 0，故 $u_o=U_{OL}$ 不变；当 u_i 下降到$\frac{1}{3}V_{CC}$ 时，RS 触发器置 1，这时电路发生翻转，u_o 从 U_{OL} 变为 U_{OH}，此时的 u_i（$\frac{1}{3}V_{CC}$）称为下触发电平 U_-。

从以上分析可以看出，在 u_i 上升和下降的过程中，输出电压 u_o 翻转时所对应的输入

电压是不同的（分别为 U_+和 U_-）。这是施密特触发器电路所具有的滞回特性，称为回差，回差电压 $\Delta U = U_+ - U_- = \frac{1}{3}V_{CC}$。改变 U_{CO}（5 脚）的电压值即可改变回差电压，一般 U_{CO} 越高，ΔU 越大，抗干扰能力越强，但灵敏度相应降低。

2. 施密特触发器的应用

施密特触发器应用很广泛，主要有以下几个方面：

（1）波形变换

可以将边沿变化缓慢的周期性信号变换成矩形脉冲。

（2）脉冲整形

将不规则的电压波形整形为矩形波。若适当增大回差电压，则可提高电路的抗干扰能力，脉冲整形波形如图 8-1-5 所示。其中，图 8-1-5a 所示为顶部有干扰的输入信号波形，图 8-1-5b 所示为回差电压较小的输出波形，图 8-1-5c 所示为回差电压较大的输出波形。

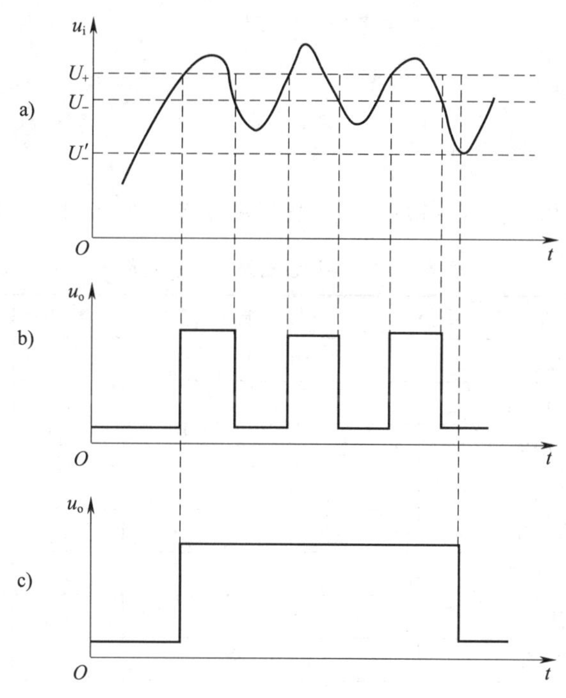

图 8-1-5　脉冲整形

a）顶部有干扰的输入信号波形　b）回差电压较小的输出波形　c）回差电压较大的输出波形

（3）脉冲鉴幅

图 8-1-6 所示是将一系列幅值不同的脉冲信号 u_i 加到施密特触发器输入端时，其输入端和输出端的波形，只有幅值大于上触发电平 U_+的脉冲才能在输出端产生输出信号 u_o。因此，通过这一方法可以选出幅值大于 U_+的脉冲，即对脉冲幅值进行鉴别。

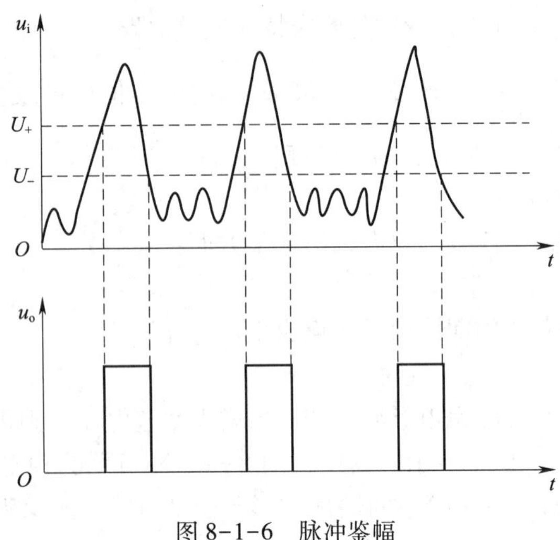

图 8-1-6　脉冲鉴幅

任务实施

一、任务准备

实施本任务所使用的实训设备及工具、材料可参考表 8-1-2。

表 8-1-2　实训设备及工具、材料

序号	名称	型号、规格	数量	单位	备注
1	万用表	MF47 型	1	台	
2	常用电子组装工具		1	套	
3	双踪示波器		1	台	
4	毫伏表		1	台	
5	低频信号发生器		1	台	
6	直流稳压电源		1	台	
7	555 定时器	NE555	1	个	
8	电容器 C	0.01 μF	1	个	
9	万能电路板		1	块	
10	镀锡裸铜丝	ϕ0.5 mm	若干	米	
11	焊料、助焊剂		若干		

二、电路装配

1. 电路元器件布置图的确定

本任务的元器件布置示意图如图 8-1-7 所示。

2. 元器件的检测

对电路中使用的元器件进行检测与筛选。

3. 元器件的成型

将所用元器件按插装工艺要求进行成型。

4. 元器件的插装焊接

依据图 8-1-7 所示的元器件布置示意图，按照装配工艺要求进行元器件的插装和焊接。

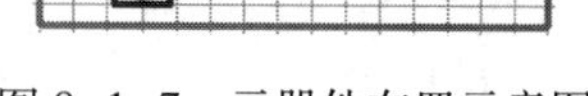

图 8-1-7　元器件布置示意图

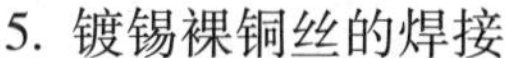

5. 镀锡裸铜丝的焊接

根据电路原理图和元器件布置示意图进行镀锡裸铜丝的焊接。

6. 焊接检查

焊接结束后，应检查电路有无漏焊、错焊、虚焊等问题。检查时，可用尖嘴钳或镊子将每个元器件拉动一下，查看有无松动，如有松动应重新焊接。

三、通电前的检查

电路安装完毕后，必须在不通电的情况下，对电路板进行认真细致的检查，以便纠正安装错误。

四、电路测试

根据学生用书中的要求，对由 555 定时器构成的施密特触发器电路进行测试，并记录测试结果。

知识拓展

扫描右侧二维码，可了解由 555 定时器构成的门槛电压可调的施密特触发器和 TTL 逻辑电压检测器。

任务 2　555 定时器构成单稳态触发器的装配与调试

学习目标

1. 掌握由 555 定时器构成的单稳态触发器的电路组成、工作原理和输出脉冲宽度。
2. 了解由 555 定时器构成的单稳态触发电路的应用。
3. 能正确完成由 555 定时器构成的单稳态触发器电路的装配与调试，并能独立排除调试过程中出现的故障。

任务引入

由 555 定时器构成的单稳态触发器的电路原理图如图 8-2-1 所示，其焊接装配实物图如图 8-2-2 所示。

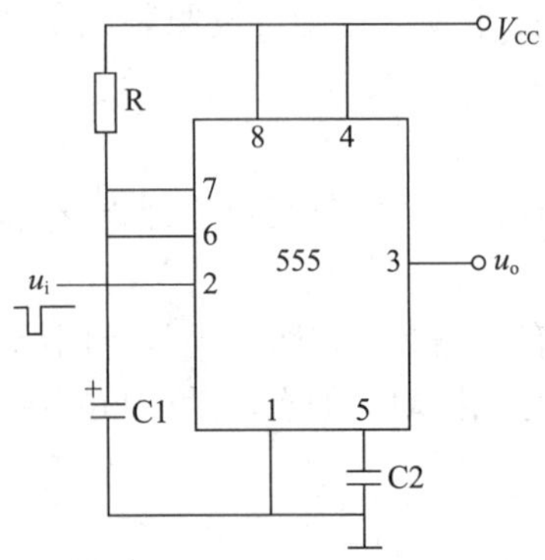

图 8-2-1　由 555 定时器构成的单稳态触发器的电路原理图

图 8-2-2　由 555 定时器构成的单稳态触发器的焊接装配实物图

本任务的主要内容为：根据给定的技术指标，按照电路原理图装配并调试由 555 定时器构成的单稳态触发器电路，同时能独立解决调试过程中出现的故障。

相关知识

一、555 定时器构成的单稳态触发器

1. 电路组成

由 555 定时器组成的单稳态触发器的电路原理图如图 8-2-1 所示。其中，电容器、电

阻器为外接定时元器件。触发信号 u_i 加在低触发端（引脚 2），5 脚为控制端（平时不用），通过 0.01 μF 滤波电容器接地。该电路是负脉冲触发。

2. 工作原理

（1）稳态

触发信号没有到来之前，u_i 为高电平。电源刚接通时，电路有一个暂态过程，即电源通过电阻 R 向电容 C1 充电，当 u_{C1} 上升到 $\frac{2}{3}V_{CC}$ 时，RS 触发器置 0，u_o 为低电平，三极管 V 导通，因此电容 C1 又通过三极管 V 迅速放电，直到 $u_{C1}=0$，电路进入稳态。之后，如果一直没有触发信号，电路就一直处于 u_o 为低电平的稳定状态。

（2）暂稳态

当外加触发信号 u_i 的下降沿到来时，由于 $u_i<\frac{1}{3}V_{CC}$、$u_{C1}=0$，RS 触发器置 1，所以 u_o 为高电平，三极管 V 截止，V_{CC} 开始通过电阻 R 向电容 C1 充电。随着电容 C1 充电的进行，u_{C1} 不断增大。

触发负脉冲消失后，u_i 回到高电平，当 $u_i>\frac{1}{3}V_{CC}$、$u_{C1}<\frac{2}{3}V_{CC}$ 时，RS 触发器状态保持不变，因此，u_o 一直保持高电平不变，电路维持在暂稳态。当 $u_{C1}\geqslant\frac{2}{3}V_{CC}$ 时，RS 触发器置 0，电路输出 u_o 为低电平，三极管 V 导通，暂稳态结束，电路将返回初始稳态。

（3）恢复期

三极管 V 导通后，电容 C1 通过 V 迅速放电，使 $u_{C1}=0$，电路又恢复到稳态，当第二个触发信号到来时，又重复上述过程。

输出电压 u_o 和电容 C1 两端电压 u_{C1} 的工作波形如图 8-2-3 所示。

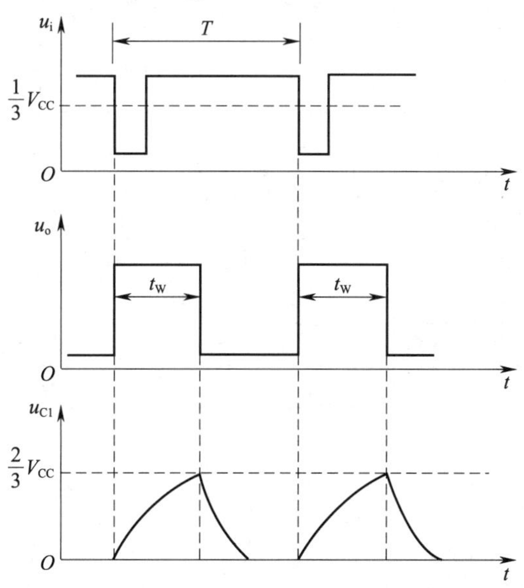

图 8-2-3　用 555 定时器构成的单稳态触发器的波形

3. 输出脉冲宽度 t_W

输出脉冲宽度 t_W 是指暂稳态的持续时间，其与电容 C1 的充电时间常数有关，即

$$t_W \approx 1.1\ RC_1$$

应该指出的是，图 8-2-1 所示电路对输入触发脉冲的宽度有一定要求，它必须小于 t_W，当输入脉冲宽度大于 t_W 时，应在输入端增加 R_iC_i 微分电路。

二、由 555 定时器构成的单稳态触发电路的应用

1. 延时控制

将输入信号延迟一定时间（一般为 t_W）后输出。

2. 定时控制

产生一定宽度的脉冲信号。

任务实施

一、任务准备

实施本任务所使用的实训设备及工具、材料可参考表 8-2-1。

表 8-2-1　实训设备及工具、材料

序号	名称	型号、规格	数量	单位	备注
1	万用表	MF47 型	1	台	
2	常用电子组装工具		1	套	
3	双踪示波器		1	台	
4	毫伏表		1	台	
5	低频信号发生器		1	台	
6	直流稳压电源		1	台	
7	555 定时器	NE555	1	个	
8	碳膜电阻器 R	1 kΩ	1	个	
9	电解电容器 C1	10 μF/16 V	1	个	
10	无极性电容器 C2	0.01 μF	1	个	
11	万能电路板		1	块	
12	镀锡裸铜丝	ϕ0.5 mm	若干	米	
13	焊料、助焊剂		若干		

二、电路装配

1. 电路元器件布置图的确定

本任务的元器件布置示意图如图 8-2-4 所示。

2. 元器件的检测

对电路中使用的元器件进行检测与筛选。

3. 元器件的成型

将所用元器件按插装工艺要求进行成型。

4. 元器件的插装焊接

依据图 8-2-4 所示的元器件布置示意图，按照装配工艺要求进行元器件的插装和焊接。

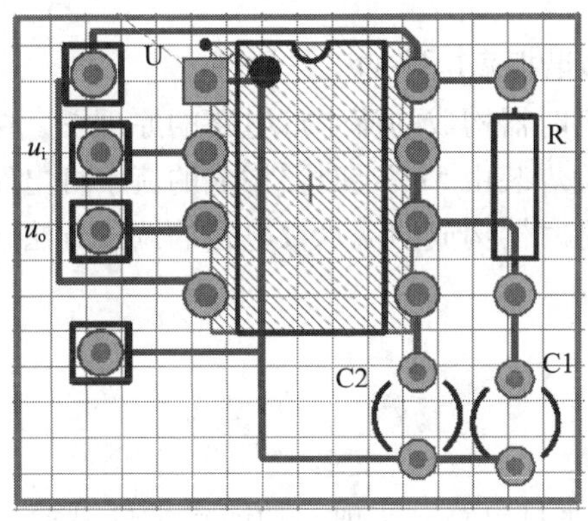

图 8-2-4　元器件布置示意图

5. 镀锡裸铜丝的焊接

根据电路原理图和元器件布置示意图进行镀锡裸铜丝的焊接。

6. 焊接检查

焊接结束后，应检查电路有无漏焊、错焊、虚焊等问题。检查时，可用尖嘴钳或镊子将每个元器件拉动一下，查看有无松动，如有松动应重新焊接。

三、通电前的检查

电路安装完毕后，必须在不通电的情况下，对电路板进行认真细致的检查，以便纠正安装错误。

四、电路测试

根据学生用书中的要求，对 555 定时器构成的单稳态触发器电路进行测试，并记录测试结果。

知识拓展

扫描右侧二维码，可了解利用 555 定时器构成延时接通控制电路和延时断开控制电路相关知识。

任务3　555定时器构成流水灯控制电路的装配与调试

学习目标

1. 555定时器构成的多谐振荡电路的工作原理。
2. 能正确识读由555定时器构成的流水灯电路的原理图、接线图和布置图。
3. 能按照工艺要求正确焊装由555定时器构成的流水灯电路。
4. 能熟练掌握由555定时器构成的流水灯电路的调试方法，并能独立排除调试过程中出现的故障。

任务引入

555定时器可以控制流水灯电路，实现多功能流水灯显示。由555定时器构成的流水灯控制电路原理图如图8-3-1所示，焊接装配实物图如图8-3-2所示。

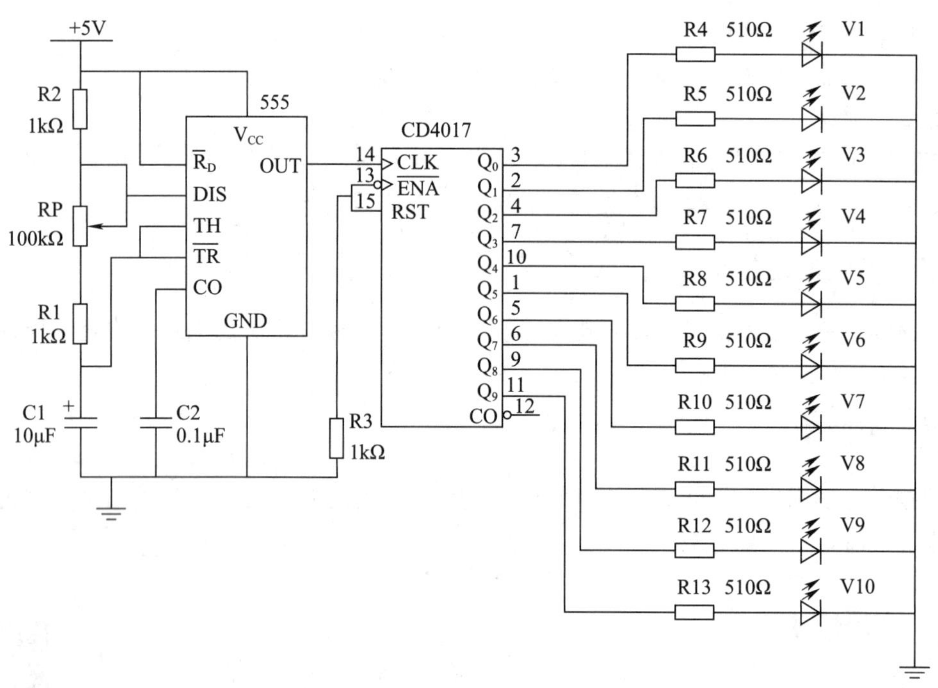

图8-3-1　由555定时器构成的流水灯控制电路原理图

图 8-3-2　由 555 定时器构成的流水灯控制电路焊接装配实物图

相关知识

一、由 555 定时器构成的多谐振荡器

多谐振荡器是一种双稳态电路，接通电源后，无须外加信号就能自动产生矩形波。由于矩形波中含有各种谐波分量，所以称为多谐振荡器。

1. 电路组成

多谐振荡器有多种电路形式，由 555 定时器构成的多谐振荡器的电路图如图 8-3-3a 所示，图中 R1、R2、C1 为外接定时元器件。TH（6 脚）、$\overline{TR}$（2 脚）和电容 C1 上端连接在一起，作为输入信号。

2. 工作原理

假设初始状态下 $u_{C1}=0$，刚接通电源的瞬间，$u_{C1}<\frac{1}{3}V_{CC}$，则电路输出为高电平，三极管截止，电路处于第一暂稳态；电源 V_{CC} 通过 R1、R2 对 C1 充电，使 u_{C1} 逐渐上升，当 u_{C1} 上升到$\frac{2}{3}V_{CC}$ 时，触发器翻转，电路输出为低电平，三极管导通，电路处于第二暂稳态；因三极管导通，电容 C1 通过 R2 经三极管放电，使 u_{C1} 逐渐下降，当 u_{C1} 下降到$\frac{1}{3}V_{CC}$ 时，触发器翻转，电路输出为高电平，三极管截止，电路又回到第一暂稳态。然后，V_{CC} 又将通过 R1、R2 对 C1 充电，如此循环往复，形成振荡，即可在输出端得到一个矩形波，波形如图 8-3-3b 所示。

3. 振荡周期和频率

电路中，电容放电所用时间 $t_{w1}\approx 0.7R_2C_1$，电容充电所用时间 $t_{w2}\approx 0.7(R_1+R_2)C_1$，因此输出信号的周期为：

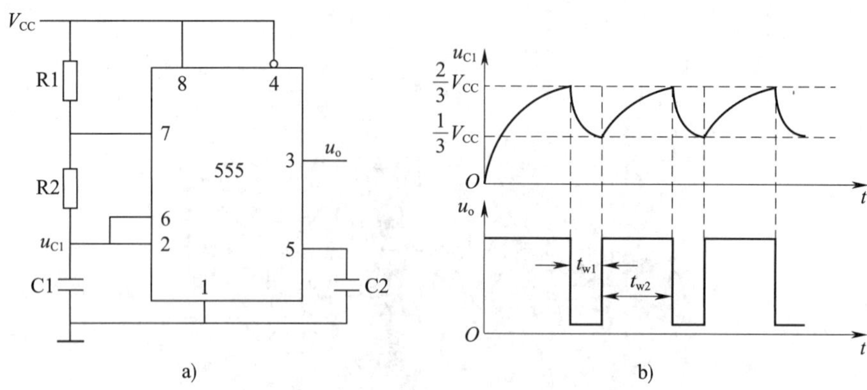

图 8-3-3　由 555 定时器构成的多谐振荡器的电路图和波形图

a）电路图　b）波形图

$$T=t_{w1}+t_{w2}\approx 0.7(R_1+2R_2)C_1$$

振荡频率为：

$$f=\frac{1}{T}\approx\frac{1}{0.7(R_1+2R_2)C_1}$$

二、CD4017 计数器

CD4017 是一种十进制计数器/脉冲分配器，具有 10 个译码输出端 $Q_0 \sim Q_9$，CLK、$\overline{ENA}$、RST 为输入端，CO 为进位脉冲输出端。时钟信号输入端的施密特触发器具有脉冲整形功能，对输入时钟脉冲上升和下降时间无限制。CD4017 计数器的功能表见表 8-3-1。

表 8-3-1　CD4017 计数器的功能表

输入			输出	
CLK	$\overline{ENA}$	RST	$Q_0 \sim Q_9$	CO
×	×	1	$Q_0=1$，$Q_1 \sim Q_9=0$	$Q_0 \sim Q_4$ 为高电平时，$CO=1$ $Q_5 \sim Q_9$ 为高电平时，$CO=0$
×	1	0	保持原来状态，禁止计数	
0	×	0		
↓	×	0		
×	↑	0		
↑	0	0	计数	
1	↓	0		

三、流水灯电路的组成及工作原理

1. 电路组成

流水灯电路主要由多谐振荡器、控制电路和流水灯显示电路组成，电路原理图如

图 8-3-1 所示。其中，555 定时器、R1、RP、R2、C1、C2 构成多谐振荡电路，CD4017 计数器及外围电路组成控制电路，10 个发光二极管及分压电阻组成显示电路，电路由+5 V 电源供电。

2. 工作原理

555 定时器、R1、RP、R2、C1、C2 构成的多谐振荡电路通过对电容 C2 的充放电，在 3 脚输出一个矩形波，将矩形波接在 CD4017 计数器的时钟信号输入端。初始状态 CD4017 计数器输出端 $Q_0=1$，V1 点亮，当时钟信号输入端上升沿到来时，$Q_1\sim Q_9$ 依次输出高电平，发光二极管依次点亮，如此循环往复。改变电位器 RP 的阻值，可以改变矩形波的周期，从而改变发光二极管的点亮时间。

任务实施

一、任务准备

实施本任务所使用的实训设备及工具、材料可参考表 8-3-2。

表 8-3-2 实训设备及工具、材料

序号	名称	型号、规格	数量	单位	备注
1	万用表	MF47 型	1	台	
2	常用电子组装工具		1	套	
3	双踪示波器		1	台	
4	毫伏表		1	台	
5	低频信号发生器		1	台	
6	直流稳压电源		1	台	
7	555 定时器	NE555	1	个	
8	碳膜电阻器 R1～R3	1 kΩ	3	个	
9	碳膜电阻器 R4～R13	510 Ω	10	个	
10	电位器 RP	100 kΩ	1	个	
11	电解电容器 C1	10 μF/16 V	1	个	
12	无极性电容器 C2	0.1 μF	1	个	
13	CD4017 计数器	CD4017	1	个	
14	发光二极管	5 mm 红色	10	个	
15	万能电路板		1	块	
16	镀锡裸铜丝	ϕ0.5 mm	若干	米	
17	焊料、助焊剂		若干		

二、电路装配

1. 电路元器件布置图的确定

本任务的元器件布置示意图如图 8-3-4 所示。

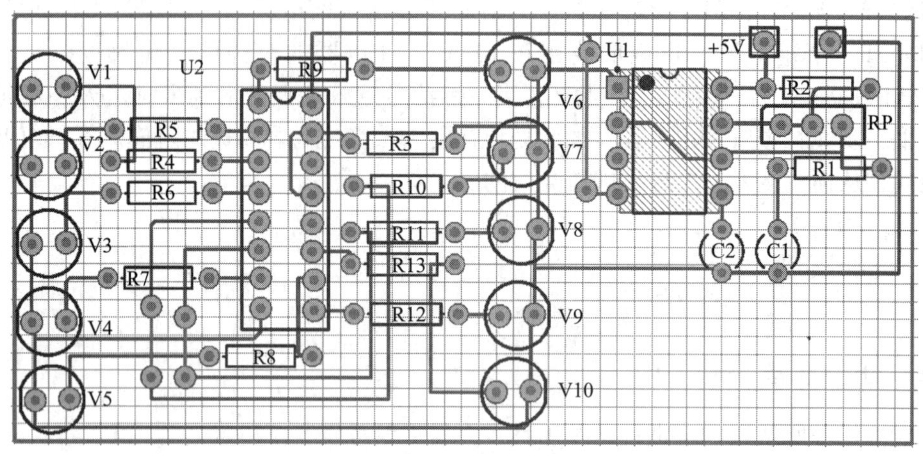

图 8-3-4　元器件布置示意图

2. 元器件的检测

对电路中使用的元器件进行检测与筛选。

3. 元器件的成型

将所用元器件按插装工艺要求进行成型。

4. 元器件的插装焊接

依据图 8-3-4 所示的元器件布置示意图，按照装配工艺要求进行元器件的插装和焊接。

5. 镀锡裸铜丝的焊接

根据电路原理图和元器件布置示意图进行镀锡裸铜丝的焊接。

6. 焊接检查

焊接结束后，应检查电路有无漏焊、错焊、虚焊等问题。检查时可用尖嘴钳或镊子将每个元器件拉动一下，查看有无松动，如有松动应重新焊接。

三、通电前的检查

电路安装完毕后，必须在不通电的情况下，对电路板进行认真细致的检查，以便纠正安装错误。

四、电路测试

根据学生用书中的要求，对由 555 定时器构成的流水灯控制电路进行测试，并记录测试结果。